U0331744

高职高专环境教材
编审委员会

"十二五"职业教育国家规划教材

经全国职业教育教材审定委员会审定

清洁生产及应用

第三版

雷兆武　张俊安　主编

化学工业出版社

·北京·

内 容 提 要

本书依据国内清洁生产发展的要求、清洁生产理论研究和实践的成果，在编者多年清洁生产教学、工业企业清洁生产审核等方面实践经验的基础上，以清洁生产的应用性为主旨，以清洁生产和清洁生产审核为核心内容编写而成。第一章介绍了清洁生产的产生和发展、概念与内涵、清洁生产要求等内容；第二章介绍了清洁生产审核内涵与程序，清洁生产审核报告、验收报告与评估验收要求；第三章根据清洁生产审核报告和清洁生产验收报告编排了案例；第四章介绍了环境管理体系（ISO 14001：2015）；第五章介绍产品生命周期评价及案例；第六章介绍了循环经济、低碳经济与生态工业及实践。

本书为高职高专院校清洁生产课程或相关课程的教材，也可供从事清洁生产管理人员、清洁生产审核人员、环境保护工作者等参考使用。

图书在版编目（CIP）数据

清洁生产及应用/雷兆武，张俊安主编 . —3 版 . —北京：化学工业出版社，2020.10（2024.8重印）
"十二五"职业教育国家规划教材. 经全国职业教育教材审定委员会审定
ISBN 978-7-122-37460-8

Ⅰ.①清⋯ Ⅱ.①雷⋯②张⋯ Ⅲ.①无污染工艺-职业教育-教材 Ⅳ.①X383

中国版本图书馆 CIP 数据核字（2020）第 139660 号

责任编辑：王文峡　　　　　　　　装帧设计：韩　飞
责任校对：王鹏飞

出版发行：化学工业出版社（北京市东城区青年湖南街 13 号　邮政编码 100011）
印　　刷：北京云浩印刷有限责任公司
装　　订：三河市振勇印装有限公司
787mm×1092mm　1/16　印张 15¾　字数 380 千字　　2024 年 8 月北京第 3 版第 7 次印刷

购书咨询：010-64518888　　　　　　售后服务：010-64518899
网　　址：http://www.cip.com.cn
凡购买本书，如有缺损质量问题，本社销售中心负责调换。

定　　价：48.00 元

前　　言

"创新、协调、绿色、开放、共享"已成为全社会的共同发展理念，清洁生产、循环经济、生态工业等是企业实现绿色转型和发展的基本模式，清洁生产水平引领企业的发展。提升清洁生产水平，是企业实现节能、降耗、预防污染的重要途径，也是企业适应经济社会发展的基本要求。本书在第二版的基础上进行了修订，主要工作如下：

1. 融入最新国家政策制度、清洁生产与审核的要求，依据行业清洁生产评价指标体系，介绍企业清洁生产评价指标、清洁生产技术与方案。

2. 根据《清洁生产审核评估与验收指南》，增加了清洁生产审核报告、验收报告与评估验收内容，并以此为标准，设置清洁生产审核案例。

3. 按照最新环境管理体系标准，修改本部分教学内容。

4. 在生命周期评价中，引入数据库进行产品生命周期评价的案例。

5. 在生态工业中，增加国家生态工业示范园区评价指标，并更新案例。

6. 根据国家对清洁生产的要求，将国家、行业最新政策、标准、研究成果等引入教学内容，完善课程内容与岗位职业能力要求的衔接，实现教材内容的适应性和实用性。同时，对部分内容进行梳理、调整，更新相关数据，在附录中收集了清洁生产审核评估与验收指南、电镀行业清洁生产评价指标体系、环境管理体系标准（ISO 14001：2015 版本）等相关资料，供教学参考使用；根据各章节核心内容，设置了思考题，供学习者复习与思考。

本书第一章由河北环境工程学院雷兆武、辽宁辽阳职业技术学院刘茉修订，第二章、第五章由雷兆武修订，第三章由河北环境工程学院赵育、雷兆武修订，第四章、第六章由河北环境工程学院张俊安修订，全书由雷兆武负责统稿和定稿。

由于编者知识、能力、经验所限，对于书中的不足之处，敬请读者批评指正。

编　者
2020 年 6 月于秦皇岛

第一版前言

人类在反复思考所面临的经济发展、环境污染、生态破坏及资源短缺的困境时，选择了可持续发展模式。我国《经济和社会发展第十一个五年规划纲要》明确提出，加快建设资源节约型、环境友好型社会，这意味着人类社会需要改变以往的发展方式，建立新的生产和生活方式。清洁生产以其独特的理念，成为实现经济和环境协调发展的一项重要战略措施，并正在我国工业企业及其他领域逐步实施。

随着清洁生产工作的开展，清洁生产理论和实践都得到了极大的丰富。把最新的清洁生产理论和实践有机地纳入高职高专清洁生产课程内容体系和教学内容中，是本书的重点所在。依据《教育部关于加强高职高专教育人才培养工作的意见》规定，高职高专教育培养适应生产建设、管理、服务第一线需要的高级应用型专门人才。应用性成为本书体系排和内容组织的主旨和特征。

编者在结合多年的清洁生产教学和工业企业清洁生产审核等方面实践经验的基础上，以清洁生产和清洁生产审核为核心内容编写本书。第一章介绍了清洁生产的产生和发展、概念与内涵、清洁生产理论基础和实施清洁生产的主要途径等内容；第二章介绍了清洁生产审核内涵，并对清洁生产审核过程进行了重点介绍；第三章以汽车和啤酒行业清洁生产审核为例，对审核过程进行介绍；第四章重点介绍了 ISO 14001 标准；第五章介绍了生命周期评价思想和原理，并举例进行生命周期评价；第六章介绍了循环经济和生态工业基本原理，并列举典型案例进行具体介绍。附录中收录了《清洁生产审核暂行办法》《清洁生产审核工作用表》《年贴现值系数表》《中华人民共和国环境保护行业标准　清洁生产标准　啤酒制造业》《GB/T 24001—2004/ISO 14001：2004 环境管理体系　要求及使用指南》，作为教学内容的必要补充和参考。

本书由雷兆武、申左元主编，雷兆武设计全书框架，拟定编写大纲。雷兆武编写第一章、第二章、第四章，杨高英编写第三章，申左元编写第五章、第六章。由雷兆武对全书进行统稿和定稿。

由于编者知识、能力及时间所限，书中难免存在不足之处，敬请读者批评指正。

编　者
2007 年 4 月于秦皇岛

第二版前言

当今世界，可持续发展已成为时代潮流，绿色、循环、低碳发展正成为新的趋向。清洁生产通过源头削减、全过程控制，实现节能、降耗、减污、增效的目的，成为发展绿色经济、循环经济的基础和建设资源节约型、环境友好型社会的重要手段。

随着清洁生产在我国的大力推行，清洁生产的法制化和规范化管理日益完善。在此背景下，本书在第一版的基础上进行了部分内容的修订，主要如下：

1. 依据《国民经济和社会发展"十二五"规划纲要》《国家环境保护"十二五"规划》《工业清洁生产推行"十二五"规划》《工业节能"十二五"规划》《"十二五"节能减排综合性工作方案》等当前清洁生产法规、政策、标准，增加了清洁生产要求、目标和指标。

2. 依据《清洁生产审核指南　制定导则》，增加了清洁生产审核报告内容框架；附录中补充了机械行业清洁生产评价指标体系（试行），供教学参考使用。

3. 对环境管理体系部分内容进行了重新编排，增加了环境管理体系审核相关内容。

4. 增加了生命周期评价报告内容提纲，并以产品生命周期分析和产品不同生产工艺（过程）生命周期分析来选择案例，以供教学参考。

5. 教学内容的修订坚持与清洁生产发展相适应和实用性原则，对部分内容进行梳理，引入低碳经济知识点，更新相关数据，数据来源权威，部分内容举例充实，以章节核心内容设置习题与思考题等。

本书第一章、第二章、第五章由雷兆武修订，第三章由杨高英修订，第四章由张俊安修订，第六章由申左元、张俊安修订，全书由雷兆武负责统稿和定稿，苗利军参与了部分统稿工作。

本书修订过程中，中国环境管理干部学院李克国教授对低碳经济提出了许多有益的建议，组织内容时参考并引用了大量文献资料，在此一并致谢。同时对化学工业出版社编辑付出的辛劳表示感谢。

由于编者知识、能力所限，对于书中的不足之处，敬请读者批评指正。

编　者
2014 年 11 月于秦皇岛

目　　录

第一章
清洁生产

第一节　清洁生产概述

一、清洁生产的产生与发展

1. 人类社会的发展与环境问题

人类文明的演进，对人与自然关系及发展模式的思考表明：人类生存繁衍的历史，可以说是人类社会同大自然相互作用、共同发展和不断进化的历史，人与自然的关系是人类社会进步的基础，是人类社会最基本的关系。先进科学技术武装起来的强大生产力，在经济社会发展与有限资源供给之间，以及无约束的破坏和污染排放与生态环境有限的自我平衡和自净能力之间存在的矛盾，导致全球范围内出现资源短缺和生态破坏，以及局部和区域的严重环境污染问题。

（1）环境污染和生态破坏

根据 2012 年、2013 年、2014 年、2015 年中国环境状况公报，以及 2017 年《第二次全国污染源普查公报》，各年度污染物的排放情况如表 1-1。

表 1-1　各年度污染物的排放情况

年度	化学需氧量/万吨	氨氮/万吨	二氧化硫/万吨	氮氧化物/万吨
2017 年	2143.98	96.34	696.32	1785.22
2015 年	2223.5	229.9	1859.1	1851.8
2014 年	2294.6	238.5	1974.4	2078.0
2013 年	2352.7	245.7	2043.9	2227.3
2012 年	2423.7	253.6	2117.6	2337.8

根据《第二次全国污染源普查公报》，2017 年水污染物、大气污染物排放情况如表 1-2。

表 1-2　2017 年水污染物、大气污染物排放情况

	水污染物	化学需氧量/万吨	氨氮/万吨	总氮/万吨	总磷
工业源	水污染物排放量	90.96	4.45	15.57	0.79 万吨
	农副食品加工业	17.90	0.63	2.03	2637.74 吨
	化学原料和化学制品制造业	11.92	1.09	3.84	948.79 吨
	纺织业	10.98	0.34	1.84	806.89 吨
农业源	水污染物排放量	1067.13	21.62	141.49	21.20 万吨
	种植业	—	8.30	71.95	7.62 万吨
	畜禽养殖业	1000.53	11.09	59.63	11.97 万吨

续表

水污染物		化学需氧量/万吨	氨氮/万吨	总氮/万吨	总磷
生活源	水污染物排放量	983.44	69.91	146.52	9.54 万吨
	城镇生活源	483.82	45.41	101.87	5.85 万吨
	农村生活源	499.62	24.50	44.65	3.69 万吨
大气污染物		二氧化硫/万吨	氮氧化物/万吨	颗粒物/万吨	挥发性有机物/万吨
工业源		529.08	645.90	1270.50	481.66
生活源		124.72	72.92	378.12	296.63

根据 2015~2018 年全国大、中城市固体废物污染环境防治年报，全国 200 个大中城市主要固体废物产生、综合利用等情况如表 1-3。

表 1-3　近年来全国 200 个大中城市主要固体废物产生、综合利用情况

年度	一般工业固体废物	工业危险废物	生活垃圾
2018 年	产生量达 5.5 亿吨,综合利用量占利用处置总量的 41.7%,处置和贮存分别占比 18.9% 和 39.3%	产生量 4643.0 万吨,综合利用量占利用处置总量的 43.7%,处置、贮存分别占比 45.9% 和 10.4%	产生量 21147.3 万吨,处置率达 99.4%
2017 年	产生量 13.1 亿吨,综合利用量占利用处置总量的 42.5%,处置和贮存分别占比 17.1% 和 40.3%	产生量达 4010.1 万吨,综合利用量占利用处置总量的 48.6%,处置、贮存分别占比 40.7% 和 10.7%	产生量 20194.4 万吨,处置率达 99.5%
2016 年	产生量 14.8 亿吨,综合利用量占利用处置总量的 48%,处置和贮存分别占比 21.2% 和 30.7%	产生量达 3344.4 万吨,综合利用量占利用处置总量的 45.3%,处置、贮存分别占比 43.8% 和 10.9%	产生量 18850.5 万吨,处置率达 99.1%
2015 年	产生量 19.1 亿吨,综合利用量占利用处置总量的 60.2%,处置和贮存分别占比 22.5% 和 17.3%	产生量 2801.8 万吨,综合利用量占利用处置总量的 48.3%,处置、贮存分别占比 44.1% 和 7.6%	产生量 18564.0 万吨,处置率达 97.3%

在陆源污染物排海方面，污染物排放情况如表 1-4。

表 1-4　陆源污染物排放情况

年度	污水排放量/亿吨	污染物量
2015 年	62.45	化学需氧量 21.0 万吨,石油类 824.2 吨,氨氮 1.5 万吨,总磷 3149.2 吨,部分直排海污染源排放汞、六价铬、铅和镉等重金属
2014 年	63.11	化学需氧量 21.1 万吨,石油类 1199 吨,氨氮 1.48 万吨,总磷 3126 吨,部分直排海污染源排放汞、六价铬、铅和镉等重金属
2013 年	63.84	化学需氧量 22.1 万吨,石油类 1636 吨,氨氮 1.69 万吨,总磷 2841 吨,汞 213 千克,六价铬 1908 千克,铅 7681 千克,镉 392 千克
2012 年	56.0	化学需氧量 21.8 万吨,石油类 1026.1 吨,氨氮 1.7 万吨,总磷 2920.9 吨,汞 228.5 千克,六价铬 2752.7 千克,铅 4586.9 千克,镉 826.1 千克

大量污染物进入环境，危害着我国环境质量和生态安全。

(2) 资源短缺

资源是人类赖以生存和经济赖以发展的基础，包括能源、水资源、工业资源（即矿物资源）、土地资源、生物资源、森林资源等。人类在发展技术、文化，提高人们生活水平的同时，急剧大量地消耗了地球资源。整个 20 世纪，人类消耗了 1420 亿吨石油，2650 亿吨煤，380 亿吨铁，7.6 亿吨铝，4.8 亿吨铜。我国人均耕地、淡水、森林仅占世界平均水平的 32%、27.4% 和 12.8%，矿产资源人均占有量只有世界平均水平的 1/2，煤炭、石油和天然气的人均占有量仅为世界平均水平的 67%、5.4% 和 7.5%。

根据 2016 年的统计数据，单位 GDP 能耗世界平均水平为 2.6 吨标准煤/万美元，发达

国家为 1.8 吨标准煤/万美元，我国为 3.7 吨标准煤/万美元，我国单位 GDP 的能耗是世界平均水平的 1.4 倍，是发达国家平均水平的 2.1 倍。我国国家主要资源的产出率目前是世界先进水平的大约 3 倍左右，单位 GDP 排放的二氧化硫和氮氧化物还远高于发达国家。

2018 年我国能源消耗量为 46.4 亿吨标准煤，能源自产量为 36.22 亿吨标准煤。2018 年我国自产然气为 1500 亿立方米，消耗天然气 2500 亿立方米，我国天然气对外依赖度达到 44%；我国自产原油不到 1.9 亿吨，消耗原油约 6.4 亿吨，原油对外依赖度超过 70%。在水电方面，我国技术可行、经济合理的水电可开发装机容量仅为 4 亿千瓦左右。截至 2018 年，已经开发的水电装机容量已经达到了 3.5 亿千瓦；2018 年中国核电装机容量为 4400 万千瓦，发电量为 2900 亿度，折合标准煤为 0.357 亿吨，核燃料放射性铀的对外依赖度达 80%。2018 年利用可再生能源约 4 亿吨标准煤，包括风能 1.84 亿千瓦（0.45 亿吨标准煤），光伏发电 1.75 亿千瓦（0.22 亿吨标准煤），生物质能 0.18 亿千瓦（0.11 亿吨标准煤），地热能（0.22 亿吨标准煤），及其他能源如农村自产的植物秸秆、牛粪等（共 3.0 亿吨标准煤），实际并入国家电网的仅有约 1 亿吨标准煤。

我国虽然是全球可再生能源利用规模最大的国家，但非化石能源占一次能源消费比重仍只有 12%，而欧盟和一些发展中国家已有 1/4 的能源消费来自非源化石能，主要资源产出率与先进国家相比也有很大的差距，环境污染还比较严重。

"十二五"期间，全国万元国内生产总值能耗累计下降 18.2%；火电供电标准煤耗由 2010 年的 333 克标煤/千瓦时下降至 2015 年的 315 克标煤/千瓦时。2014 年全国人均能源消费总量约 3.1 吨标准煤，人均用电量 4038 千瓦时，人均天然气消费量 135 立方米。

我国单位国民生产总值能源消耗是发达国家的 3～4 倍、世界平均水平的 2 倍，水泥、钢铁等高载能产品单位能耗相比国际先进水平高出 20% 左右。

2014 年，我国能源消费量超过 42 亿吨标准煤，其中工业能源消费量在 70% 以上；2014 年，我国工业用水量超过 1500 亿立方米，占全国用水总量的比例超过 20%，万元工业增加值用水量约为 66 立方米。

近年来，国内矿产资源消费保持两位数增长，石油、铁矿石、精炼铜、精炼铝、钾盐等大宗产品的进口量大幅攀升，对外依存度居高不下，分别为：石油 54.8%、铁矿石 53.6%、精炼铝 52.9%、精炼铜 69%、钾盐 52.4%。我国已成为世界上煤炭、钢铁、氧化铝、铜、水泥、铅、锌等大宗产品消耗量最大的国家，石油消耗量居世界第二位。到 2020 年，有 25 种矿产将出现不同程度的短缺，其中 11 种为国民经济支柱性矿产。中国剩余可开采储蓄仅为 1390 亿吨标准煤，按照中国 2003 年的开采速度 16.67 亿吨/年，仅能维持 83 年。

人类目前使用的主要能源有原油、天然气和煤炭三种。根据国际能源机构的统计，地球上这三种能源能供人类开采的年限，分别只有 40 年、50 年和 240 年。

2. 可持续发展

环境污染、生态破坏及资源短缺，影响和制约着经济社会的发展，如何在发展经济的同时保护人类赖以生存和发展的生态环境，已成为当今世界普遍关注的重大问题，人类在反思过去发展模式的基础提出了可持续发展模式。我国经济社会在经历了"十一五""十二五"发展的基础上，可持续发展模式得到了深化和拓展。

《中华人民共和国国民经济和社会发展第十三个五年规划纲要》提出，坚持创新发展、协调发展、绿色发展、开放发展、共享发展，是关系我国发展全局的一场深刻变革。绿色是永续发展的必要条件和人民对美好生活追求的重要体现。必须坚持节约资源和保护环境的基本国策，坚持可持续发展，坚定走生产发展、生活富裕、生态良好的文明发展道路，加快建设资源节约型、环境友好型社会，形成人与自然和谐发展现代化建设新格局，推进美丽中国建设。

2017 年 10 月，国家提出中国特色社会主义进入新时代，我国社会主要矛盾已经转化为人民日益增长的美好生活需要和不平衡不充分的发展之间的矛盾。确立了建设美丽中国的战略目标和共建清洁美丽世界的愿景。到 2035 年，我国生态环境根本好转，美丽中国目标基本实现，到 21 世纪中叶，建成富强民主文明和谐美丽的社会主义现代化强国。坚持和完善生态文明制度体系，促进人与自然和谐共生；践行"绿水青山就是金山银山"的理念，坚持节约资源和保护环境的基本国策，坚持节约优先、保护优先、自然恢复为主的方针，坚定走生产发展、生活富裕、生态良好的文明发展道路，建设美丽中国；实行最严格的生态环境保护制度，全面建立资源高效利用制度，健全生态保护和修复制度，严明生态环境保护责任制度。

《中共中央国务院关于加快推进生态文明建设的意见》提出，"在资源开发与节约中，把节约放在优先位置，以最少的资源消耗支撑经济社会持续发展；在环境保护与发展中，把保护放在优先位置，在发展中保护、在保护中发展；在生态建设与修复中，以自然恢复为主，与人工修复相结合。坚持把绿色发展、循环发展、低碳发展作为基本途径。

2020 年，资源节约型和环境友好型社会建设取得重大进展，主体功能区布局基本形成，经济发展质量和效益显著提高，生态文明主流价值观在全社会得到推行，生态文明建设水平与全面建成小康社会目标相适应。

资源利用更加高效，生态环境质量总体改善。单位国内生产总值二氧化碳排放强度比 2005 年下降 40%～45%，能源消耗强度持续下降，资源产出率大幅提高，用水总量力争控制在 6700 亿立方米以内，万元工业增加值用水量降低到 65 立方米以下，农田灌溉水有效利用系数提高到 0.55 以上，非化石能源占一次能源消费比重达到 15% 左右。"

《关于构建现代环境治理体系的指导意见》提出推进生产服务绿色化。从源头防治污染，优化原料投入，依法依规淘汰落后生产工艺技术；积极践行绿色生产方式，大力开展技术创新，加大清洁生产推行力度，加强全过程管理，减少污染物排放；提供资源节约、环境友好的产品和服务；落实生产者责任延伸制度。

绿色发展是以效率、和谐、持续为目标的经济增长和社会发展方式，是建立在生态环境容量和资源承载力的约束条件下的可持续发展。绿色发展使经济社会发展摆脱对高资源消耗、高环境污染的依赖，当前，绿色发展已经成为国际的大趋势，发达国家率先发展绿色经济，发展中国家也紧随其后，中国在坚定地走绿色发展的道路。清洁生产是在微观和宏观上实现绿色发展、可持续发展的有效途径。

3. 清洁生产概念的产生和发展

清洁生产的概念最早大约可追溯到 1976 年。当年欧共体在巴黎举行了"无废工艺和无废生产国际研讨会"，会上提出了"消除造成污染的根源"的思想。1979 年 4 月欧共体理事会宣布推行清洁生产政策，1984 年、1985 年、1987 年欧共体环境事务委员会 3 次拨款支持建立清洁生产示范工程。清洁生产审核起源于 20 世纪 80 年代美国化工行业的污染预防审核，并迅速风行全球。

20 世纪 90 年代初期，我国开始引入清洁生产理念，与多个国家和国际组织开展多种形式的清洁生产合作。1992 年 5 月，国家环保局与联合国环境署在我国联合举办了国际清洁生产研讨会，并首次推出"中国清洁生产行动计划（草案）"。国家环保总局于 1997 年 4 月发布了《关于推行清洁生产的若干意见》，1995 年 5 月国家经济贸易委员会发布了《关于实施清洁生产示范试点的通知》。联合国环境署 1998 年 10 月在汉城举行第六届国际清洁生产高级研讨会，会上出台了《国际清洁生产宣言》，中国在《国际清洁生产宣言》上郑重签字，表明了我国政府大力推动清洁生产的决心。2002 年 6 月，九届全国人大常委会通过了《中华人民共和国清洁生产促进法》，并于 2012 年 2 月进行修订。2003 年国务院办公厅转发了国家发展和改革委员会等 11 个部委《关于加快推行清洁生产的意见》，2004 年 8 月颁布了《清洁生产审核暂行办法》，国家发展和改革委员会、国家环境保护部于 2016 年 5 月对其进行修订，颁布了《清洁生产审核办法》。这标志着我国清洁生产跨入了全面推进的新阶段，使清洁生产工作更加具体化、规范化、法制化。

自 2003 年《中华人民共和国清洁生产促进法》实施以来，各级工业主管部门将实施清洁生产作为促进节能减排的重要措施，不断完善政策、加大支持、强化服务，工业领域清洁生产推行工作取得积极进展。"十二五"期间编制并实施了《工业清洁生产推行"十二五"规划》；2016 年，工业和信息化部发布了《工业绿色发展规划（2016—2020 年）》，加快推进生态文明建设，促进工业绿色发展。

清洁生产政策标准体系基本建立。国家和地方颁布了《关于加快推行清洁生产的意见》《清洁生产审核办法》《重点企业清洁生产审核程序的规定》《关于深入推进重点企业清洁生产的通知》《中央财政清洁生产专项资金管理暂行办法》《重点企业清洁生产行业分类管理名录》《清洁生产审核评估与验收指南（环办科技〔2018〕5 号）》等一系列推进清洁生产的政策、法规和制度；发布《工业企业清洁生产审核技术导则》《工业清洁生产评价指标体系编制通则》，编制或修订了 60 多个行业清洁生产评价指标体系、59 个环境保护行业清洁生产标准，部分行业清洁生产评价指标体系和清洁生产标准如表 1-5；发布了《产业结构调整指导目录（2019 年）》；发布了 4 批次《高耗能落后机电设备（产品）淘汰目录》；发布《国家重点节能低碳技术推广目录》、2 批次《国家重点推广的低碳技术目录》《国家鼓励的工业节水工艺、技术和装备目录》《国家工业节能技术装备推荐目录》等，以及各地方政府颁布的有关清洁生产政策、行业清洁生产指标体系等，为我国清洁生产工作的全面开展和企业清洁生产水平的评估提供了政策、标准、技术的支持和保障。

表 1-5　部分行业清洁生产标准/评价指标体系

行业清洁生产标准/评价指标体系	行业清洁生产标准/评价指标体系
煤炭采选业清洁生产评价指标体系(2019 年)	硫酸锌行业清洁生产评价指标体系(2019 年)
肥料制造业(磷肥)清洁生产评价指标体系(2019 年)	锌冶炼业清洁生产评价指标体系(2019 年)
污水处理及其再生利用行业清洁生产评价指标体系(2019 年)	电子器件(半导体芯片)制造业清洁生产评价指标体系(2018 年)
钢铁行业(烧结、球团)清洁生产评价指标体系(2018 年)	钢铁行业(高炉炼铁)清洁生产评价指标体系(2018 年)
钢铁行业(炼钢)清洁生产评价指标体系(2018 年)	钢铁行业(钢延压加工)清洁生产评价指标体系(2018 年)
钢铁行业(铁合金)清洁生产评价指标体系(2018 年)	再生铜行业清洁生产评价指标体系(2018 年)
洗染业清洁生产评价指标体系(2018 年)	合成纤维制造业(氨纶)清洁生产评价指标体系(2018 年)
合成纤维制造业(锦纶 6)清洁评价指标体系(2018 年)	合成纤维制造业(维纶)清洁生产评价指标体系(2018 年)
合成纤维制造业(聚酯涤纶)清洁生产评价指标体系(2018 年)	合成纤维制造业(再生涤纶)清洁生产评价指标体系(2018 年)
再生纤维素纤维制造业(黏胶法)清洁生产评价指标体系(2018 年)	印刷业清洁生产评价指标体系(2018 年)
制革行业清洁生产评价指标体系(2017 年)	环氧树脂行业清洁生产评价指标体系(2017 年)
1,4-丁二醇行业清洁生产评价指标体系(2017 年)	有机硅行业清洁生产评价指标体系(2017 年)
活性染料行业清洁生产评价指标体系(2017 年)	涂装行业清洁生产评价指标体系(2016 年)
电解锰行业清洁生产评价指标体系(2016 年)	合成革行业清洁生产评价指标体系(2016 年)

行业清洁生产标准/评价指标体系	行业清洁生产标准/评价指标体系
光伏电池行业清洁生产评价指标体系(2016 年)	黄金行业清洁生产评价指标体系(2016 年)
电池行业清洁生产评价指标体系(2015 年)	镍钴行业清洁生产评价指标体系(2015 年)
锑行业清洁生产评价指标体系(2015 年)	再生铅行业清洁生产评价指标体系(2015 年)
平板玻璃行业清洁生产评价指标体系(2015 年)	电镀行业清洁生产评价指标体系(2015 年)
铅锌采选行业清洁生产评价指标体系(2015 年)	黄磷工业清洁生产评价指标体系(2015 年)
生物药品制造业(血液制品)清洁生产评价指标体系(2015 年)	电力(燃煤发电企业)行业清洁生产评价指标体系(2015 年)
稀土行业清洁生产评价指标体系(2015 年)	制浆造纸行业清洁生产评价指标体系(2015 年)
钢铁行业清洁生产评价指标体系(2014 年)	水泥行业清洁生产评价指标体系(2014 年)
清洁生产标准　酒精制造业(HJ 581—2010)	清洁生产标准　铜电解业(HJ 559—2010)
清洁生产标准　宾馆饭店业(HJ 514—2009)	清洁生产标准　葡萄酒制造业(HJ 452—2008)
清洁生产标准　淀粉工业(HJ 445—2008)	清洁生产标准　味精工业(HJ 444—2008)
清洁生产标准　白酒制造业(HJ/T 402—2007)	清洁生产标准　啤酒制造业(HJ/T 183—2006)

清洁生产基础工作得到加强。全国陆续成立了一批地方清洁生产中心和行业清洁生产中心，截至 2013 年年底，我国共建立了至少 21 个省级清洁生产中心，部分省（区、市）还进一步建立了至少 25 个地市级清洁生产中心；从行业角度看，我国成立了包括煤炭、冶金、轻工、化工、航空航天等在内的多个行业清洁生产中心。到 2013 年年底，清洁生产咨询服务机构数量达到 934 家。这些清洁生产中心在地方清洁生产政策建设、清洁生产理念传播、清洁生产咨询及技术推广等方面发挥了重要作用。

二、清洁生产的定义、原则及特点

1. 清洁生产的定义

（1）《中华人民共和国清洁生产促进法》的定义

《中华人民共和国清洁生产促进法》第二条规定："本法所称清洁生产，是指不断采取改进设计、使用清洁的能源和原料、采用先进的工艺技术与设备、改善管理、综合利用等措施，从源头削减污染，提高资源利用效率，减少或者避免生产、服务和产品使用过程中污染物的产生和排放，以减轻或者消除对人类健康和环境的危害。"

（2）联合国环境规划署的定义

1996 年，联合国环境规划署（UNEP）在总结了各国开展的污染预防活动，并加以分析提高后，完善了清洁生产的定义。其定义如下：

清洁生产是一种新的创造性思想，该思想将整体预防的环境战略持续地应用于生产过程、产品和服务中，以增加生态效率和减少人类和环境的风险。

——对于生产过程，要求节约原材料和能源，淘汰有毒原材料，减少所有废物的数量和降低废物的毒性；

——对于产品，要求减少从原材料提炼到产品最终处置的全生命周期的不利影响；

——对服务，要求将环境因素纳入设计和所提供的服务中。

UNEP 的定义将清洁生产上升为一种战略，该战略的作用对象为工艺和产品。其特点为持续性、预防性和综合性。

根据清洁生产的定义，清洁生产内涵的核心是实行源削减和对生产或服务的全过程实施控制。

2. 清洁生产的原则

（1）持续性

清洁生产要求对生产过程在原材料和能源、技术工艺、过程控制、设备、管理、产品、废物及员工技能和素质等方面进行持续不断地改进和提高，使企业降低原辅材料和能源消耗、减少污染物的产生和排放、提高产品质量和产量，实现"节能、降耗、减污、增效"的目的。因此，在清洁生产的实施方面，具有持续性。

在清洁生产的效益方面，在企业管理中，要求将已实施方案纳入企业正常的生产管理制度之中，使其在企业生产过程中得以持续实施，保证企业持续获取其经济效益和环境效益。

清洁生产的持续性，是企业在现有生产过程基础上的不断改进，是企业实现生产方式绿色化转变和企业绿色发展的基础。

（2）预防性

清洁生产通过源头削减和生产过程控制，降低资源、能源消耗，减少废物的产生和排放，实现资源、能源消耗的合理化，废物产生和排放的最小化，在生产过程中减少或避免污染物的产生，达到预防废物产生的目的。

清洁生产与末端治理不同。末端治理是对已产生废物的无害化过程，以满足污染物排放标准或环境许可为目的。清洁生产主要是通过原辅材料和能源替代、产品生态设计、改进工艺和设备、改善过程控制、强化管理、废物回收利用、提高员工技能和素质等方法，改善企业各项生产指标，提高企业清洁生产水平，降低废物毒性，减少废物产生量和排放量。

（3）综合性

清洁生产工作以企业生产过程、产品或服务为基础，涉及企业的方方面面，需要贯彻到企业的各个层次和各个职能部门，只有全员参与，才能确保清洁生产的实施和取得相应的效果。全员参与是企业获得清洁生产效益的保障。

企业清洁生产的效益包括环境效益和经济效益。资源消耗、废物排放的减少量均为清洁生产的环境效益；经济效益，包括原辅材料消耗、能耗降低带来的生产成本减少，产品产量和质量提升带来的经济效益，以及由于废物产生量和排放量减少或废物毒性降低带来的废物处理成本降低，这三方面产生的综合效益作为清洁生产的经济效益。

3. 清洁生产的特点

清洁生产是基于产品生态设计和原辅材料选择、生产过程控制，通过源头削减和过程控制，降低资源和能源消耗，减少或避免废物的产生和排放，实现污染预防和企业生产方式绿色化的战略思想，具有如下特点。

（1）清洁生产是一项系统工程

清洁生产在对企业现状、国内外同行业水平、行业清洁生产指标体系或清洁生产标准、国家产业政策要求等进行系统调查的基础上，从原辅材料和能源、工艺、设备、过程控制、管理、员工、产品及废物八个方面，系统产生清洁生产方案，推行清洁生产。

清洁生产从生产工艺和设备、资源和能源消耗指标、污染物产生指标、环境管理指标、产品指标等方面，采用定量指标和定性指标相结合，系统评价企业清洁生产水平。

（2）重在预防和有效性

废物产生于生产过程。清洁生产通过对输入端和生产过程全过程的控制，使废物的产生量和排放量最小化，在生产过程中减少和避免废物的产生和排放，有效预防废物产生。清洁生产并不会提高企业污染物排放要求，不改变企业遵守的行业污染物排放标准。

（3）经济效益良好

企业通过实施清洁生产方案，使生产过程在最优化条件下运行，实现企业原辅材料和能源消耗、产品产量和质量、废物排放量等各项指标在同行业中处于先进水平，从而提升企业经济效益。

（4）与企业发展相适应

企业在推行清洁生产活动中，产生的清洁生产方案包括无费方案、低费方案、中费方案、高费方案四个类型。在满足国家产业结构调整指导目录、高耗能落后机电设备（产品）淘汰目录、行业清洁生产标准或行业清洁生产指标体系等要求的条件下，企业可根据自身情况，选择先实施无费/低费方案，并通过实施无低费方案积累资金，为中费/高费方案的实施提供条件，避免企业因缺乏资金而无法推行清洁生产。

三、清洁生产的目的、作用及意义

1. 清洁生产的目的

（1）自然资源和能源利用的最合理化

自然资源和能源利用的最合理化，要求以最少的原材料和能源消耗，满足生产过程、产品和服务的需要。对于企业来说，应在生产过程、产品和服务中最大限度做到：①节约原材料和能源；②利用可再生能源；③利用清洁能源；④开发新能源；⑤采用节能技术和措施；⑥充分利用副产品、中间产品等原材料；⑦利用无毒、无害原材料；⑧减少使用稀有原材料；⑨物料现场循环利用。

（2）经济效益最大化

企业通过清洁生产，降低生产成本，提升产品产量和质量，以获取尽可能大的经济效益。要实现经济效益最大化，企业应在生产和服务中最大限度地做到：①采用清洁生产技术和工艺；②降低物料和能源损耗；③采用高效设备；④提高产品产量和质量；⑤减少副产品；⑥合理组织生产；⑦提高员工技术水平、技能和清洁生产意识；⑧完善企业管理体系和制度；⑨产品生态设计。

（3）对人类和环境的危害最小化

对于企业，对人类与环境危害最小化就是在生产和服务中，最大限度地做到：①减少有毒有害物料的使用，降低废物毒性；②采用少废、无废生产技术和工艺，减少或避免废物的产生；③减少生产过程中的危险因素；④废物在厂内或厂外循环利用；⑤使用可重复利用的包装材料；⑥合理包装产品；⑦采用可降解和易处置的原材料；⑧合理利用产品功能；⑨延长产品使用寿命。

2. 清洁生产的作用

（1）清洁生产的宏观作用

清洁生产的宏观作用是实施清洁生产所产生的社会效益。根据清洁生产的概念和内涵，清洁生产应贯穿于社会经济发展的各个领域，达到保护环境、发展经济的目的。清洁生产是一项全社会都应参与的系统工程，推行清洁生产，推进绿色发展。

（2）清洁生产的微观作用

清洁生产微观作用是企业实施清洁生产所能获得的效益。通过清洁生产使得企业生产过程处于最优化状态运行，企业的资源消耗、能源消耗最合理化，废物产生及环境影响最小化。实施清洁生产，推进企业生产方式绿色化，实现企业生产过程、产品或服务的绿色转型。

3. 实施清洁生产的意义

（1）推行清洁生产是实现绿色发展、可持续发展的需要

总体上看，我国生态文明建设水平仍滞后于经济社会发展，资源约束趋紧，环境污染严

重，生态系统退化，发展与人口资源环境之间的矛盾日益突出，已成为经济社会可持续发展的重大瓶颈制约。

清洁生产是一种持续地将污染预防战略应用于生产过程、产品和服务中，强调从源头抓起，着眼于生产过程控制，不仅能最大限度地提高资源能源的利用率和原材料的转化率，减少资源的消耗和浪费，保障资源的永续利用，而且能把污染消除在生产过程中，最大限度地减轻环境影响和末端治理的负担，改善环境质量。因此，清洁生产是实现绿色发展的有效途径，是实现可持续发展的最佳选择。

（2）清洁生产是工业污染防治和企业绿色转型的选择

我国工业总体上尚未摆脱高投入、高消耗、高排放的发展方式，资源能源消耗量大，生态环境问题比较突出，形势依然十分严峻。环境统计显示，工业污染物排放量大、危害重、风险高。

清洁生产通过源头削减和过程控制，最大限度地提高资源和能源的利用率，减少污染物的产生量，实现污染物排放量的最小化，我国清洁生产实践证明了其对工业污染防治的有效性。截至 2013 年年底，全国环保系统共对 35530 家重点企业组织开展了清洁生产审核。据环境保护部 2009～2013 年对强制性清洁生产审核企业的统计，全国重点企业通过清洁生产审核提出清洁生产方案 19.7 万个，实施 18.6 万个；累计削减废水排放约 170 亿吨、COD 12 万吨、SO_2 19 万吨、NO_x 18 万吨、节水 6 亿吨、节煤 11 亿吨、节电 58 亿千瓦时，取得经济收益约 284.61 亿元。清洁生产是防治工业污染的最佳模式，是企业实现绿色转型的有效途径。

第二节　清洁生产理论基础

一、可持续发展理论

1. 可持续发展的基本思想

可持续发展是"既满足当代人的需求，又不对后代人满足自身需求的能力构成危害的发展"，其基本思想如下。

（1）可持续发展鼓励经济增长

可持续发展强调经济增长的必要性，不仅重视经济增长的数量，更要追求经济增长的质量，达到具有可持续意义的经济增长。

（2）可持续发展的标志是资源的永续利用和良好的生态环境

可持续发展以自然资源为基础，同生态环境相协调，在保护环境、资源永续利用的条件下，实现经济增长和经济社会的发展。

（3）可持续发展的目标是谋求社会的全面进步

可持续发展是要实现以人为本的自然-经济-社会复合系统的持续、稳定、健康的发展，改善人类生活质量，提高人类健康水平，创造一个保障人们平等、自由、教育和免受暴力的社会环境。

2. 可持续发展的基本原则

可持续发展具有十分丰富的内涵，包括主张公平分配，主张建立在保护地球自然系统基础上的持续经济发展，主张人类与自然和谐相处。从中所体现的基本原则如下。

（1）公平性原则

公平性原则包括两个方面：一是本代人的公平即代内之间的横向公平，在满足所有人的基本需求上，有同等利用自然资源与环境的权力；二是代际间的公平即世代的纵向公平，当代人不能因为自己的发展与需求，损害后代人满足其发展需求的自然资源与环境，给后代人以公平利用自然资源的权力。

（2）持续性原则

资源与环境是人类生存与发展的基础和条件，资源的永续利用和生态环境的可持续性是可持续发展的重要保证，人类发展必须以不损害支持地球生命的大气、水、土壤、生物等自然条件为前提，必须充分考虑资源的临界性，必须适应资源与环境的承载能力。

（3）共同性原则

可持续发展关系到全球的发展。要实现可持续发展的目标，必须争取全球共同的配合行动。可持续发展就是人类要共同促进自身之间、自身与自然之间的协调，这是人类共同的道义和责任。

二、废物与资源转化理论

根据物质守恒定律，在生产过程中，物质按照平衡原理相互转换。生产过程中产生的废物越多，则原料（资源）消耗也就越大，原料（资源）利用率越低。废物由原料转化而来，提高原料（资源）利用率，即可减少废物的产生。

资源与废物是一个相对的概念。生产中的废物具有多功能特性，即某一生产过程中的废物，作为另一生产过程的原料进行利用，如粉煤灰在水泥生产过程中作为原料利用。

三、最优化理论

在生产过程中，一种产品的生产必定存在一个产品质量最好、产率最高、能量消耗最少的最优生产条件，其理论基础是数学上的最优化理论。清洁生产就是实现生产过程中原料、能源消耗最少、产品产率最高的最优生产条件，即将废物最小量化作为目标函数，求它的各种约束条件下的最优解。

1. 目标函数

废物最小量这一目标函数是动态的、相对的。一个生产过程、一个生产环节、一种设备、一种产品，在不经过末端处理设施而能达到相应的废物排放标准、能耗标准、产品质量标准等，就可以认为目标函数得以实现。由于国家和地区的废物排放标准和能耗等标准的不同，目标函数值也不同；即使在一个国家，随着技术进步和社会发展，这些标准发生变化，目标函数值也会发生变化。因此，目前清洁生产废物最小化理论不是求解目标函数值，而是为满足目标函数值，确定必要的约束条件。

2. 约束条件

利用能量与物料衡算，得出生产过程中废物产生量、能源消耗、原材料消耗与目标函数的差距，进而确定约束条件。约束条件包括原材料及能源、生产工艺、过程控制、设备、管理、产品、废物、员工等。

四、科学技术进步理论

科学技术是第一生产力，是经济发展和社会进步的重要推动力量。清洁生产以提高资源利用率、产品产率、能源利用效率、生产效率为目标，降低生产过程、产品和服务中资源消耗、能耗和废物的产生量。要实现清洁生产这一作用，需要合理利用资源、开发新的能源、开发少废无废工艺、研发低碳技术、制造高效设备、淘汰高能耗落后机电设备、设计生态产品、科学管理、废物循环利用等，科学技术进步为清洁生产提供了必要条件。

第三节　清洁生产内容与评价指标

一、清洁生产内容

清洁生产内容包含以下三个方面。

1. 清洁能源

清洁能源，即非矿物能源，也称为非碳能源，在消耗时不生成 CO_2 等对全球环境有潜在危害的物质。清洁能源有狭义与广义之分，狭义的清洁能源是指可再生能源；广义的清洁能源，包括可再生能源和用清洁能源技术加工处理过的非再生能源。

清洁生产中，清洁能源包括常规能源的清洁利用、可再生能源的利用、新能源的开发、各种节能技术等内容。

2. 清洁的生产过程

清洁的生产过程是指尽量少用、不用有毒有害的原料；尽量使用无毒、无害的中间产品；减少或消除生产过程的各种危险性因素，如高温、高压、低温、低压、易燃、易爆、强噪声、强振动等；采用少废、无废的工艺；采用高效的设备；物料的再循环利用（包括厂内和厂外）；简便、可靠的操作和优化控制；完善的科学量化管理等。

3. 清洁的产品

清洁的产品是指节约原料和能源，少用昂贵和稀缺原料，尽量利用二次资源作原料；产品在使用过程中以及使用后不含危害人体健康和生态环境的成分；产品应易于回收、复用和再生；合理包装产品；产品应具有合理的使用功能（以及具有节能、节水、降低噪声的功能）和合理的使用寿命；产品报废后易处理、易降解等。

二、清洁生产评价指标

1. 清洁生产评价指标体系

清洁生产评价是基于企业生产全过程，依据企业（或各生产车间、工段）的各项生产指标，判定企业生产过程、产品、服务的相关指标在国内外同行业中所处的清洁生产水平，发现清洁生产机会，提高企业生产过程对资源和能源的利用效率，减少污染物产生和排放的过程。

清洁生产评价指标是指国家、地区、部门和企业，根据一定的科学、技术、经济条件，在一定时期内规定的清洁生产所必须达到的具体目标和水平。评价指标既是管理科学水平的标志，也是进行定量比较的尺度。

清洁生产评价指标体系是由相互联系、相对独立、互相补充的系列清洁生产评价指标所组成的，用于衡量清洁生产状态的指标集合。

2. 清洁生产评价主要指标

（1）生产工艺及装备指标

生产工艺及装备指标指产品生产中采用的生产工艺和装备的种类、自动化水平、生产规模等方面的指标。包括装备要求、生产规模、工艺方案、主要设备参数、自动化控制水平等。

（2）资源能源消耗指标

资源能源消耗指标指在生产过程中，生产单位产品所需的资源与能源量等反映资源与能源利用效率的指标。包括单位产品综合能耗、单位产品取水量、单位产品原/辅料消耗、一次能源消耗比例等指标。

能耗指生产过程中实际消耗的各种能源，包括原煤、原油、电力、热力、天然气等。

综合能耗指用能单位在统计报告期内生产某种产品或提供某种服务实际消耗的各种能源实物量，按规定的计算方法和单位分别折算后的总和。

对企业而言，综合能耗是指统计报告期内，主要生产系统、辅助生产系统和附属生产系统的综合能耗总和。企业中主要生产系统的能耗量应以实测为准。

单位产值综合能耗指统计报告期内综合能耗与期内用能单位总产值或工业增加值的比值。

产品单位产量综合能耗指统计报告期内用能单位生产某种产品或提供某种服务的综合能耗与同期该合格产品产量（工作量、服务量）的比值。产品单位产量综合能耗简称单位产品综合能耗。

油当量或煤当量是按石油或煤的热当量值计算各种能源的能源计量单位。国际能源机构（IEA）规定，1kg 油当量（1kgoe）＝10000kcal(41868kJ)；1kg 煤当量（1kgce）＝7000kcal（29307kJ）。

我国规定每千克标准煤的热值为 7000 千卡（29307kJ）。将不同品种、不同含量的能源按各自不同的热值换算成每千克热值为 7000 千卡（29307kJ）的标准煤，电力（当量值）、热力（当量值）折标准煤参考系数如表 1-6。综合能耗计算参考《综合能耗计算通则》。

表 1-6 电力、热力折标准煤参考系数

能源名称	折标准煤系数
电力（当量值）	0.1229 kgce/(kW·h)
热力（当量值）	0.03416kgce/MJ

注：数据来自《综合能耗计算通则》（2018 年）。

水的消耗指标包括总用水量、新鲜用水量、回用水量，其关系如图 1-1。

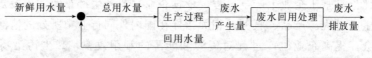

图 1-1 新鲜用水量、总用水量、回用水量关系

（3）资源综合利用指标

资源综合利用指标指生产过程中所产生废物可回收利用特征及废物回收利用情况的指标。包括余热余压利用率、工业用水重复利用率、工业固体废物综合利用率等。

（4）污染物产生指标（末端处理前）

污染物产生指标（末端处理前）指单位产品生产（或加工）过程中，产生污染物的量（末端处理前）。包括单位产品废水产生量、单位产品化学需氧量产生量、单位产品二氧化硫产生量、单位产品氨氮产生量、单位产品氮氧化物产生量和单位产品粉尘产生量，以及行业特征污染物等。

（5）产品特征指标

产品特征指标指影响污染物种类和数量的产品性能、种类和包装，以及反映产品贮存、运输、使用和废弃后可能造成的环境影响等的指标。包括有毒有害物质限量、易于回收和拆解的产品设计、产品合格率、产品转化率（或产率）、产品散装率等。

（6）清洁生产管理指标

清洁生产管理指标指对企业所制定和实施的各类清洁生产管理相关规章、制度和措施的要求，包括执行环保法规情况、企业生产过程管理、环境管理、清洁生产审核、相关环境管理等方面。

具体指标包括清洁生产审核制度执行、清洁生产部门设置和人员配备、清洁生产管理制度、强制性清洁生产审核政策执行情况、环境管理体系认证、建设项目环保"三同时"执行情况、合同能源管理、能源管理体系实施等。

在上述六大类清洁生产指标中，对节能减排有重大影响的指标，或者法律法规明确规定严格执行的指标，为限定性指标。原则上，限定性指标主要包括但不限于单位产品能耗限额、单位产品取水定额、有毒有害物质限量、行业特征污染物、行业准入性指标以及二氧化硫、氮氧化物、氨氮等污染物的产生量及化学需氧量、放射性、噪声等。

第四节　清洁生产要求及实施

一、清洁生产要求

《中华人民共和国国民经济和社会发展第十三个五年规划纲要》提出，坚持科学发展，加快转变经济发展方式，实现更高质量、更有效率、更加公平、更可持续的发展。坚持节约资源和保护环境的基本国策，加快建设资源节约型、环境友好型社会。《中共中央国务院关于加快推进生态文明建设的意见》提出，在资源开发与节约中，把节约放在优先位置，以最少的资源消耗支撑经济社会持续发展；坚持把绿色发展、循环发展、低碳发展作为基本途径；2020年，资源节约型和环境友好型社会建设取得重大进展。全面推行清洁生产，是建设资源节约型、环境友好型社会，实现绿色发展的重要途径。

1. 清洁生产法规、政策、标准

（1）《中华人民共和国清洁生产促进法》要求

国家鼓励和促进清洁生产。国务院和县级以上地方人民政府，应当将清洁生产促进工作纳入国民经济和社会发展规划、年度计划以及环境保护、资源利用、产业发展、区域开发等规划。

国家鼓励开展有关清洁生产的科学研究、技术开发和国际合作，组织宣传、普及清洁生产知识，推广清洁生产技术。国家鼓励社会团体和公众参与清洁生产的宣传、教育、推广、实施及监督。

企业在进行技术改造过程中，应当采取以下清洁生产措施：采用无毒、无害或者低毒、低害的原料，替代毒性大、危害严重的原料；采用资源利用率高、污染物产生量少的工艺和设备，替代资源利用率低、污染物产生量多的工艺和设备；对生产过程中产生的废物、废水和余热等进行综合利用或者循环使用；采用能够达到国家或者地方规定的污染物排放标准和污染物排放总量控制指标的污染防治技术。

产品和包装物的设计，应当考虑其在生命周期中对人类健康和环境的影响，优先选择无毒、无害、易于降解或者便于回收利用的方案。企业对产品的包装应当合理，包装的材质、结构和成本应当与内装产品的质量、规格和成本相适应，减少包装性废物的产生，不得进行过度包装。

生产大型机电设备、机动运输工具以及国务院工业部门指定的其他产品的企业，应当按照国务院标准化部门或者其授权机构制定的技术规范，在产品的主体构件上注明材料成分的标准牌号。

农业生产者应当科学地使用化肥、农药、农用薄膜和饲料添加剂，改进种植和养殖技术，实现农产品的优质、无害和农业生产废物的资源化，防止农业环境污染。禁止将有毒、有害废物用作肥料或者用于造田。

餐饮、娱乐、宾馆等服务性企业，应当采用节能、节水和其他有利于环境保护的技术和设备，减少使用或者不使用浪费资源、污染环境的消费品。

建筑工程应当采用节能、节水等有利于环境与资源保护的建筑设计方案、建筑和装修材料、建筑构配件及设备。建筑和装修材料必须符合国家标准。禁止生产、销售和使用有毒、有害物质超过国家标准的建筑和装修材料。

矿产资源的勘查、开采，应当采用有利于合理利用资源、保护环境和防止污染的勘查、开采方法和工艺技术，提高资源利用水平。

企业应当在经济技术可行的条件下对生产和服务过程中产生的废物、余热等自行回收利用或者转让给有条件的其他企业和个人利用。

（2）政策、标准要求

依据《关于深入推进重点企业清洁生产的通知》（环发［2010］54号）规定，当前要将重有色金属矿（含伴生矿）采选业、重有色金属冶炼业、含铅蓄电池业、皮革及其制品业、化学原料及化学制品制造业五个重金属污染防治重点防控行业，以及钢铁、水泥、平板玻璃、煤化工、多晶硅、电解铝、造船七个产能过剩主要行业，作为实施清洁生产审核的重点。

总体进度要求是，五个重金属污染防治重点行业的重点企业，每两年完成一轮清洁生产审核，2011年年底前全部完成第一轮清洁生产审核和评估验收工作；七个产能过剩行业的重点企业，每三年完成一轮清洁生产审核，2012年年底前全部完成第一轮清洁生产审核和评估验收工作；《重点企业清洁生产行业分类管理名录》确定的其他重污染行业的重点企业，每五年开展一轮清洁生产审核，2014年年底前全部完成第一轮清洁生产审核及评估验收。

此外，在开展清洁生产时，应遵守《产业结构调整指导目录》《部分工业行业淘汰落后生产工艺装备和产品指导目录》《高耗能落后机电设备（产品）淘汰目录》《工业绿色发展规划（2016—2020年）》《行业清洁生产标准》《行业清洁生产评价指标体系》，以及污染物排放标准、行业清洁生产技术推行方案、国家重点行业清洁生产技术导向目录、国家重点推广低碳技术目录等制度、标准。

2. 清洁生产目标和指标

（1）《工业绿色发展规划（2016—2020年）》

规划提出，到2020年，绿色发展理念成为工业全领域全过程的普遍要求，工业绿色发展推进机制基本形成，绿色制造产业成为经济增长新引擎和国际竞争新优势，工业绿色发展整体水平显著提升。

——能源利用效率显著提升。工业能源消耗增速减缓，六大高耗能行业占工业增加值比重继续下降，部分重化工业能源消耗出现拐点，主要行业单位产品能耗达到或接近世界先进水平，部分工业行业碳排放量接近峰值，绿色低碳能源占工业能源消费量的比重明显提高。

——资源利用水平明显提高。单位工业增加值用水量进一步下降，大宗工业固体废物综合利用率进一步提高，主要再生资源回收利用率稳步上升。

——清洁生产水平大幅提升。先进适用清洁生产技术工艺及装备基本普及，钢铁、水泥、造纸等重点行业清洁生产水平显著提高，工业二氧化硫、氮氧化物、氨氮排放量和化学需氧量明显下降，高风险污染物排放大幅削减。

"十三五"时期工业绿色发展主要指标如表1-7。

表1-7 "十三五"时期工业绿色发展主要指标

指　标	2015 年	2020 年	累计降速
(1)规模以上企业单位工业增加值能耗下降/%	—	—	18
吨钢综合能耗/千克标准煤	572	560	
水泥熟料综合能耗/(千克标准煤/吨)	112	105	
电解铝液交流电耗/(千瓦时/吨)	13350	13200	
炼油综合能耗/(千克标准油/吨)	65	63	
乙烯综合能耗/(千克标准煤/吨)	816	790	
合成氨综合能耗/(千克标准煤/吨)	1331	1300	
纸及纸板综合能耗/(千克标准煤/吨)	530	480	
(2)单位工业增加值二氧化碳排放下降/%	—	—	22
(3)单位工业增加值用水量下降/%	—	—	23
(4)重点行业主要污染物排放强度下降/%	—	—	20
(5)工业固体废物综合利用率/%	65	73	
其中:尾矿/%	22	25	
煤矸石/%	68	71	
工业副产石膏/%	47	60	
钢铁冶炼渣/%	79	95	
赤泥/%	4	10	
(6)主要再生资源回收利用量/亿吨	2.2	3.5	
其中:再生有色金属/万吨	1235	1800	
废钢铁/万吨	8330	15000	
废弃电器电子产品/亿台	4	6.9	
废塑料(国内)/万吨	1800	2300	
废旧轮胎/万吨	550	850	
(7)绿色低碳能源占工业能源消费量比重/%	12	15	
(8)六大高耗能行业占工业增加值比重/%	27.8	25	
(9)绿色制造产业产值/万亿元	5.3	10	

重点区域清洁生产水平提升行动。在京津冀、长三角、珠三角等重点区域实施大气污染重点行业清洁生产水平提升行动。到2020年，全国工业削减烟粉尘100万吨/年、二氧化硫50万吨/年、氮氧化物180万吨/年。

重点流域清洁生产水平提升行动。在长江、黄河、珠江、松花江、淮河、海河、辽河等重点流域实施水污染重点行业清洁生产水平提升行动。到2020年，全国工业削减废水4亿吨/年、化学需氧量50万吨/年、氨氮5万吨/年。

特征污染物削减计划。以挥发性有机物、持久性有机物、重金属等污染物削减为目标，围绕重点行业、重点领域实施工业特征污染物削减计划。到2020年，削减汞使用量280吨/年，减排总铬15吨/年、总铅15吨/年、砷10吨/年。

绿色基础制造工艺推广行动。重点推广绿色的铸造、锻压、焊接、切削、热处理、表面处理等基础制造工艺技术与装备。到 2020 年，铸件废品率降低 10%，锻造材料利用率提高 10%，切削材料利用率提升 10%，电镀和涂装行业减少污染物排放 30% 以上。

中小企业清洁生产推行计划。提升中小企业清洁生产技术研发应用水平，开展政府购买清洁生产服务试点，实施中小企业清洁生产培训计划。继续实施粤港清洁生产伙伴计划，在其他地区推广示范。

工业节水专项行动。围绕钢铁、纺织印染、造纸、石化化工、食品发酵等重点行业实施节水治污改造工程，实施用水企业水专项领跑者引领行动，推进节水技术改造，在缺水地区实施工业节水专项行动，加强非常规水资源利用。

（2）《中国制造 2025》

《中国制造 2025》提出坚持把可持续发展作为建设制造强国的重要着力点，加强节能环保技术、工艺、装备推广应用，全面推行清洁生产。发展循环经济，提高资源回收利用效率，构建绿色制造体系，走生态文明的发展道路。2020 年和 2025 年制造业绿色发展主要指标如表 1-8。

表 1-8　绿色发展主要指标

指　标	2013 年	2015 年	2020 年	2025 年
规模以上单位工业增加值能耗下降幅度	—	—	比 2015 年下降 18%	比 2015 年下降 34%
单位工业增加值二氧化碳排放量下降幅度	—	—	比 2015 年下降 22%	比 2015 年下降 40%
单位工业增加值用水量下降幅度	—	—	比 2015 年下降 23%	比 2015 年下降 41%
工业固体废物综合利用/%	62	65	73	79

组织实施传统制造业能效提升、清洁生产、节水治污、循环利用等专项技术改造。开展重大节能环保、资源综合利用、再制造、低碳技术产业化示范。实施重点区域、流域、行业清洁生产水平提升计划，扎实推进大气、水、土壤污染源头防治专项。制定绿色产品、绿色工厂、绿色园区、绿色企业标准体系，开展绿色评价。

到 2020 年，建成千家绿色示范工厂和百家绿色示范园区，部分重化工行业能源资源消耗出现拐点，重点行业主要污染物排放强度下降 20%。到 2025 年，制造业绿色发展和主要产品单耗达到世界先进水平，绿色制造体系基本建立。

（3）水污染、大气污染、土壤污染防治行动计划

《水污染防治行动计划》提出，到 2020 年，长江、黄河、珠江、松花江、淮河、海河、辽河等七大重点流域水质优良（达到或优于Ⅲ类）比例总体达到 70% 以上，地级及以上城市建成区黑臭水体均控制在 10% 以内，地级及以上城市集中式饮用水水源水质达到或优于Ⅲ类比例总体高于 93%，全国地下水质量极差的比例控制在 15% 左右，近岸海域水质优良（一、二类）比例达到 70% 左右。京津冀区域丧失使用功能（劣于Ⅴ类）的水体断面比例下降 15 个百分点左右，长三角、珠三角区域力争消除丧失使用功能的水体。到 2030 年，全国七大重点流域水质优良比例总体达到 75% 以上，城市建成区黑臭水体总体得到消除，城市集中式饮用水水源水质达到或优于Ⅲ类比例总体为 95% 左右。

《大气污染防治行动计划》提出，2018 年，全国地级及以上城市优良天数比率为 79.3%；细颗粒物（PM$_{2.5}$）未达标地级及以上城市平均浓度较 2015 年下降 24.6%；国家地表水评价考核断面中，Ⅰ～Ⅲ类断面比例为 71.0%，劣Ⅴ类断面比例为 6.7%。二氧化

硫、氮氧化物、化学需氧量、氨氮排放总量较 2015 年分别下降 18.9％、13.1％、8.5％、8.9％。2019 年以来，全国水和大气环境质量总体稳定。

《土壤污染防治行动计划》提出，到 2020 年，受污染耕地安全利用率达到 90％左右，污染地块安全利用率达到 90％以上。到 2030 年，受污染耕地安全利用率达到 95％以上，污染地块安全利用率达到 95％以上。

（4）《"十三五"节能减排综合工作方案》

《"十三五"节能减排综合工作方案》提出，到 2020 年，全国万元国内生产总值能耗比 2015 年下降 15％，能源消费总量控制在 50 亿吨标准煤以内。全国化学需氧量、氨氮、二氧化硫、氮氧化物排放总量分别控制在 2001 万吨、207 万吨、1580 万吨、1574 万吨以内，比 2015 年分别下降 10％、10％、15％和 15％。全国挥发性有机物排放总量比 2015 年下降 10％以上。

到 2020 年，工业固体废物综合利用率达到 73％以上，农作物秸秆综合利用率达到 85％。

（5）《能源发展"十三五"规划》

2020 年能源发展主要目标是：能源消费总量控制在 50 亿吨标准煤以内，煤炭消费总量控制在 41 亿吨以内；全社会用电量预期为 6.8 万亿～7.2 万亿千瓦时。国内一次能源生产量约 40 亿吨标准煤，其中煤炭 39 亿吨，原油 2 亿吨，天然气 2200 亿立方米，非化石能源 7.5 亿吨标准煤。非化石能源消费比重提高到 15％以上，天然气消费比重力争达到 10％，煤炭消费比重降低到 58％以下；发电用煤占煤炭消费比重提高到 55％以上。单位国内生产总值能耗比 2015 年下降 15％，煤电平均供电煤耗下降到每千瓦时 310 克标准煤以下。单位国内生产总值二氧化碳排放比 2015 年下降 18％。

（6）《中国落实 2030 年可持续发展议程国别方案》

全面推进节水型社会建设，落实最严格水资源管理制度，强化用水需求和用水过程管理，实施水资源消耗总量和强度双控行动。建立万元国内生产总值水耗指标等用水效率评估体系，持续提高各行业的用水效率。到 2020 年，全国农田灌溉用水有效利用系数提高到 0.55 以上，实现万元国内生产总值用水量和万元工业增加值水量分别比 2015 年下降 23％和 20％。

到 2030 年，力争全国水环境质量总体改善，水生态系统功能初步恢复；非化石能源占一次能源消费比重达到 20％左右；全国用水总量控制在 7000 亿立方米以下。

二、清洁生产实施途径

1. 工业污染的全过程控制与综合防治

（1）企业全过程控制

一般来说，产品的生产过程可由若干工序构成，如图 1-2。

生产过程的每一工序都可以从源头削减、过程控制、预防污染的角度发现清洁生产机会，其思路可以归结为以下四个方面。

① 革除　即去除原有的一些工序而不加替代。如矿石碎矿与磨矿过程，由粗碎、中碎、细碎三段碎矿和磨矿工艺改为自磨工艺。

② 修正　即总体上保持不变，仅改变其中局部的内容（参数、工序或设备等）。如污水处理过程，依据污水量和有机物浓度控制曝气量；电镀过程，控制镀液在较低浓度下的电镀作业。

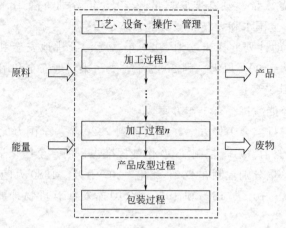

图1-2　产品生产流程示意图

③ 改变　即进行比较彻底的改变。如采用不含磷洗涤剂替代含磷洗涤剂；三价铬硬铬电镀工作液替代六价铬电镀液；稀土脱硝催化剂替代钒基脱硝催化剂；无铅电子浆料替代含铅电子浆料等。

④ 重组　即在原来的过程中增加新的工序。如水泥行业利用余热发电；利用锅炉烟气余热预热锅炉进水。

（2）区域综合防治战略

推行清洁生产应实施以工业生态学为指针，从环境-经济一体化出发，谋求社会和自然的和谐、技术圈与生物圈兼容的工业发展新战略，因此，必须采取综合性行动，这些行动包括：

① 从污染预防的角度优化产业结构和能源结构。如降低能源中煤炭的比例，提高天然气的比例；提高风电的使用。

② 从环境的制约因素考虑工业的布局。如有大气污染的工厂应布置在居民区的下风地带；有水污染的工厂应布置在河流的下游；大气污染严重的工厂不宜布置在山谷或盆地中。

③ 建立经济管理、能源管理、环境管理一体化体系。如在大中型矿区内，以煤矸石发电为龙头，利用矿井水等资源，发展电力、建材、化工等资源综合利用产业，建设煤-焦-电-建材、煤-电-化-建材等多种模式的产业园区。

④ 突出各级政府的主导作用，发挥市场的调节功能；建立包括政府法规体系、健全的机构建设和配套资金保证的清洁生产运行机制；完善和拓展环境管理制度；加强清洁生产技术的开发、示范、转让、咨询、信息传播和培训；利用政府采购支持清洁生产；吸引公众参与；扩大国际合作。

2. 实施清洁生产的七个方向

（1）资源综合利用

资源综合利用是充分利用物料中有用组分，提高资源利用率，减少或消除废物的产生。资源综合利用，在增加产品生产的同时，也可减少废物产生，降低工业污染及其处置费用，提高企业生产的经济效益。资源综合利用是全过程控制的关键，是推行清洁生产的首要方向。如铜矿物中常常伴生着硫铁矿、金、银等有用组分，在进行矿物分选时，分离铜矿物和硫铁矿，同时将金、银等有用组分富集于铜精矿中，在铜冶炼过程中进行铜、金、银的分离，实现有用组分的充分利用。

资源综合利用的新发展，一是将工业生产过程中的能量和物质转化过程结合起来，使生产过程的动力技术过程和各种工艺过程结合成一个一体化的动力-工艺过程，如提高电站或工业动力装置所用燃料的利用效率，使燃料的有机组分和无机组分都能得到充分利用；二是在重要工业产品（如钢铁、有色金属、化工、石化、建材）生产过程中，充分利用高温物流和高压气体所载带的能量，以降低能耗，甚至维持系统的能量自给，如利用水泥生产过程的余热发电。

（2）改革工艺和设备

① 简化流程　缩短工艺流程，减少工序和设备是降低能耗、削减污染物产生和排放的有效措施。

② 变间歇操作为连续操作　减少开车、停车的次数，保持生产过程的稳定状态，提高产品产率，减少废料量，降低能耗。

③ 装置大型化　提高单套设备的生产能力，强化生产过程，降低物耗和能耗。如大型金属成型设备、大型工程机械等。

④ 适当改变工艺条件　通过必要的预处理或适当工序调整，达到削减废物的效果。如铁矿石采用预分选，脱除部分废石，减少进入生产流程的矿石量，提高破碎机、球磨机、磁选机效率，减少矿浆的输送，降低能耗，减少尾矿产生量，延长尾矿库使用寿命；焦炉燃烧室分段喷入空气，防止产生局部高温，可减少焦炉氮氧化物产生量30%。

⑤ 改变原料　利用可再生原料；改变原料配方，革除其中有毒有害物质的组分或辅料；采用精料；利用废料作为原料等。如采用无氰电镀；水性或无溶剂型紫外光（UV）固化涂料替代溶剂型涂料；植物源增效剂替代化学合成增效剂；粉煤灰作为水泥生产的原料等。

⑥ 配备自动控制装置　精确控制工艺条件，实现过程的优化控制，预防废物产生，节约资源、能源消耗。如静电除尘器采用软稳高频电源技术，保持最佳电晕放电等功能，增加电场内粉尘的荷电能力，智能跟踪实现对电场的输入始终处于最佳电晕放电状态，与传统工频电源相比，可以进一步减排烟（粉）尘50%以上。

⑦ 采用高效设备　改善设备布局和管线，如顺流设备改为逆流设备；优选设备材料，提高可靠性、耐用性；提高设备的密闭性，减少泄漏；设备的结构、安装和布置更便于维修；采用节能的泵、风机、搅拌装置；采用数控切割机，降低钢材消耗等；采用自动灌装机代替手工分装，提高生产效率。

⑧ 开发利用最新科技成果的全新工艺　如生化技术、高效催化技术、膜分离技术、电化学有机合成、光化学过程、等离子化学过程、机械加工的绿色切削技术等。

（3）组织厂内的物料循环

组织厂内物料循环，强调的是企业层次上的物料再循环。实际上，物料再循环可以在不同的层次上进行，如工序、车间、企业及地区，考虑再循环的范围越大，物料再循环利用实现的机会越多。常见厂内物料再循环如下。

① 流失的物料回收后作为原料返回原工序中。如捕集水泥粉尘，返回水泥生产过程；捕集的麦芽粉尘，返回啤酒生产过程；捕集的面粉粉尘，返回面粉生产过程等。

② 生产过程中生成的废料经过适当处理后作为原料或原料替代物返回原生产流程中。如铜电解精炼中产生的废电解液，经处理提铜后，再返回到电解精炼流程中；电镀过程中漂洗废水经反渗透处理后，渗透液返回镀件逆流漂洗槽。

③ 生产过程中产生的废料经过适当的处理后，作为原料再用于本厂其他生产过程中。如自来水膜法制纯水过程中的浓缩液，用于废气湿式净化过程；有色熔炼尾气中的二氧化硫

用作硫酸车间的原料。

④ 废物中余热回收，用于企业自身生产过程或其他生产过程。如利用锅炉烟气余热预热锅炉进水；利用电厂蒸汽对电镀厂的电镀过程加热，利用电厂废热作为市政供暖的热源。

（4）加强管理

在企业管理中贯彻清洁生产思想，基于源头削减和全过程控制，制定和完善企业管理体系，落实到企业各个层次和生产过程各个环节，在企业生产经营活动中预防污染的产生。如合理确定企业原材料、能源、水等消耗定额，实现量化管理；完善企业岗位操作规程，优化操作条件等。

（5）改革产品体系

采用生态设计和产品生命周期理念，将环境因素和原材料选择等纳入产品改革和设计之中，充分利用原材料，形成新的产品体系。如利用马铃薯淀粉过程产生的高浓度废液，生产植物蛋白产品；利用紫薯淀粉生产过程产生的废液，生产紫薯浓缩汁产品。水泥、面粉等产品采用散装，减少产品包装，节约包装材料和能源消耗。

（6）必要的末端处理

清洁生产是一个相对的概念、一个理想的模式，在目前的技术水平和经济发展水平条件下，废物的产生和排放有时难以避免，但废物的产生、排放量和毒性在现阶段是最小的。必要的末端处理，就是对该最小量废物进行处理和处置，使其对环境的危害降至最低，区别于传统的末端处理。

（7）组织区域内的清洁生产

组织区域内的清洁生产，就是按生态原则组织生产，地域性地将各个专业化生产（群落）有机地联合成一个综合生产体系（生态系统），使得整个系统对原料和能量的利用效率达到很高的程度。

在区域范围内削减和消除废物是实现清洁生产的重要途径，具体措施包括：围绕优势资源的开发利用，实现生产力的科学配置，组织工业链，建立优化的产业结构体系；从当地自然条件及环境出发进行科学的区划，根据产业特点及物料的流向合理布局；统一考虑区域的能源供应，开发和利用清洁能源；建立供水、用水、排水、净化的一体化管理机制，进行城市污水集中处理并组织回用；组织跨行业的厂外物料循环，特别是大吨位固体废料的二次资源化；生活垃圾的有效管理和利用；合理利用环境容量，以环境条件作为经济发展的一个制约性因素，控制发展的速度和规模；建立区域环境质量监测和管理系统，重大事故应急处理系统；组织清洁生产的科技开发和装备供应等。

三、清洁生产技术与方案

1. 清洁生产技术

清洁生产技术指通过原材料和能源替代、工艺技术改进、设备装备改进、过程控制改善、废弃物资源化利用、产品调整变更等措施，实现污染物的源头削减、过程控制，提高资源利用效率，减少或者避免生产过程和产品使用过程中污染物的产生和排放，以减轻或者消除对人类健康和环境危害的技术。

针对某项污染物，清洁生产技术的单位产品污染物产生强度应明显低于生产相同产品的行业一般生产技术。其主要技术特征有：一是源头削减，用无污染、少污染的能源和原材料替代毒性大、污染重的能源和原材料；二是过程减量，用消耗少、效率高、无污染、少污染的工艺和设备替代消耗高、效率低、产污量大、污染重的工艺和设备；三是末端循环，对必要排放的污染物，采用回收、循环利用技术回收其中有价资源；四是显著的环境和经济效益。清洁生产技术主要包括源头控制、过程减排和末端循环三类技术。

清洁生产技术思路为从源头削减、过程减排、末端循环利用，减排生产过程产生的浓度过高、数量过大的污染物，减轻末端处理的负荷，以技术进步的减排能力赶超经济发展导致的污染物增加，在帮助企业实现达标排放、污染减排目标的同时，提高企业的经济效益，如图1-3。

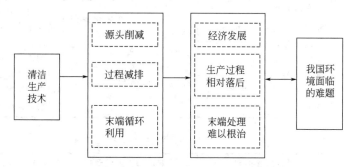

图1-3　清洁生产技术解决环境难题的技术思路

2. 清洁生产方案

清洁生产方案是企业在推行清洁生产活动中产生的一系列有利于实现生产过程"节能、降耗、减污、增效"目标并予以实施的措施和制度。

清洁生产方案按投资费用，可分为高费方案、中费方案、无费方案及低费方案。中/高费方案是指技术含量较高、投资费用较大的方案；无/低费方案是指技术含量较低、实施简单容易、不需要投资或投资较少的方案。清洁生产方案按方案筛选，分为可行方案和不可行方案。按方案的产生途径，可分为原辅材料和能源、技术工艺、设备、过程控制、产品、管理、员工及废物等八个类型。

我国发布了《工业企业技术改造升级投资指南（2016年版）》《国家鼓励的有毒有害原料（产品）替代品目录（2016）》《水污染防治重点行业清洁生产技术推行方案》及《大气污染防治重点工业行业清洁生产技术推行方案》等指导企业推进清洁生产。欧盟通过发布IP-PC（Integrated Pollution Prevention and Control）指令，指导企业实现清洁生产。

水污染和大气污染防治清洁生产技术方案举例如表1-9、表1-10。其他工业清洁生产技术方案举例如表1-11。

表1-9　水污染防治清洁生产技术方案举例

序号	技术名称	技术主要内容	解决的主要问题	应用前景分析
1	制革准备与鞣制工段废液分段循环系统	分别独立收集制革过程中产生的浸水、浸灰、覆灰、脱灰软化、浸酸鞣制废液，针对各废液中可有效再使用物质（例如石灰、硫化物、酶类、铬等）的含量和特点，减少新鲜水生产时的化料使用比例，加入相应的制剂，直接代替新鲜水反复用于生产	节水减排：使制革业的主要污染工序，例如浸灰、鞣制工序等不再产生废水，节省制革废水治理的高昂投资，同时也解决了制革废液直接循环生产时烂面坏皮现象，克服了废液循环次数难持久的困难，大幅削减制革废水排放	该技术可节约铬粉20%以上、酶类制剂50%左右、食盐70%左右。废水产生量减少30%以上，COD产生量降低50%以上；氨氮产生量降低80%以上。 目前的普及率约6%，并逐年扩大普及率，"十三五"可推广的普及率预计25%，每年废水产生量减少960万吨以上，COD产生量减少1240吨以上、氨氮产生量减少280吨以上

序号	技术名称	技术主要内容	解决的主要问题	应用前景分析
2	高浓度有机废水制取水煤浆联产合成气技术	利用印刷、纺织、制药、焦化等高浓度有机废水,制取水煤浆联产合成气,合成气用于合成氨、甲醇生产或制氢等	破解了水环境容量限制工业发展的难题	"十三五"期间,新建 15 套装置,共需投资 33 亿元,年处置高浓度有机废水 75 万立方米
3	无氰预镀铜	利用非氰化物作络合物和铜盐组成无氰镀铜液,在钢铁件直接镀铜,满足一般质量要求的技术。该技术可部分替代氰化镀铜。废水容易处理,不增加处理成本	主要解决传统氰化镀铜溶液中使用氰化物作为络合的问题。通过采用无氰预镀铜溶液在钢铁件上预镀铜,可以避免氰化物的使用	采用该技术每平方米镀层可减少氰化物消耗 0.34 克。以年产 1 万平方米铜镀层示范企业为例,可减少氰化物消耗 3.4 千克。预计在钢铁件预镀铜方面,潜在普及率 50%,每年可减少氰化物消耗量约 4 吨

表 1-10 大气污染防治清洁生产技术方案举例

序号	技术名称	技术主要内容	解决的主要问题	应用前景分析
1	覆膜滤料袋式除尘技术	采用聚四氟乙烯材质的覆膜滤料替代传统袋式除尘器普通滤袋	延长布袋的使用寿命,降低系统阻力,实现更低的粉尘排放浓度(小于 10 毫克/立方米),控制 PM2.5 排放	行业普及率达 50%,可年削减烟(粉)尘 25 万吨
2	化肥生产袋式除尘技术	采用防水防油效果良好的聚丙烯纤维滤料,处理化肥原料筛分、输送,化肥生产中的冷却机、烘干机设备,化肥成品输送、包装等过程中的粉尘,该技术布袋清灰容易,不黏结布袋,阻力小	减少原料和成品损失和外溢的无组织排放粉尘。实现粉尘排放浓度<30 毫克/立方米	行业普及率达 90%,可年削减烟(粉)尘 15 万吨
3	溶剂型涂料全密闭式一体化生产工艺	在拌和、输送、研磨、调漆、包装等工艺环节全密闭生产	解决了目前溶剂型涂料生产过程中的无组织排放问题	该技术涂料行业普及率达 10%,可年削减挥发性有机物 1 万吨

表 1-11 工业清洁生产技术方案举例

序号	技术名称	技术主要内容	效益分析
1	电解锰重金属水污染减排清洁生产关键技术	电解锰电解工艺重金属水污染过程减排成套工艺平台是集出槽、钝化、除铵、清洗、烘干、剥离、脏板自动识别及分拣、变形板自动识别及分拣、酸洗水洗、浸液、入槽 11 个工序于一体的清洁生产成套技术。实现阴极板电解出槽时原位削减挟带电解液 77.84%;削减电解锰阴极板钝化挟带液 75.90%;减少电解锰阴极板清洗用水量 85.44%;实现硫酸铵结晶物自动刷除和全部回用。通过该技术的实施,提高企业的清洁生产水平,同时实现电解锰电解及后续工段的全自动控制	以 3 万吨电解锰/年生产规模为例,经济效益:年回收锰约 15.6 吨,节约 18.72 万元;年回收氨氮约 62.88 吨,节约 7.8 万元;节约人工成本约 662.4 万元。环境效益:年削减电解车间废水产生量约 72930 立方米,节约成本 291.6 万元
2	宝钢烧结烟气循环工艺(BSFGR)与成套设备技术	部分烧结烟气被再次引至烧结料层表面,进行循环烧结的过程中,废气中 CO 及其他可燃有机物在通过烧结燃烧带重新燃烧,二噁英、PAHs、VOC 等有机污染物及 HCl、HF、颗粒物等被激烈分解,NO_x 部分高温破坏,SO_2 得以	以宁钢循环烧结示范工程为例,经济效益:按外排烟气量减少 30%,节省投资约 1500 万～2000 万元;脱硫装置一次性投

续表

序号	技术名称	技术主要内容	效益分析
2	宝钢烧结烟气循环工艺(BSFGR)与成套设备技术	富集。烟气(100～300℃)余热通过料层被吸收,可以降低烧结固体燃耗;烧结料床上部热量增加及保温效应,表层烧结矿质量得以提高;可显著降低后续除尘、脱硫脱硝装置投资和运行费用;废气中污染物被有效富集、转化,可以降低烧结烟气处理成本	资,每台烧结机可减少 3500 万元,每年可节省固体燃料约 900 万元。 　环境效益:烧结产量可提高 $15\%\sim20\%$;烧结工序能耗降低 $3\%\sim4\%$;CO_2 减排 $3\%\sim4\%$;二噁英减排 35%;烧结外排废气总量减少 $20\%\sim40\%$

思考题

1. 什么是清洁生产？试述清洁生产的主要内容。
2. 什么是清洁生产评价指标？清洁生产评价指标有哪些？
3. 试述清洁生产与末端治理的关系。
4. 实施清洁生产的主要途径有哪些？
5. 简述清洁生产技术、方案与清洁生产的关系。
6. 试述清洁生产对当前我国发展经济与保护环境的意义。

第二章
清洁生产审核

第一节　清洁生产审核概述

一、清洁生产审核的定义

根据《清洁生产审核办法》，清洁生产审核是指按照一定程序，对生产和服务过程进行调查和诊断，找出能耗高、物耗高、污染重的原因，提出降低能耗、物耗、废物产生以及减少有毒有害物料的使用、产生和废弃物资源化利用的方案，进而选定并实施技术经济及环境可行的清洁生产方案的过程。

清洁生产审核是支持和帮助企业有效开展清洁生产活动的工具和手段，也是企业实施清洁生产的基础。目前，清洁生产审核工作的重点在企业。企业清洁生产审核是指基于企业生产全过程的能耗、物耗、废物产生数量和种类的调查与分析，提出降低能耗、物耗，减少废物产生量，降低废物毒性的清洁生产方案，在对备选方案进行技术、经济和环境可行性分析的基础上，选定并实施可行的清洁生产方案，实现企业生产过程能耗、物耗合理化、废物产生最小化的过程。

清洁生产审核之所以能在世界范围内得到迅速推广，不仅仅是因为它有明显的环境保护作用，更重要的是能帮助企业系统地发现问题，在解决这些问题的同时，使企业在经济、环境、社会等诸多方面受益，增强企业可持续发展能力。

二、清洁生产审核的目的和原则

1. 清洁生产审核的目的

通过实施清洁生产审核，企业可以达到以下目的。

① 通过对生产过程输入输出物料的实测，获得有关单元操作的投入和产出的有关数据和资料，主要包括原辅材料、产品（副产品、中间产品）、水、能源消耗及废物的产生和排放等指标。

② 确定能耗高、物耗高、污染重的环节，确定废物来源、数量、特征和类型，确定企业能降耗减污增效的目标，制订经济有效的清洁生产方案及管理制度。

③ 提高企业对由削减废物获得效益的认识，强化污染预防的自觉性，促进企业可持续发展。

④ 判定企业效率低的瓶颈部位和管理不善的地方，提高企业经济效益和产品质量。

⑤ 获得单元操作的最优工艺技术参数，强化科学量化管理，规范单元操作。

⑥ 全面提高职工的综合素质、技术水平、操作技能及清洁生产意识。

⑦ 促进企业生产过程符合国家产业政策、行业清洁生产标准、行业清洁生产评价指标体系、行业规范条件、行业准入条件、污染物排放标准等法律法规，进一步提升企业清洁生产水平。

2. 清洁生产审核的原则

（1）以企业为主体的原则

清洁生产审核的对象是企业的生产过程，即针对企业生产全过程的原辅材料消耗、能耗、产品（副产品、中间产品）及废物，进行定量的监测和分析，找出物耗高、能耗高、污染重的原因，根据分析的原因，制订可行的清洁生产方案，降低物耗和能耗，提高产品的产量和质量，减少或避免污染的产生。

清洁生产审核可以帮助企业围绕生产过程，系统地找出问题，通过解决这些问题，使企业获得经济效益和环境效益，帮助企业树立良好的社会形象，提高企业的竞争力。企业是清洁生产的实施者和受益者，是清洁生产审核的主体。

（2）自愿性审核与强制性审核相结合的原则

清洁生产审核分为强制性审核和自愿性审核。企业应当对生产和服务过程中的资源消耗以及废物的产生情况进行监测，并根据需要对生产和服务实施清洁生产审核。

国家鼓励企业自愿开展清洁生产审核。有下列情形之一的企业，应当实施强制性清洁生产审核：

① 污染物排放超过国家或者地方规定的排放标准，或者虽未超过国家或者地方规定的排放标准，但超过重点污染物排放总量控制指标的；

② 超过单位产品能源消耗限额标准构成高耗能的；

③ 使用有毒有害原料进行生产或者在生产中排放有毒有害物质的。

其中有毒有害原料或物质包括以下几类：

第一类，危险废物。包括列入《国家危险废物名录》的危险废物，以及根据国家规定的危险废物鉴别标准和鉴别方法认定的具有危险特性的废物。

第二类，剧毒化学品。包括列入《重点环境管理危险化学品目录》的化学品，以及含有上述化学品的物质。

第三类，含有铅、汞、镉、铬等重金属和类金属砷的物质。

第四类，《关于持久性有机污染物的斯德哥尔摩公约》附件所列物质。

第五类，其他具有毒性、可能污染环境的物质。

上述情形以外的企业，可以自愿组织实施清洁生产审核。自愿实施清洁生产审核的企业可参照强制性清洁生产审核的程序开展审核。

（3）企业自主审核与外部协助审核相结合的原则

清洁生产审核以企业自行组织开展为主。实施强制性清洁生产审核的企业，具备一定条件时，可自行独立组织开展清洁生产审核。

不具备独立开展清洁生产审核能力的企业，可以聘请外部专家或委托具备相应能力的咨询服务机构协助开展清洁生产审核。企业贯彻企业自主审核与外部专家或咨询机构协助审核相结合的原则，在外部专家和咨询机构的指导和辅导下，开展清洁生产审核工作。

（4）因地制宜、有序开展、注重实效的原则

企业在开展清洁生产审核时，在符合国家产业政策、行业清洁生产标准、行业清洁生产评价指标体系、行业规范条件、行业准入条件、企业污染物排放标准等条件下，结合企业自身的实际情况，选定清洁生产方案予以实施，实现企业节能降耗、减污增效的目的，提升企业清洁生产水平。

三、清洁生产审核的方式和要求

1. 审核方式

按照审核过程有无外部专家的参与及参与程度，清洁生产审核可分为企业自我审核、外部专家指导审核和清洁生产审核咨询机构审核三种方式。

企业自我审核是指在没有或很少外部帮助的前提下，主要依靠企业（或其他法人实体）内部技术力量完成整个清洁生产审核过程。外部专家指导审核是指在外部清洁生产审核专家和行业专家指导下，依靠企业内部技术力量完成整个清洁生产审核过程。清洁生产审核咨询机构审核是指企业在清洁生产审核咨询机构指导和辅导下，完成整个清洁生产审核过程。

按照审核过程的自愿性和强制性，清洁生产审核可分为自愿性审核和强制性审核。自愿性审核即企业根据需要进行的自我审核；强制性审核是企业在符合一定条件下实施的必要审核。

2. 审核要求

企业若具备开展清洁生产审核物料平衡测试、能量和水平衡测试的基本检测分析器具、设备或手段，拥有熟悉相关行业生产工艺、技术规程和节能、节水、污染防治管理要求的技术人员，可自行独立组织开展清洁生产审核。

协助企业组织开展清洁生产审核工作的咨询服务机构，应当具备下列条件：

① 具有独立法人资格，具备为企业清洁生产审核提供公平、公正和高效率服务的质量保证体系和管理制度。

② 具备开展清洁生产审核物料平衡测试、能量和水平衡测试的基本检测分析器具、设备或手段。

③ 拥有熟悉相关行业生产工艺、技术规程和节能、节水、污染防治管理要求的技术人员。

④ 拥有掌握清洁生产审核方法并具有清洁生产审核咨询经验的技术人员。

四、清洁生产审核的思路和技巧

1. 清洁生产审核思路

清洁生产审核的总体思路为：判明能耗高、物耗高、污染重的环节和部位，分析能耗高、物耗高、污染重的原因，提出方案并实施，减少或消除能耗高、物耗高、污染重的问题。如图 2-1。

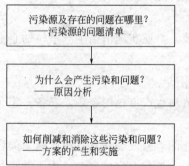

图 2-1　清洁生产审核思路

（1）污染源及存在的问题在哪里？

通过现场调查和物料平衡找出废物的产生部位和产生量，找出存在问题的地点和部位，列出相应的废物和问题清单，并加以简单描述。

（2）为什么会产生污染和问题？

通过从原辅材料和能源、工艺技术、管理、过程控制、设备、职工、产品和废物八个主要方面，分析产生废物和问题的原因。

（3）如何削减或消除这些污染和问题？

针对每个废物产生的原因，依靠企业清洁生产审核小组、专家及全体员工，产生相应的清洁生产方案，包括无/低费方案和中/高费方案。通过实施这些清洁生产方案，从源头消除这些废物和存在的问题，达到节能降耗减污增效的目的。

2. 清洁生产审核技巧

在通常情况下，企业的生产过程可以用图 2-2 简单地表示出来。

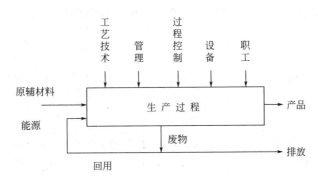

图 2-2 企业的生产过程示意图

从上述生产过程的简图可以看出，企业的生产过程实际上包含了八个方面。因此在企业清洁生产审核过程中，应自始至终考虑这八个方面的问题。

（1）原辅材料和能源

原辅材料本身所具有的特性（例如毒性、降解性等）在一定程度上决定了产品及其生产过程的环境危害程度和废物的毒害性，选择对环境无害的原辅材料是清洁生产所要考虑的重要方面。作为动力基础的能源，在使用过程中也会直接或间接地产生废物，通过节约能源、使用二次能源和清洁能源等将有利于减少污染物的产生。

（2）工艺技术

生产过程的工艺技术水平基本上决定了原辅材料消耗、能耗、产品产量和质量、废物产生量和状态。先进而有效的工艺技术可以提高原辅材料的利用效率，减少废物产生量，结合技术改造预防污染是实现清洁生产的一条重要途径。

生产过程中，不得使用国家明令淘汰的生产工艺。

（3）设备

设备作为工艺技术的具体体现，在生产过程中也具有重要作用，设备的适用性及其维护、保养情况等均会影响废物的产生。

生产过程中，不得使用国家明令淘汰的设备。

（4）过程控制

过程控制对生产过程是极为重要的，反应参数是否处于受控状态并达到优化水平或工艺要求，对产品产率和优质品率有直接的影响，同时也对废物产生量有重要影响。

（5）产品

产品的性能、种类、结构、设计等要求，决定了原材料的选择、使用和生产过程。产品的变化往往要求生产过程做相应的调整和改变，影响生产过程的原材料消耗、能耗及废物的性质和产生量。产品的包装、贮运等过程对原辅材料消耗、能耗及其废物的产生有着重要的影响。

（6）废物

废物本身所具有的特性直接关系到它是否可在现场被再利用和循环使用，也决定了废物的处理与处置方式的选择。危险废物需要符合国家危险废物处理处置要求。

（7）管理

加强管理是企业发展的永恒主题，管理的水平直接影响废物的产生情况，包括企业原材料管理、生产组织和调度、技术管理、设备管理、岗位操作规程、质量管理、环境管理、应急管理等，是企业清洁生产审核产生无/低费清洁生产方案较多的方面，是企业持续获得清洁生产效益的保障。

（8）职工

职工素质和积极性是有效控制生产过程和废物产生的重要因素。职工不断提高自身的技术水平、操作技能、安全意识、环保意识、清洁生产意识，全员积极主动参与企业清洁生产，是企业持续实现清洁生产效益的关键所在。

以上八个方面虽然各有侧重点，但相互交叉和渗透，将生产过程划分成八个方面，其目的是为了系统分析其能耗高、物耗高、污染重的原因，并产生清洁生产方案，不漏过任何一个清洁生产的机会。从以上八个方面进行原因分析，并不是说废物的产生或存在的问题都具有八个方面的原因，它可能是其中的一个或几个方面。

五、清洁生产审核的人员和作用

清洁生产审核需要三个方面的人员投入，包括专家、企业清洁生产审核小组和全体员工，其组成和作用如下。

1. 专家

专家包括清洁生产审核专家、行业技术专家和环保专家，其中清洁生产审核专家的作用就是组织和培训有关人员，确保清洁生产审核过程按科学的方式进行，并取得最大成效；行业技术专家的作用就是帮助企业发现生产中存在的问题，解答有关工艺、技术难题，提供国内外的新技术、新设备和新工艺；环保专家的作用就是向企业介绍环境保护方面的政策法规和污染防治新技术。

2. 企业清洁生产审核小组

企业清洁生产审核小组是推动企业清洁生产审核按程序进行，并取得预期成果的重要人员。清洁生产涉及企业生产的各个方面，因此要求审核小组成员来自企业决策层、管理层、职能部门、生产车间，了解和熟悉企业的各个方面和生产过程，包括决策者、管理人员、工程技术人员、环保技术人员、材料采购人员、市场销售人员及生产人员等。

3. 全体员工

清洁生产不是一个部门的事，涉及企业各个部门，需要全体员工的参与。企业所有管理人员和车间操作人员全面参与清洁生产审核活动十分关键。因为他们直接参与生产管理和操作，熟悉自己的所在岗位的要求，对生产管理和操作有很深的了解，发挥全体员工的积极性与创造性，往往会发现更多的清洁生产机会，取得更好的清洁生产成果。

六、清洁生产审核的特点

企业清洁生产审核具备如下特点。

1. 鲜明的目的性

清洁生产审核以企业为主体，强调企业生产过程的节能、降耗、减污、增效，与绿色发展理念要求相一致。

2. 系统性

清洁生产审核以企业生产过程为对象，对企业存在的能耗高、物耗高、污染重的问题，从原辅材料和能源、工艺技术、设备、过程控制、管理、员工、产品及废物等方面设计一套发现问题、解决问题、持续改进的系统而完整的方法。

3. 突出预防性

清洁生产审核的目标之一就是通过源头削减和过程控制，削减废物的产生量和排放量，降低废物有毒有害性，达到预防污染的目的。预防污染贯穿了清洁生产审核的全过程。

4. 良好经济性

清洁生产审核在污染物产生之前预防污染物的产生，不仅可以减少进入末端处理的废物量，降低废物处理成本；同时由于原材料利用率的提高，能有效地增加产品产量，提高生产效率，实现废物处理成本降低和产量增加带来的综合经济效益。

5. 强调持续性

清洁生产审核强调清洁生产的持续性，一是对企业生产过程中存在的能耗高、物耗高、污染重部位的持续改进；二是对已实施的清洁生产方案，在企业生产过程中得以持续应用，持续实现企业清洁生产效益。清洁生产审核的持续性，融于企业管理之中。

6. 注重可操作性

在清洁生产方案的产生方面，清洁生产审核可以从原辅材料和能源、工艺技术、设备、过程控制、管理、员工、产品及废物八个方面发现清洁生产机会，产生清洁生产方案，任一方面的改进都符合清洁生产的要求。

在清洁生产方案实施方面，具有一定的灵活性。对清洁生产审核中产生无/低费方案和中/高费方案，在企业的经济条件有限时，可先实施无/低费方案、部分中/高费方案，积累资金，再逐步实施其他中/高费方案，实现企业生产过程的改进。

第二节　清洁生产审核程序

清洁生产审核程序包括筹划与组织、预审核、审核、方案的产生和筛选、可行性分析、方案实施、持续清洁生产七个阶段。

一、筹划与组织

筹划和组织是企业进行清洁生产审核工作的第一个阶段。目的是通过宣传教育使企业领导和职工对清洁生产有一个初步的、比较正确的认识，消除思想上和观念上的障碍；了解企业清洁生产审核的工作内容、要求及其工作程序。本阶段的工作重点是取得企业高层领导的支持和参与，组建审核小组，制订审核工作计划，宣传清洁生产思想。主要工作流程如图 2-3。

1. 取得领导支持

清洁生产审核是一项综合性很强的工作，涉及企业的各个部门，

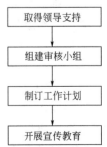

图 2-3　筹划与组织阶段主要工作流程

而且随着审核工作阶段的变化，参与审核工作的部门和人员也可能会变化，因此，只有取得企业高层领导的支持和参与，由高层领导动员并协调企业各个部门和全体职工积极参与，审核工作才能顺利进行。高层领导的支持和参与还是审核过程中提出的清洁生产方案符合实际、容易实施的关键。

（1）宣讲效益

① 经济效益

a. 由于降低能耗、物耗、减少废弃物所产生的综合效益；

b. 无/低费方案的实施所产生的经济效益的现实性。

② 环境效益

a. 对企业实施严格的环境要求是国际国内的大势所趋；

b. 提高环境形象是当代企业的重要竞争手段；

c. 清洁生产是国内外大势所趋；

d. 清洁生产审核尤其是无/低费方案可以很快产生明显的环境效益。

③ 无形资产

a. 无形资产有时可能比有形资产更有价值；

b. 清洁生产审核有助于企业实现绿色生产方式的转变；

c. 清洁生产审核是对企业领导加强本企业管理的有力支持；

d. 清洁生产审核是提高员工素质的有效途径。

④ 技术进步

a. 清洁生产审核是一套包括发现和实施无/低费方案，以及产生、筛选和逐步实施中/高费方案在内的完整程序，鼓励采用节能、低耗、高效的清洁生产技术。

b. 清洁生产审核的可行性分析，使中/高费方案更加切合企业实际，并充分利用国内外最新信息。

（2）阐明投入

清洁生产审核需要企业的一定投入，包括：管理人员、技术人员和操作工人必要的时间投入；监测设备和监测费用的必要投入；编制审核报告的费用；以及可能聘请外部专家的费用，但与清洁生产审核可能带来的效益相比，这些投入是很小的。

2. 组建审核小组

计划开展清洁生产审核的企业，首先要在本企业内组建一个有权威的审核小组，是顺利实施企业清洁生产审核的组织保证。

（1）推选组长

审核小组组长是审核小组的核心，一般情况下，最好由企业高层领导人兼任组长，或由企业高层任命一位具有如下条件的人员担任，并授予必要的权限。

① 具备企业的生产、工艺、管理与新技术的知识和经验；

② 掌握污染防治的原则和技术，并熟悉有关的环保法规；

③ 了解审核工作程序，熟悉审核小组成员的情况，具备领导和组织工作的才能并善于和其他部门合作等。

（2）选择成员

审核小组的成员数目根据企业的实际情况来决定，一般情况下，全时制成员由 3～5 人组成。小组成员的条件是：

① 具备企业清洁生产审核的知识或工作经验；

② 掌握企业的生产、工艺、管理等方面的情况及新技术信息；

③ 熟悉企业的废弃物产生、治理和管理情况以及国家和地区环保法规和政策等；

④ 具有宣传、组织工作的能力和经验。

如有必要，审核小组的成员在确定审核重点的前后应及时调整。审核小组必须有一位成员来自本企业的财务部门。该成员不一定全时制投入审核，但要了解审核的全部过程，不宜中途换人。

（3）明确任务

审核小组的任务包括：

① 制订工作计划；

② 开展宣传教育；

③ 确定审核重点和目标；

④ 组织和实施审核工作；

⑤ 编写审核报告；

⑥ 总结经验，并提出持续清洁生产的建议。

来自企业财务部门的审核成员，应该介入审核过程中一切与财务计算有关的活动，准确计算企业清洁生产审核的投入和收益，并将其详细地单独列账。中小型企业和不具备清洁生产审核能力的大型企业，其审核工作要取得外部专家的支持。如果审核工作有外部专家的帮助和指导，本企业的审核小组还应负责与外部专家的联络、研究外部专家的建议并尽量吸收其有用的意见。

审核小组成员的职责与投入时间等应列表说明，表中要列出审核小组成员的姓名、在小组中的职务、专业、职称、应投入的时间以及具体职责等。审核小组成员可采用表 2-1 形式。

表 2-1　审核小组成员表

姓名	审核小组职务	来自部门及职务职称	职　责	应投入时间
	组长		全面负责筹划与组织、协调各部门的工作	
	副组长		具体负责组织协调各阶段的工作,组织方案的产生筛选、评价、可行性分析、推荐等全过程	
	副组长		技术负责,负责审核有关技术资料,与环保部门一道共同组织方案的产生、筛选、评价、推荐,解决全过程中的技术问题	
	组员		在组长、副组长的领导下,具体负责审核工作的全过程,参与全部工作,按工作计划催办各有关工作,收集资料,编写审核报告	
	组员		参与全过程,负责组织制定、修订、完善各有关的制度、规程,制定相应的激励机制,以调动全员参与清洁生产的积极性	
	组员		具体负责物料平衡,方案的收集、整理,参与方案的筛选、可行性评价、推荐、实施和有关的技术工作	
	……		……	

3. 制订工作计划

制订一个比较详细的清洁生产审核工作计划，有助于审核工作按一定的程序和步骤进行，组织好人力与物力，各司其职，协调配合，审核工作才会获得满意的效果，企业的清洁生产目标才能逐步实现。

审核工作小组成立后，要及时编制审核工作计划表，该表应包括审核过程的所有主要工作，包括这些工作的序号、内容、进度、负责人姓名、参与部门名称、参与人姓名以及各项工作的产出等。具体情况可参考表 2-2。清洁生产审核所需要的时间一般为 6～12 个月。

表 2-2　清洁生产审核工作计划

阶段	工作内容	完成时间	责任部门	产出
筹划与组织	1. 成立审核小组 2. 组织全员清洁生产培训 3. 制订审核工作计划			1. 审核小组 2. 审核工作计划
预审核	1. 生产现状调查；收集资料，发动群众，提出问题和建议 2. 生产污染源及污染物调查 3. 确定审核重点及需监测污染物种类 4. 设置清洁生产目标 5. 提出和实施无/低费方案			1. 现状调查报告 2. 资料收集名录 3. 污染物分析报告 4. 审核重点 5. 清洁生产目标 6. 无/低费方案
审核	1. 对审核重点进行监测分析 2. 实测输入输出物并完成物料衡算 3. 分析废弃物产生原因 4. 发动群众开展合理化建议活动，提出污染物削减方案 5. 提出和实施无/低费方案			1. 分析监测报告 2. 物料平衡图 3. 废弃物产生原因分析 4. 实施无/低费方案
方案的产生与筛选	1. 针对废弃物产生的原因和存在的问题，提出可行的污染削减、减少能耗、降低成本的清洁生产方案 2. 分类汇总方案 3. 权重总和计分筛选方案 4. 继续实施无/低费方案 5. 编写清洁生产中期审核报告			1. 各类清洁生产方案汇总 2. 推荐的供可行性分析的方案 3. 已实施方案效果分析汇总 4. 清洁生产中期审核报告
可行性分析	1. 对中/高费方案进行可行性分析，包括技术评价、环境评价和经济评价 2. 已实施方案成果汇总及效果分析总结 3. 推荐可行的中/高费方案			1. 方案的可行性分析结果 2. 推荐的可实施方案
方案实施	1. 组织方案实施 2. 汇总已实施方案的效果 3. 验证已实施中/高费方案的成果 4. 分析总结方案实施对组织的影响			1. 已实施方案效果汇总 2. 清洁生产对组织影响分析
持续清洁生产	1. 建立和完善清洁生产组织 2. 建立和完善清洁生产管理制度 3. 制订持续清洁生产计划 4. 编写清洁生产审核报告			1. 清洁生产组织 2. 清洁生产管理制度 3. 持续清洁生产计划 4. 清洁生产审核报告

4. 开展宣传教育

广泛开展宣传教育活动，争取企业内部各部门和广大职工的支持，尤其是现场操作工人的积极参与，是清洁生产审核工组顺利进行和取得更大成效的必要条件。

（1）宣传方式

宣传可以采用如下方式：利用企业现行的各种例会；下达开展清洁生产正式文件；内部广播；电视录像；黑板报；组织报告会、研讨班、培训班；开展各种咨询等。

（2）宣传教育内容

① 清洁生产法律法规及要求　清洁生产促进法、清洁生产审核办法、最新产业结构调整指导目录、高耗能落后机电设备（产品）淘汰目录、部分工业行业淘汰落后生产工艺装备

和产品指导目录、行业清洁生产标准、行业清洁生产评价指标体系、企业污染物排放标准、行业规范条件、行业准入条件、国家发布的单位产品能耗限额标准、国家重点推广的低碳技术目录等。

② 企业及所在行业情况　清洁生产以及清洁生产审核的概念；清洁生产和末端治理的内容及其利与弊；企业及国内外同行业行业技术发展现状、原材料消耗、能耗、产品、废物产生指标；国内外企业清洁生产审核的成功实例；清洁生产审核中的障碍及其克服的可能性；清洁生产审核工作的内容与要求；企业鼓励清洁生产审核的各种措施；企业各部门已取得的审核效果及具体做法等。

宣传教育的内容要随审核工作阶段的变化而做相应调整。

（3）克服障碍

企业开展清洁生产审核往往会遇到不少障碍，一般有四种类型，即思想观念障碍、技术障碍、资金和物质障碍以及政策法规障碍。其中思想障碍是最常遇到的，也是最主要的障碍。审核小组要根据具体情况，制订解决问题的办法。

二、预审核

预审核是清洁生产审核的第二阶段，目的是通过对企业全貌进行调查分析，分析和发现清洁生产的潜力和机会，从而确定木轮审核的重点。本阶段的工作重点是评价企业的物耗、能耗、产污排污状况，确定审核重点，并针对审核重点设置清洁生产目标。

预审核是从生产全过程出发，对企业现状进行调研和考察，摸清污染现状和产污重点，并通过定性比较或定量分析，确定审核重点。预审核阶段工作流程如图 2-4。

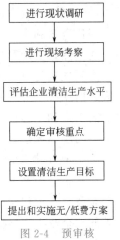

图 2-4　预审核
阶段工作流程

1. 进行现状调研

（1）企业概况

企业发展简史、规模、产值、利税、组织结构、人员状况和发展规划等；企业所在地的地理、地质、水文、气象、地形和生态环境等基本情况；结合国家最新产业结构调整指导目录，判断企业在国家鼓励类、限制类、淘汰类产业政策中所属类型。

（2）企业的生产状况

企业的生产状况包括如下方面。

① 企业的主要原辅料、主要产品、能源及用水情况，要求以表格形式列出总耗及单耗，并列出主要车间或分厂的情况。

② 企业的主要工艺流程。以框图表示主要工艺流程，要求标出主要原辅料、水、能源及废弃物的流入、流出和去向。

③ 企业设备水平及维护情况，如完好率、泄漏率等。企业生产设备一览表，与高耗能落后机电设备（产品）淘汰目录等要求进行对照，对于淘汰设备（产品）按规定期限进行淘汰。

（3）企业的环境保护状况

企业的环境保护状况包括如下方面。

① 主要污染源及其产生和排放情况，包括状态、数量、毒性等。

② 主要污染源的管理和治理现状，包括企业环境管理体系及认证情况，"三废"处理方法、效果、问题及单位废弃物的年处理费，危险废物管理和处理，环境应急管理等。

③ "三废"的循环/综合利用情况，包括方法、效果、效益以及存在的问题。

④ 企业涉及的有关环保法规与要求，如环境影响评价报告、审批、验收，环境监测报告，排污许可证或排污技术报告，行业排放标准，区域总量控制等。

（4）企业的管理状况

企业的管理状况包括从原材料采购和库存、生产及操作、直到产品出厂的全面管理水平，及企业质量管理体系认证（ISO 9000）、职业健康与安全管理体系认证（ISO 18000）、企业生产"5S"管理等。

2．进行现场考察

（1）现场考察内容

对整个生产过程进行实际考察，即从原料开始，逐一考察原料库、生产车间、成品库、直到"三废"处理设施。

重点考察各产污、排污环节，水耗和（或）能耗大的环节，设备事故多发的环节或部位。

考察实际生产管理状况，如岗位责任制执行情况，工人技术水平及实际操作状况，车间技术人员及工人的清洁生产意识等。

（2）现场考察方法

对比资料和现场情况，核查分析有关设计资料和图纸，工艺流程图及其说明，物料衡算、能（热）量衡算的情况，设备与管线的选型与布置等。

查阅现场记录、生产报表（月平均及年平均统计报表）、原料及成品库存记录、废弃物报表、监测报表等。

与工人和工程技术人员座谈，了解并核查实际的生产与排污情况，听取意见和建议，发现关键问题和部位，同时，征集无/低费方案。

3．评估企业清洁生产水平

（1）企业生产过程状况对比

企业生产过程状况对比的对象包括行业清洁生产标准、行业清洁生产评价指标体系、国内外同类企业生产指标、本企业历年生产指标、企业污染物排放标准、行业规范条件、行业准入条件等。在企业所处行业有国家或地方发布的行业清洁生产标准和行业清洁生产评价指标体系时，依据行业清洁生产标准和行业清洁生产评价指标体系中的指标要求，进行企业清洁生产水平的评估。

在没有现行国家或地方行业清洁生产标准和行业清洁生产评价指标体系时，依据国内外同类企业生产指标或本企业历年生产指标，结合企业污染物排放标准、行业规范条件、行业准入条件进行企业清洁生产水平评估。在资料调研、现场考察及专家咨询的基础上，汇总国内外同类工艺、同等装备、同类产品先进企业的生产、消耗、产污排污及管理水平，与本企业的各项指标对照，评估企业清洁生产水平。

（2）初步分析物耗高、能耗高、污染重的原因

依据调查，汇总企业目前的实际物耗、能耗、产污排污状况，与参照指标对比，从影响生产过程的八个方面出发，对物耗、能耗、产污排污的指标之间的差距进行初步分析，并评价在现状条件下，企业的产污排污状况是否合理。

（3）评价企业环保执法状况

评价企业执行国家及当地环保法规及行业排放标准的情况，包括达标情况、缴纳排污费及处罚情况等。

（4）作出评价结论

依据对比结果，判定企业清洁生产水平；总结企业生产过程存在的问题与原因，及本轮清洁生产审核拟解决的主要问题。

4. 确定审核重点

企业生产通常由若干单元操作构成。单元操作是指具有物料的输入、加工和输出功能完成某一特定工艺过程的一个或多个工序或工艺设备。原则上，所有单元操作均可作为潜在的审核重点。根据调研结果和本轮清洁生产审核拟解决的主要问题，考虑企业的财力、物力和人力等实际条件，选出若干车间、工段或单元操作作为备选审核重点。

（1）确定备选审核重点

① 确定备选审核重点原则

a. 污染严重的环节或部位；

b. 消耗大的环节或部位；

c. 环境及公众压力大的环节或问题；

d. 有明显的清洁生产机会。

② 确定备选审核重点方法　将所收集的数据，进行整理、汇总和换算，并列表说明，以便为后续步骤"确定审核重点"服务。填写数据时，应注意：

a. 消耗及废弃物量应以各备选重点的月或年的总发生量统计；

b. "能耗"一栏根据企业实际情况调整，可以是标煤、电、油等能源形式。

表 2-3 给出了某厂的备选审核重点情况的填表举例。

表 2-3　某厂备选审核重点情况汇总

项　目			一车间	二车间	三车间
废弃物量 /（吨/年）	废水		10000	6000	4000
	固体废物		60	20	20
主要消耗	原料消耗	总量/（吨/年）	1000	2000	800
		费用/（万元/吨）	30	50	40
	水耗	总量/（万吨/年）	10	25	20
		费用/（万元/吨）	20	50	40
	能耗	总量/（吨/年）	500	1500	750
		费用/（万元/吨）	6	18	9
	小计/（万元/吨）		56	118	89
环保费用 /（万元/吨）	厂内处理处置费		40	20	5
	厂外处理处置费		20	0	0
	排污费		60	40	10
	罚款		15	0	0
	其他		5	0	0
	小计		140	60	15

（2）确定审核重点

采用一定方法，把备选审核重点排序，从中确定本轮审核的重点。同时，也为今后的清洁生产审核提供优选名单。本轮审核重点的数量取决于企业的实际情况，一般一次选择一个审核重点。

确定审核重点的方法有简单比较法与权重总和计分排序法。

① 简单比较法　根据各备选审核重点的废弃物排放量和毒性及消耗等情况，进行对比、分析和讨论，通常污染严重、消耗最大、清洁生产机会明显的部位定为第一轮审核重点。

② 权重总和计分排序法　工艺复杂、产品品种和原材料多样的企业，往往难以通过定性比较确定出重点。为提高决策的科学性和客观性，采用半定量法进行分析。常用方法为权重总和计分排序法。

根据我国清洁生产的实践及专家讨论结果，在筛选审核重点时，通常考虑下述几个因素，对各因素的重要程度，即权重值（W），可参照以下数值：

废弃物　　　　　　　　$W = 10$
主要消耗　　　　　　　W 为 7～9
环保费用　　　　　　　W 为 7～9
市场发展潜力　　　　　W 为 4～6
车间积极性　　　　　　W 为 1～3

【注意】上述权重值仅为一个范围，实际审核时，每个因素必须确定一个数值，一旦确定，在整个审核过程中不得改动；可根据企业实际情况增加废弃物毒性因素等；统计废弃物量时，应选取企业最主要的污染形式，而不是把水、气、渣累计起来。

审核小组或有关专家，根据收集的信息，结合有关环保要求及企业发展规则，对每个备选重点，就上述各因素，按备选审核重点情况汇总表提供的数据或信息打分，分值（R）从1～10，以最高者为满分（10 分）。将打分与权重值相乘（RW），并求所有乘积之和，即为该备选重点总得分，再按总分排序，最高即为本次审核重点，其余类推。如表 2-4。

表 2-4　某厂权重总和计分排序法确定审核重点

权重因素	权重值(W) 1～10	得　分							
		备选重点 1		备选重点 2		备选重点 3		……	备选重点 n	
		R	RW	R	RW	R	RW		R	RW
废弃物	10	10	100	6	60	4	40			
主要消耗	9	5	45	10	90	8	72			
环保费用	8	10	80	4	32	1	8			
废弃物毒性	7	4	28	10	70	5	35			
市场潜力	5	6	30	10	50	8	40			
车间积极性	2	5	10	10	20	7	14			
总分∑RW			293		322		209			
排序			2		1		3			

5. 设置清洁生产目标

设置定量化的硬性指标，才能使清洁生产真正落实，并能据此检验与考核，达到通过清洁生产节能、降耗、减污、增效的目的。

（1）设置清洁生产目标原则

① 清洁生产目标是针对审核重点的、定量化、可操作并有激励作用的指标。要求不仅有减污、降耗或节能的绝对量，还要有相对量指标，并与现状对照。

② 具有时限性，要分近期和远期，近期一般指本轮审核基本结束并完成审核报告时为止。

（2）设置清洁生产目标依据

① 根据外部的环境管理要求，如达标排放、限期治理等；

② 依据行业清洁生产标准、行业清洁生产评价指标体系；

③ 参照国内外同行业，类似规模、工艺或技术装备的厂家先进水平；

④ 根据本企业历史最好水平；

⑤ 依据行业规范条件、行业准入条件、企业管理目标等。

表 2-5 为某化工厂一车间清洁生产目标。

表 2-5　某化工厂一车间清洁生产目标

序号	项目	现状	近期目标		远期目标	
			绝对量/(吨/年)	相对量/%	绝对量/(吨/年)	相对量/%
1	多元醇 A 得率	68%	—	增加 1.8	—	增加 3.5
2	废水排放量	150000 吨/年	削减 30000	削减 20	削减 60000	削减 40
3	COD 排放量	1200 吨/年	削减 250	削减 20.8	削减 600	削减 50
4	固体废物排放量	80 吨/年	削减 20	削减 25	削减 80	削减 100

6. 提出和实施无/低费方案

预审核过程中，在全厂范围内各个环节发现的问题，有相当部分可迅速采取有效措施解决。对这些无需投资或投资很少，容易在短期（如审核期间）见效的措施，称为无/低费方案。

预审核阶段的无/低费方案，是通过调研，特别是现场考察和座谈，而不必对生产过程做深入分析便能发现的方案，是针对全厂的；在审核阶段的无/低费方案是必须深入分析物料平衡结果才能发现的，是针对审核重点。

（1）提出和实施无/低费方案目的

贯彻清洁生产边审核边实施原则，及时取得成效，滚动式地推进审核工作。

（2）提出和实施无/低费方案方法

座谈、咨询、现场查看、散发清洁生产建议表，及时改进、及时实施、及时总结，对于涉及重大改变的无/低费方案，应遵循企业正常的技术管理程序。

（3）常见的无/低费方案

对于无/低费方案，一般从原辅料及能源、技术工艺、过程控制、设备、产品、管理、废弃物、员工等八方面提出方案。无/低费方案举例如表 2-6。

表 2-6　无/低费方案举例

序号	原因分析	方案举例
1	原辅料及能源方面	1. 采购量与需求相匹配 2. 加强原料质量(如纯度、水分等)的控制 3. 根据生产操作调整包装的大小及形式
2	技术工艺方面	1. 改进备料方法 2. 增加捕集装置,减少物料或成品损失 3. 改用易于处理处置的清洗剂
3	过程控制方面	1. 选择在最佳配料比下,进行生产 2. 增加检测计量仪表 3. 校准检测计量仪表 4. 改善过程控制及在线监控 5. 调整优化反应的参数,如温度、压力等
4	设备方面	1. 改进并加强设备定期检查和维护,减少"跑、冒、滴、漏" 2. 及时修补完善输热、输汽管线的隔热保温
5	产品方面	1. 改进包装及其标志或说明 2. 加强库存管理
6	管理方面	1. 清扫地面时改用干扫法或拖地法,以取代水冲洗 2. 减少物料溅落并及时收集 3. 严格岗位责任制及操作过程
7	废弃物方面	1. 冷凝液的循环利用 2. 现场分类收集可回收的物料与废弃物 3. 余热利用 4. 清污分流
8	员工方面	1. 加强员工技术与环保意识的培训 2. 采用各种形式的精神与物质激励措施

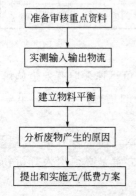

图 2-5　审核阶段工作流程

准备审核重点资料
↓
实测输入输出物流
↓
建立物料平衡
↓
分析废物产生的原因
↓
提出和实施无/低费方案

三、审核

审核是企业清洁生产审核工作的第三阶段。目的是通过审核重点的物料平衡,发现物料流失的环节,找出废弃物产生的原因,查找物料储运、生产运行、管理以及废弃物排放等方面存在的问题,寻找与国内外先进水平的差距,为清洁生产提供依据。

本阶段工作重点是实测输入输出物流,建立物料平衡,分析废弃物产生的原因。审核阶段工作流程如图 2-5。

1. 准备审核重点资料

（1）收集资料

① 收集基础资料　收集审核重点基础资料如表 2-7。

表 2-7　收集审核重点基础资料

序号	资料类型	收集资料内容
1	工艺资料	1. 工艺流程图 2. 工艺设计的物料、热量平衡数据 3. 工艺操作手册和说明 4. 设备技术规范和运行维护记录 5. 管道系统布局图 6. 车间内平面布局图

续表

序号	资料类型	收集资料内容
2	原材料和产品及生产管理资料	1. 产品的组成及月、年度产量表 2. 物料消耗统计表 3. 产品和原材料库存记录 4. 原料进厂检验记录 5. 能源费用 6. 车间成本费用报告 7. 生产进度表
3	废弃物资料	1. 年度废弃物排放报告 2. 废弃物（水、气、渣）分析报告 3. 废弃物管理、处理和处置费用 4. 排污费 5. 废弃物处理设施运行和维护费
4	国内外同行业资料	1. 国内外同行业单位产品原辅材料消耗情况（审核重点） 2. 国内外同行业单位产品排污情况（审核重点） 3. 列表与本企业比较

② 现场调查

a. 补充验证已有数据：不同操作周期的取样、化验；现场提问；现场考察、记录。

b. 追踪所有物流。

c. 建立产品、原料、添加剂及废物流的记录。

（2）编制审核重点的工艺流程

为了更充分和较全面地对审核重点进行实测和分析，首先应掌握审核重点的工艺过程和输入、输出物流情况。工艺流程图以图解的方式整理、标示工艺过程及进入和排出系统的物料、能源以及废物流的情况。图 2-6 是审核重点工艺流程示意图。

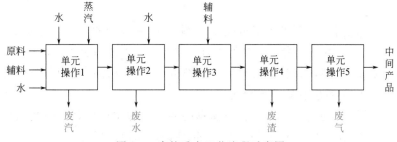

图 2-6　审核重点工艺流程示意图

（3）编制单元操作工艺流程图和功能说明表

当审核重点包含较多的单元操作，而一张审核重点流程图难以反映各单元操作的具体情况时，应在审核重点工艺流程图的基础上，分别编制各单元操作工艺流程图（标明进出单元操作的输入、输出物流）和功能说明表。图 2-7 为对应图 2-6 单元操作 1 的详细工艺流程示

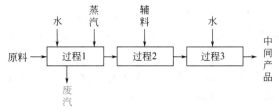

图 2-7　单元操作 1 的详细工艺流程示意图

意图。表 2-8 为某啤酒厂审核重点（酿造车间）各单元操作功能说明。

表 2-8　单元操作功能说明

单元操作名称	功能简介
粉碎	将原辅料粉碎成粉、粒,以利于糖化过程物质分解
糖化	利用麦芽所含酶,将原料中高分子物质分解制成麦汁
麦汁过滤	将糖化醪中原料溶出物质与麦糖分开,得到澄清麦汁
麦汁煮沸	灭菌、灭酶、蒸出多余水分,使麦汁浓缩至要求浓度
旋流澄清	使麦汁静置,分离出热凝固物
冷却	析出冷凝固物,发酵麦汁吸氧、降到发酵所需温度
麦汁发酵	添加酵母菌,发酵麦汁成酒
过滤	去除残存酵母,得到清亮透明的酒液

（4）编制工艺设备流程图

工艺设备流程图主要是为实测和分析服务。与工艺流程图主要强调工艺过程不同,它强调的是设备和进出设备的物流。设备流程图要求按工艺流程,分别标明重点设备输入、输出物流及监测点。

2. 实测输入输出物流

为在审核阶段对审核重点做更深入细致的物料平衡和废弃物产生原因分析,必须实测审核重点的输入、输出物流。

（1）准备及要求

① 准备工作

a. 制订现场实测计划,确定监测项目、监测点,确定实测时间和周期。

b. 校验监测仪器和计量器具。

② 要求

a. 监测项目　应对审核重点全部的输入、输出物流进行实测,包括原料、辅料、水、产品、中间产品及废弃物等。物流中组分的测定根据实际工艺情况而定,有些工艺应测（例如电镀液中的 Cu、Cr 等）,有些工艺则不一定都测（例如炼油过程中各类烃的具体含量）,原则是监测项目应满足对废弃物流的分析。

b. 监测点　监测点的设置须满足物料衡算的要求,即主要的物流进出口要监测,但对因工艺条件所限无法监测的某些中间过程,可用理论计算数值代替。

c. 实测时间和周期　对周期性（间歇性）生产企业,按正常一个生产周期（即一次配料由投入到产品产出为一个生产周期）进行逐个工序的实测,而且至少实测三个周期。对于连续生产的企业,应连续跟班 72 小时。

输入输出物流的实测注意同步性。即在同一生产周期内完成相应的输入和输出物流的实测。

d. 实测的条件　正常的工况,按正确的检测方法进行实测。

e. 现场记录　边实测边记录,及时记录原始数据,并标出测定时的工艺条件（温度、压力等）。

f. 数据单位　数据收集的单位要统一,并注意与生产报表及年、月统计表的可比性。间歇操作的产品,采用单位产品进行统计,如吨/吨、吨/米等,连续生产的产品,可用单位时间产量进行统计,如吨/年、吨/月、吨/天等。

（2）实测

① 实测输入物流　输入物流指所有投入生产的输入物，包括进入生产过程的原料、辅料、水、气、中间产品、循环利用物等。

a. 数量；

b. 组分（应有利于废物流分析）；

c. 实测时的工艺条件。

② 实测输出物流　输出物流指所有排出单元操作或某台设备、某一管线的排出物，包括产品、中间产品、副产品、循环利用物以及废弃物（废气、废渣、废水等）。

a. 数量；

b. 组分（应有利于废物流分析）；

c. 实测时的工艺条件。

（3）汇总数据

① 汇总各单元操作数据　汇总各单元操作数据。将现场实测的数据经过整理、换算并汇总在一张或几张表上。

② 汇总审核重点数据　在单元操作数据的基础上，将审核重点的输入和输出数据汇总成表，使其更加清楚明了。对于输入、输出物料不能简单加和的，可根据组分的特点自行编制表格。

3. 建立物料平衡

进行物料平衡的目的，旨在准确判断审核重点的废弃物流，定量地确定废弃物的数量、成分以及去向，从而发现过去无组织排放或未被注意的物料流失，并为产生和研制清洁生产方案提供科学依据。

从理论上讲，物料平衡应满足以下公式：

$$\sum 物质输入 = \sum 物质输出$$

（1）进行预平衡测算

根据物料平衡原理和实测结果，考察输入、输出物流的总量和主要组分达到的平衡情况。一般来说，如果输入总量与输出总量之间的偏差在5%以内，则可以用物料平衡的结果进行随后的有关评估与分析，但对于贵重原料、有毒成分等的平衡偏差应更小或应满足行业要求；反之，则须检查造成较大偏差的原因，可能是实测数据不准或存在无组织物料排放等情况，这种情况下，应重新实测或补充监测。

（2）编制物料平衡图

物料平衡图是针对审核重点编制的，即用图解的方式将预平衡测算结果表示出来。但在此之前须编制审核重点的物料流程图，即把各单元操作的输入、输出标在审核重点的工艺流程图上。图 2-8 和图 2-9 分别为某啤酒厂审核重点的物料流程图和物料平衡图。

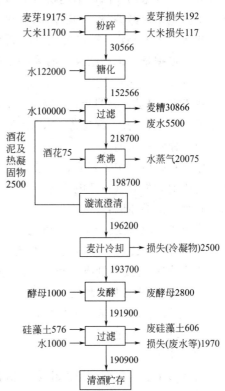

图 2-8　审核重点物料流程图
（单位：千克/天）

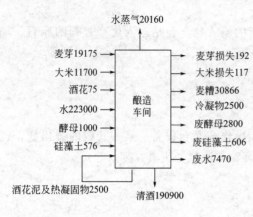

图 2-9　审核重点物料平衡图（单位：千克/天）

当审核重点涉及贵重原料和有毒成分时，物料平衡图应标明其成分和数量，或每一成分单独编制物料平衡图。

物料流程图以单元操作为基本单位，各单元操作用方框图表示，输入画在左边，主要产品、副产品和中间产品按流程表示，而其他输出则画在右边。

物料平衡图以审核重点的整体为单位，输入画在左边，主要的产品、副产品和中间产品标在右边，气体排放物标在上边，循环和回用物料标在左下角，其他输出则标在下边。

从严格意义上说，水平衡是物料平衡的一部分。水若参与反应，则是物料的一部分，但在许多情况下，它并不直接参与反应，而是作为清洗和冷却之用。在这种情况下，当审核重点的耗水量较大时，为了了解耗水过程，寻找减少水耗的方法，应另外编制水平衡图。有些情况下；审核重点的水平衡图并不能全面反映问题或水耗在全厂占有的重要地位，可考虑全厂编制一个平衡图。

（3）阐述物料平衡结果

在实测输入、输出物流及物料平衡的基础上，寻找废弃物及其产生部位，分析能耗高、物耗高、污染重的原因，阐述物料平衡结果，对审核重点的生产过程作出评估。主要内容如下：①物料平衡的偏差；②实际原料利用率；③物料流失部位（无组织排放）及其他废弃物产生环节；④废弃物（包括流失的物料）的种类、数量和所占比例以及对生产和环境的影响部位；⑤依据物料平衡结果，明确本轮审核重点拟解决问题的主要原因。

4. 能耗、物耗、废物产生原因分析

基于审核重点生产过程，针对每一个物料流失和废弃物产生的部位的每一种物料和废弃物进行分析，找出能耗高、物耗高、废物产生的原因。分析可从影响生产过程的八个方面来进行。

（1）原辅料和能源

原辅料指生产中主要原料和辅助用料（包括添加剂、催化剂、水等）；能源指维持正常生产所用的动力源（包括电、煤、蒸汽、油等）。因原辅料及能源而导致产生废弃物主要有以下几个方面的原因：

① 原辅料不纯或（和）未净化；

② 原辅料贮存、发运、运输的流失；

③ 原辅料的投入量或（和）配比的不合理；

④ 原辅料及能源的超定额消耗；

⑤ 有毒、有害原辅料的使用；

⑥ 未利用清洁能源和二次能源。

（2）技术工艺

因技术工艺落后而导致产生废弃物有以下几个方面：

① 技术工艺落后，原料转化率低；

② 设备布置不合理、无效传输线路过长；

③ 反应及转化步骤过长；

④ 连续生产能力差；

⑤ 工艺条件要求过严；

⑥ 生产稳定性差；

⑦ 需使用对环境有害的物料。

（3）设备

因设备而导致产生废弃物有以下几个方面的原因：

① 设备破旧、漏损；

② 设备自动化控制水平低；

③ 有关设备之间配置不合理；

④ 主体设备和公用设施不匹配；

⑤ 设备缺乏有效维护和保养；

⑥ 设备的功能不能满足工艺要求。

（4）过程控制

因过程控制而导致产生废弃物有以下几个方面的原因：

① 计量检测分析仪表或监测精度达不到要求；

② 某些工艺参数（例如温度、压力、流量、浓度等）未能得到有效控制；

③ 过程控制水平不能满足技术工艺要求。

（5）产品

产品包括审核重点内生产的产品、中间产品、副产品和循环利用物。因产品而导致产生废弃物有以下几个方面的原因：

① 产品贮存和搬运中的破损、漏失；

② 产品的转化率低于国内外先进水平；

③ 不利于环境的产品规格和包装。

（6）废弃物

因废弃物本身具有的特性而未加利用导致产生废弃物有以下几个方面的原因：

① 对可利用废弃物未进行再用和循环使用；

② 废弃物的物理化学性状不利于后续处理和处置；

③ 单位产品废弃物产生量高于国内外先进水平。

（7）管理

因管理而导致产生废弃物有以下几个方面的原因：

① 有利于清洁生产管理的条例、岗位操作规程等未能得到有效的执行。

② 现行管理制度不能满足清洁生产的需要：

a. 岗位操作规程不够严格；

b. 生产记录（包括原料、产品和废物）不完整；

c. 信息交换不畅；

d. 缺乏有效的奖惩方法。

（8）员工

因员工而导致产生废弃物有以下几个方面的原因：

① 员工素质不能满足生产需要

a. 缺乏优秀管理人员；

b. 缺乏专业技术人员；

c. 缺乏熟练人员；

d. 员工的技能不能满足本岗位的要求。

② 缺乏对员工主动参与清洁生产的激励措施。

5. 提出和实施无/低费方案

主要针对审核重点，根据废弃物产生原因分析，提出并实施无/低费方案。同样，对无/低费方案，应采取边审核边实施原则。

四、方案产生和筛选

方案产生和筛选是企业进行清洁生产审核工作的第四个阶段。本阶段的目的是通过方案的产生、筛选、研制，为下一阶段的可行性分析提供足够的中/高费清洁生产方案。本阶段的工作重点是根据审核阶段的结果，制订审核重点的清洁生产方案；在分类汇总基础上（包括已产生的非审核重点的清洁生产方案，主要是无/低费方案），经过筛选确定出两个以上中/高费方案，供下一阶段进行可行性分析；同时对已实施的无/低费方案实施效果进行核定与汇总；最后编写清洁生产中期审核报告。方案产生和筛选阶段工作流程如图 2-10。

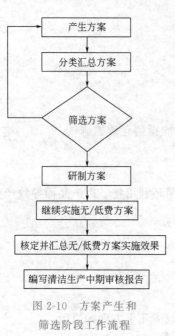

图 2-10　方案产生和筛选阶段工作流程

1. 产生方案

清洁生产方案的数量、质量和可实施性直接关系到企业清洁生产审核的成效，是审核过程的一个关键环节，因而应广泛发动群众征集、产生各类方案。

（1）广泛采集创新思路

在全厂范围内利用各种渠道和多种形式，进行宣传动员，鼓励全体员工提出清洁生产方案或合理化建议。通过实例教育，克服思想障碍，制订奖励措施以鼓励创造思想和方案的产生。

（2）根据物料平衡和针对废弃物产生原因分析产生方案

进行物料平衡和废弃物产生原因分析的目的就是要为清洁生产方案的产生提供依据。因而方案的产生要紧密结合这些结果，只有这样才能使所产生的方案具有针对性。

（3）广泛收集国内外同行业先进技术

类比是产生方案的一种快捷、有效的方法。应组织工程技术人员广泛收集国内外同行业的先进技术，并以此为基础，结合本企业的实际情况，制订清洁生产方案。

（4）组织行业专家进行技术咨询

当企业利用本身的力量难以完成某些方案的产生时，可以借助于外部力量，组织行业专家进行技术咨询，这对启发思路、畅通信息将会很有帮助。

（5）全面系统地产生方案

清洁生产涉及企业生产和管理的各个方面，虽然物料平衡和废弃物产生原因分析将有助于方案的产生，但是在其他方面可能也存在着一些清洁生产的机会，因而可以从影响生产过程的原辅材料和能源、技术工艺、设备、过程控制、管理、产品、废物、职工八个方面全面系统地产生方案。

2. 分类汇总方案

对所有的清洁生产方案，不论已实施的还是未实施的，不论是属于审核重点的还是不属于审核重点的，均按原辅材料和能源替代、技术工艺改造、设备维护和更新、过程优化控制、产品更换或改进、废弃物回收利用和循环使用、加强管理、员工素质的提高以及积极性的激励八个方面列表简述其原理和实施后的预期效果。

3. 筛选方案

在进行方案筛选时可采用两种方法：一是比较简单的方法进行初步筛选；二是采用权重综合计分排序法进行筛选和排序。

（1）初步筛选

初步筛选是要对已产生的所有清洁生产方案进行简单检查和评估，从而分出可行的无/低费方案、初步可行的中/高费方案和不可行方案三大类。其中，可行的无/低费方案可立即实施；初步可行的中/高费方案可供下一阶段进行研制和进一步筛选；不可行的方案则搁置或否定。

① 确定初步筛选因素　初步筛选因素可考虑技术可行性、环境效果、经济效益、实施难易程度以及对生产和产品的影响等几个方面。

a. 技术可行性　主要考虑该方案的成熟程度，例如是否已在企业内部其他部门采用过或同行业其他企业采用过，以及采用的条件是否基本一致等。

b. 环境效果　主要考虑该方案是否可以减少废弃物的数量和毒性，是否能改善工人的操作环境等。

c. 经济效益　主要考虑投资和运行费用能否承受得起，是否有经济效益，能否减少废弃物的处理处置费用等。

d. 实施的难易程度　主要考虑是否在现有的场地、公用设施、技术人员等条件下即可实施或稍作改进即可实施，实施的时间长短等。

e. 对生产和产品的影响　主要考虑方案的实施过程中对企业正常生产的影响程度以及方案实施后对产量、质量的影响。

② 进行初步筛选　在进行方案的初步筛选时，可采用简易筛选法，即组织企业领导和工程技术人员进行讨论来决策。方案的简易筛选方法基本步骤如下：

a. 参照前述筛选因素的确定方法，结合本企业的实际情况确定筛选因素；

b. 确定每个方案与这些因素之间的关系，若是正面影响关系，则打"√"，若是反面影响关系则打"×"；

c. 综合评价，得出结论。

具体参照表 2-9。

表 2-9　方案简易筛选法

筛选因素	方案编号			
	F_1	F_2	F_3	$F_4 \cdots F_n$
技术可行性 环境效果 经济效果 实施的难易程度 对生产和产品的影响 …… 结论				

（2）权重总和计分排序法筛选

权重总和计分排序法适合于处理方案数量较多或指标较多相互比较有困难的情况，一般仅用于中/高费方案筛选和排序。

方案的权重总和计分排序法基本同审核重点的权重总和计分排序法，只是权重因素和权重值可能有些不同。权重因素和权重值的选取可参照以下执行。

① 环境效果，权重值 W 为 8～10。主要考虑是否减少对环境有害物质的排放量及其毒性；是否减少了对工人安全和健康的危害；是否能够达到环境标准等。

② 经济可行性，权重值 W 为 7～10。主要考虑费用效益比是否合理。

③ 技术可行性，权重值 W 为 6～8。主要考虑技术是否成熟、先进；能否找到有经验的技术人员；国内外同行业是否有成功的先例；是否易于操作、维护等。

④ 可实施性，权重值 W 为 4～6。主要考虑方案实施过程中对生产的影响大小；施工难度，施工周期；工人是否易于接受等。

具体方法参见表 2-10。

表 2-10　方案的权重总和计分排序法

权重因素	权重值(W)	得　分								
		方案 1		方案 2		方案 3		……		方案 n	
		R	RW	R	RW	R	RW			R	RW
环境效果											
经济可行性											
技术可行性											
可实施性											
总分 ΣRW											
排序											

（3）汇总筛选结果

按可行的无/低费方案、初步可行的中/高费方案和不可行方案列表汇总方案的筛选结果。

4. 研制方案

经过筛选得出的初步可行的中/高费清洁生产方案，因为投资额较大，而且一般对生产工艺过程有一定程度的影响，因而需要进一步研制，主要是进行一些工程化分析，从而提供两个以上方案，供下一阶段做可行性分析。

（1）内容

方案的研制内容包括以下四个方面：①方案的工艺流程；②方案的主要设备；③方案的费用和效益估算；④编写方案说明，对每一个初步可行的中/高费清洁生产方案均应编写方案说明，主要包括技术原理、主要设备、主要的技术及经济指标、可能的环境影响等。

（2）原则

一般来说，筛选出来的每一个中/高费方案进行研制和细化时都应考虑以下几个原则。

① 系统性　考察每个单元操作在一个新的生产工艺流程中所处的层次、地位和作用，以及与其他单元操作的关系，从而确定新方案对其他生产过程的影响，并综合考虑经济效益和环境效果。

② 闭合性　尽量使工艺流程对生产过程中的载体，例如水、溶剂等，实现闭路循环。

③ 无害性　清洁生产工艺应该是无害（或至少是少害）的生态工艺，要求不污染（或轻污染）空气、水体和地表土壤；不危害操作工人和附近居民的健康；不损坏风景区、休憩地的美学价值；生产的产品要提高其环保性，使用可降解原材料和包装材料。

④ 合理性　合理性旨在合理利用原料，优化产品的设计和结构，降低能耗和物耗，减少劳动量和劳动强度等。

5. 继续实施无/低费方案

实施经筛选确定的可行的无/低费方案。

6. 核定并汇总无/低费方案实施效果

对已实施的无/低费方案，包括在预审核和审核阶段所实施的无/低费方案，应及时核定其效果并进行汇总分析。核定及汇总内容包括方案序号、名称、实施时间、投资、运行费、经济效益和环境效果。

7. 编写清洁生产中期审核报告

清洁生产中期审核报告在方案产生和筛选工作完成之后进行，是对前面所有工作的总结。

五、可行性分析

可行性分析是企业进行清洁审核工作的第五个阶段。本阶段的目的是对筛选出来的中/高费生产方案进行分析和评估，以选择最佳的、可实施的清洁生产方案。本阶段的工作重点是在结合市场调查和收集一定资料的基础上，进行方案的技术、环境、经济的可行性分析和比较，从中选择和推荐最佳的方案。

最佳的可行方案是指该项投资方案在技术上先进适用、在经济上合理有利、又能保护环境的最优方案。本阶段工作流程如图 2-11。

1. 进行市场调查

清洁生产方案涉及拟对产品结构进行调整、有新的产品（或副产品）、将得到用于其他生产过程的原材料等情况时，需要首先进行市场调查，为方案的技术与经济可行性分析奠定基础。

（1）调查市场需求

① 国内外同类产品的价格、市场总需求量；

② 当前同类产品的总共产量；

③ 产品进入国际市场的能力；

④ 产品的销售对象（地区或部门）；

⑤ 市场对产品的改进意见。

（2）预测市场需求

① 国内市场发展趋势预测；

② 国际市场发展趋势分析；

③ 产品开发生产销售周期与市场发展的关系。

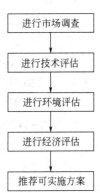

图 2-11　可行性分析阶段工作流程

（3）确定方案的技术途径

通过市场调查和市场需求预测，对原来方案中的技术途径和生产规模可能会作相应调整。在进行技术、环境、经济评估之前，要最后确定方案的技术途径。每一方案中应包括2～3种不同的技术途径，以供选择，其内容应包括以下几个方面：

① 方案技术工艺流程图；

② 方案实施途径及要点；

③ 主要设备清单及配套设施要求；

④ 方案所达到的技术经济指标；

⑤ 可产生的环境、经济效益预测；

⑥ 方案的投资总费用。

2. 进行技术评估

技术评估的目的是研究项目在预定条件下，为达到投资目的而采用的工程是否可行。技术评估应着重评价以下几方面：

① 方案设计中采用的工艺路线、技术设备在经济合理的条件下的先进性、适用性；

② 与国家有关的技术政策和能源政策的相对性；

③ 技术引进或设备进口符合我国国情、引进技术后要有消化吸收能力；

④ 资源的利用率和技术途径合理；

⑤ 技术设备操作上安全可靠；

⑥ 技术成熟（例如国内有实施的先例）。

3. 进行环境评估

任何一种清洁生产方案都应有显著的环境效益，环境评估是方案可行性分析的核心。环境评估应包括以下内容：

① 资源的消耗与资源可永续利用要求的关系；

② 生产中废弃物排放量的变化；

③ 污染物组分的毒性及其降解情况；

④ 污染物的二次污染；

⑤ 操作环境对人员健康的影响；

⑥ 废弃物的复用、循环利用和再生回收。

4. 进行经济评估

本阶段所致的经济评估是从企业的角度，按照国内现行市场价格，计算出方案实施后在财务上的获利能力和清偿能力。

经济评估的基本目标是要说明资源利用的优势。它以项目投资所能产生的效益为评价内容，通过分析比较，选择效益最佳的方案，为投资决策提供依据。

（1）清洁生产经济效益的统计方法

清洁生产既有直接的经济效益也有间接的经济效益，要完善清洁生产经济效益的统计方法，独立建账，明细分类。

清洁生产的经济效益包括几方面的收益，如图 2-12。

（2）经济评估方法

经济评估主要采用现金流量分析和财务动态获利性分析方法。

主要经济评估指标如图 2-13。

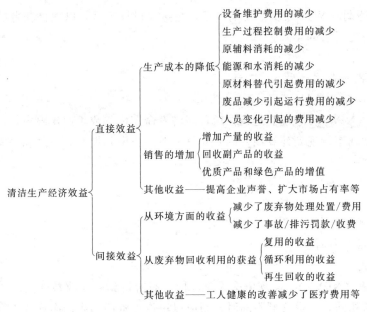

图 2-12　清洁生产的经济效益

图 2-13　清洁生产主要经济评估指标

（3）经济评估指标及其计算

① 总投资费用（I）

$$总投资费用（I）＝总投资－补贴$$

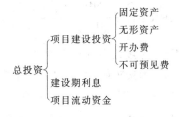

② 年净现金流量（F）　从企业角度出发，企业的经营成本、工商税和其他税金，以及利息支付都是现金流出。销售收入是现金流入，企业从建设投资中提取的折旧费可由企业用于偿还贷款，故也是企业现金流入的一部分。

净现金流量是现金流入和现金流出之差额，年净现金流量就是一年内现金流入和现金流出的代数和。

$$年净现金流量（F）＝销售收入－经营成本－各类税＋年折旧费$$
$$＝年净利润＋年折旧费$$

③ 投资偿还期（N） 投资偿还期（年）是指项目投产后，以项目获得的年净现金流量来回收建设总投资所需的年限。

$$N = I/F$$

式中 I——总投资费用；

F——年净现金流量。

④ 净现值（NPV） 净现值是指在项目经济寿命期内（或折旧年限内）将每年的净现金流量按规定的贴现率折现到计算期初的基年（一般为投资初期）现值之和。净现值是动态获利性分析指标之一。

$$NPV = \sum_{j=1}^{n} \frac{F}{(1+i)^j} - I$$

式中 i——贴现率；

n——项目寿命周期；

j——年份。

⑤ 净现值率（NPVR） 净现值率为单位投资额所得到的净收益现值。如果两个项目投资方案的净现值相同，而投资额不同时，则应以单位投资能得到的净现值进行比较，即以净现值率进行选择。

$$NPVR = \frac{NPV}{I} \times 100\%$$

净现值和净现值率均按实际规定的贴现率进行计算确定，它们还不能体现出项目本身内在的实际投资收益率。因此，还需要采用内部收益率指标来判断项目的真实收益水平。

⑥ 内部收益率（IRR） 项目的内部收益率（IRR）是在整个经济寿命期内（或折旧年限内）累积逐年现金流入的总额等于现金流出的总额，即在投资项目计算期内，使净现值为零的贴现率。

$$NPV = \sum_{j=1}^{n} \frac{F}{(1+IRR)^j} - I = 0$$

$$IRR = i_1 + \frac{NPV_1(i_2 - i_1)}{NPV_1 + |NPV_2|}$$

式中 i_1——当净现值 NPV_1 为接近零的正值时的贴现率；

i_2——当净现值 NPV_2 为接近零的负值时的贴现率；

NPV_1，NPV_2——试算贴现率 i_1 和 i_2 时，对应的净现值。

i_1 和 i_2 可查表获得（见附录二），i_1 和 i_2 的差值不应当超过 $1\% \sim 2\%$。

（4）经济评估准则

① 投资偿还期（N） 应小于定额投资偿还期（视项目不同而定）。定额投资偿还期一般由各个工业部门结合企业生产特点，在总结过去建设经验统计资料的基础上，统一确定的回收期限，有的也是根据贷款条件而定。一般：

中费项目 $N < 3$ 年

较高费项目 $N < 5$ 年

高费项目 $N < 10$ 年

投资偿还期小于定额偿还期，项目投资方案可接受。

② 净现值为正值：NPV≥0。当项目的净现值大于或等于零时（即为正值）则认为此项目投资可行；如净现值为负值，就说明该项目投资收益率低于贴现率，则应放弃此项目投资；在两个以上投资方案进行选择时，则应选择净现值为最大的方案。

③ 净现值率为最大。在比较两个以上投资方案时，不仅要考虑项目的净现值大小，而且要求选择净现值率为最大的方案。

④ 内部收益率（IRR）应大于基准收益率或银行贷款利率：IRR≥i_0。

内部收益率（IRR）是项目投资的最高盈利率，也是项目投资所能支付贷款的最高临界利率，如果贷款利率高于内部收益率，则项目投资就会造成亏损。因此，内部收益率反映了实际投资效益，可用以确定能接受投资方案的最低条件。

【例 2-1】　某电厂一车间，通过清洁生产审核提出了电除尘器仪表改造，实现自动控制等若干个清洁生产方案。经过筛选，确定电除尘器仪表改造方案在技术上可行，现需要进行经济可行性分析。

该项目总投资费用（I）为 73.82 万元，年运行费用总节省额（P）为 28.20 万元，年净增加现金流量（F）为 21.50 万元，设备折旧期 $n=10$ 年，银行贷款利率 $i=12\%$。试计算该项目的投资偿还期（N），净现值（NPV），内部收益率（IRR）。

解

$$N = \frac{I}{F} = \frac{73.82}{21.50} = 3.4 \text{（年）}$$

由附录二查得在设备折旧期 n 为 10 年，利率 i 为 12% 时，贴现系数为 5.650，则：

$$NPV = \sum_{j}^{n} \frac{F}{(1+i)^j} - I = F \times \text{贴现系数} - I$$
$$= 21.50 \times 5.650 - 73.82 = 47.66 \text{（万元）}$$

当 $i_1 = 26\%$ 时，$NPV_1 = 21.5 \times 3.465 - 73.82 = 0.68$（万元）

当 $i_2 = 27\%$ 时，$NPV_2 = 21.5 \times 3.364 - 73.82 = -1.49$（万元）

$$IRR = i_1 + \frac{NPV_1(i_2 - i_1)}{NPV_1 + |NPV_2|} = 26\% + \frac{0.68 \times (27\% - 26\%)}{0.68 + 1.49} = 26.31\%$$

5. 推荐可实施方案

比较各方案的技术、环境和经济评估结果，从而确定最佳可行的推荐方案。

六、方案实施

方案实施是企业清洁生产审核的第六个阶段。目的是通过推荐方案（经分析可行的中/高费最佳可行方案）实施，使企业实现技术进步，获得显著的经济和环境效益；通过评估已实施的清洁生产方案成果，激励企业推行清洁生产。本阶段的工作重点是：总结前几个阶段已实施清洁生产方案的成果；统筹规划推荐方案的实施。其工作流程如图 2-14。

1. 组织方案实施

推荐方案经过可行性分析，在具体实施前还需要周密准备。

（1）统筹规划

需要筹划的内容有：筹措资金；设计；征地；申请施工许可；兴建厂房；设备选型、调研、设计、加工或订货；落实配套公共设施；设备安装；组织操作、维修、管理班子；制定各项规程；人员培训；原辅材料；应急计划（突发情况或障碍）；施工与企业正常生产的协调；试运行与验收；正常与生产。

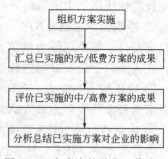

图 2-14　方案实施阶段工作流程

统筹规划时建议采用甘特图形式，制订实施进度表。

（2）筹措资金

① 资金来源　资金的来源有两个渠道：一是企业内部自筹资金，包括现有资金和通过实施清洁生产无/低费方案，逐步积累资金，为实施中/高费方案做好准备。二是企业外部资金，包括国内借贷资金，如国内银行贷款等；国外借贷资金，如世界银行贷款等；其他资金来源，如国际合作项目赠款、环保资金返回款、政府财政专项拨款、发行股票和债券融资等。

② 合理安排有限资金　若同时有数个方案需要投资实施时，则要考虑如何合理有效地利用有限资金。

在方案可分别实施且不影响生产条件下，可以对方案实施顺序进行优化，先实施某个或某几个方案，然后利用方案实施后的收益作为其他方案的启动资金，使方案滚动实施。

（3）实施方案

推荐方案的立项、设计、施工、验收等，按照国家、地方或部门的有关规定执行。无/低费方案的实施过程也要符合企业的管理和项目的组织、实施程序。

2. 汇总已实施的无/低费方案的成果

已实施的无/低费方案的成果有两个主要方面：环境效益和经济效益。通过调研、实测和计算，分别对比各项环境指标，包括物耗、水耗、电耗等资源消耗指标以及废水量、废气量、固体废物量等废物产生指标在方案实施前后的变化，从而获得无/低费方案实施后的环境效果；分别对比产值、原材料费用、能源费用、公共设施费用、水费、污染控制费用、维修费、税金以及净利润等经济指标在方案实施前后的变化，从而获得无/低费方案实施后的经济效益，最后对本轮清洁生产审核中无/低费方案实施的情况作一阶段性总结。

3. 评价已实施的中/高费方案的成果

对已实施的中/高费方案成果，进行技术、环境、经济和综合评价。

（1）技术评价

主要评价各项技术指标是否达到原设计要求，若没有达到要求，如何改进等。

（2）环境评价

环境评价主要对中/高费方案实施前后各项环境指标进行追踪与方案的设计值相比较，考察方案的环境效果以及企业环境形象的改善。

通过方案实施前后的统计，可以获得方案的环境效益，又通过方案的设计值与方案实施后的实际值的对比，即方案理论值与实际值进行对比，可以分析两者差距，相应地可对方案进行完善。

（3）经济评价

经济评价是评价中/高费清洁生产方案实施效果的重要手段。分别对比产值、原材料费用、能源费用、公共设施费用、水费、污染控制费用、维修费、税金以及净利润等经济指标在方案实施前后的变化以及实际值与设计值的差距，从而获得中/高费方案实施后所产生的经济效益情况。

（4）综合评价

通过对每一中/高费清洁生产方案进行技术、环境、经济三方面的分别评价，可以对已实施的各个方案成功与否作出综合、全面的评价结论。

4. 分析总结已实施方案对企业的影响

无/低费和中/高费清洁生产方案经征集、设计、实施等环节，使企业面貌有了改观，有必要进行阶段性总结，以巩固清洁生产成果。

（1）汇总环境效益

将已实施的无/低费和中/高费清洁生产方案成果汇总成表，内容包括实施时间、投资运行费、经济效益和环境效果，并进行分析。

（2）对比各项单位产品指标

虽然可以定性地从技术工艺水平、过程控制水平、企业管理水平、员工素质等众多方面考察清洁生产带给企业的变化，但最有说服力、最能体现清洁生产效益的是考察审核前后企业各项单位产品指标的变化情况。

通过定性、定量分析，企业一方面可以从中体会清洁生产的优势，总结经验以利于在企业内推行清洁生产；另一方面也要利用以上方法，从定性、定量两方面与行业清洁生产标准、行业清洁生产指标体系、国内外同类型企业的先进水平以及企业自身历年最好水平进行对比，寻找差距，分析原因以利改进，从而在深层次上发现清洁生产机会。

在本轮清洁生产审核结束时，将审核后企业生产指标与行业清洁生产标准、行业清洁生产评价指标体系、国内外同行业指标等要求进行对比，判定审核后企业所处清洁生产水平。

（3）宣传清洁生产成果

在总结已实施的无/低费和中/高费清洁生产成果的基础上，组织宣传材料，在企业内广为宣传，为继续推行清洁生产打好基础。

七、持续清洁生产

持续清洁生产是企业清洁生产审核的最后一个阶段。目的是使清洁生产工作在企业内长期、持续地推行下去。本阶段的工作重点是建立推行和管理清洁生产工作的组织机构，建立促进实施清洁生产的管理制度，制订持续清洁生产计划以及编写清洁生产审核报告。

1. 建立和完善清洁生产组织

清洁生产是一个动态的、相对的概念，是一个连续的过程，因而需要有一个固定的机构、稳定的工作人员来组织和协调这方面工作，以巩固已取得的清洁生产成果，并使清洁生产工作持续开展下去。

（1）明确任务

企业清洁生产组织机构的任务包括组织协调并监督实施本次审核提出的清洁生产方案；经常性地组织对企业职工的清洁生产教育和培训；选择下一轮清洁生产审核重点，并启动新的清洁生产审核；负责清洁生产活动的日常管理。

（2）落实归属

清洁生产机构要想起到应有的作用，及时完成任务，必须落实其归属问题。企业的规模、类型和现有机构等千差万别，因而清洁生产机构的归属也有多种形式，各企业可根据自身的实际情况具体掌握。可考虑的形式包括单独设立清洁生产办公室，直接归属厂长领导；在环保部门中设立清洁生产机构；在管理部门或技术部门中设立清洁生产机构。

不论是以何种形式设立的清洁生产机构，企业的高层领导要有专人直接领导该机构的工作，因为清洁生产涉及生产、环保、技术、管理等各个部门，必须有高层的协调才能有效地开展工作。

（3）确定专人负责

为避免清洁生产机构流于形式，确定专人负责是很有必要的。该职员须具备一定的能力，包括熟练掌握清洁生产审核知识；熟悉企业的环保情况；了解企业的生产和技术情况；较强的工作协调能力；较强的工作责任心和敬业精神。

2. 建立和完善清洁生产管理制度

清洁生产管理制度包括把审核成果纳入企业的日常管理轨道、建立激励机制和保证稳定的清洁生产资金来源。

（1）把审核成果纳入企业的日常管理

把清洁生产的审核成果及时纳入企业的日常管理轨道，是巩固清洁生产成效、防止走过场的重要手段，特别是通过清洁生产审核产生的一些无/低费方案，如何使它们形成制度显得尤为重要。

① 把清洁生产审核提出的加强管理的措施文件化，形成制度；

② 把清洁生产审核提出的岗位操作改进措施，写入岗位的操作规程，并要求严格遵照执行；

③ 把清洁生产审核提出的工艺过程控制的改进措施，写入企业的技术规范。

（2）建立和完善清洁生产激励机制

在奖金、工资分配、提升、降级、上岗、下岗、表彰、批评等诸多方面，充分与清洁生产挂钩，建立清洁生产激励机制，以调动全体职工参与清洁生产的积极性。

（3）保证稳定的清洁生产资金来源

清洁生产的资金来源可以有多种渠道，例如贷款、集资等，但是清洁生产管理制度的一项重要作用是保证实施清洁生产所产生的经济效益，全部或部分地用于清洁生产和清洁生产审核，以持续滚动地推进清洁生产。建议企业财务对清洁生产的投资和效益单独建账。

3. 制订持续清洁生产计划

清洁生产并非一朝一夕就可完成，因而应制订持续清洁生产计划，使清洁生产有组织、有计划地在企业中进行下去。持续清洁生产计划应包括如下内容。

（1）清洁生产审核工作计划

清洁生产审核工作计划指下一轮的清洁生产审核。新一轮清洁生产审核的启动并非一定要等到本轮审核的所有方案都实施后才进行，只要大部分可行的无/低费方案得到实施，取得初步的清洁生产成效，并在总结已取得的清洁生产经验的基础上，即可开始新一轮审核。

（2）清洁生产方案实施计划

清洁生产方案实施计划指经本轮审核提出的可行的无/低费方案和通过可行性分析的中/

高费方案。

（3）清洁生产新技术的研究与开发计划

根据本轮审核发现的问题，研究与开发新的清洁生产技术。

（4）企业职工的清洁生产培训计划

第三节 清洁生产审核报告、验收报告、评估与验收

一、清洁生产审核报告

自开展清洁生产审核工作，企业在基本完成清洁生产无/低费方案实施和中/高费方案可行性分析后，在中/高费方案实施前，完成清洁生产审核报告，并进行清洁生产审核评估。

企业清洁生产审核报告内容框架如下：

① 前言

② 企业概况

a. 企业基本情况；

b. 组织机构。

③ 审核准备

a. 审核小组；

b. 审核工作计划；

c. 宣传和教育。

④ 预审核

a. 企业生产概况　包括：企业概况；企业生产现状；企业近三年原辅材料和能源消耗；主要设备一览表。

b. 企业环境保护状况　给出企业的环境管理现状，包括环境管理机构人员设置，相关环境管理制度设置和执行情况，企业环境影响评价制度和"三同时"制度等执行状况等；给出企业污染物种类、产排现状、污染物浓度和总量达标状况以及污染物治理方式和防控措施等。

c. 企业清洁生产水平评估　与行业清洁生产标准比较；行业没有清洁生产标准的，可以与行业准入条件、行业清洁生产评价指标体系、产业政策等比较；如果行业暂无上述任何一项标准，可以与行业内先进企业指标进行比较分析评估，给出企业清洁生产问题的汇总状况。

d. 确定审核重点。

e. 设置清洁生产目标。

f. 提出和实施明显易见方案。

⑤ 审核

a. 审核重点概况，审核重点工艺流程。

b. 输入输出物流（能流）的测定。

c. 物料平衡（包括物料、水、污染因子、能源分析）。

d. 能耗、物耗以及污染物产排现状原因分析。

⑥ 方案的产生与筛选

a. 方案汇总；

　　b. 方案筛选；

　　c. 方案研制。

　　⑦ 方案的确定

　　a. 技术评估；

　　b. 环境评估；

　　c. 经济评估。

　　⑧ 清洁生产无/低费方案完成情况及效益汇总。

　　⑨ 拟实施中/高费方案的实施计划。

　　⑩ 本轮清洁生产审核后续工作安排。

二、清洁生产审核验收报告

　　企业自完成清洁生产审核评估至本轮清洁生产审核结束，完成清洁生产审核验收报告，并进行清洁生产审核验收。企业清洁生产审核验收报告内容框架如下：

　　① 企业基本情况。

　　② 已实施清洁生产方案汇总。

　　③《清洁生产审核评估技术审查意见》的落实情况。

　　④ 清洁生产中/高费方案完成情况及环境、经济效益汇总。

　　a. 中/高费方案实施进度计划；

　　b. 中/高费方案环境效益和经济效益汇总；

　　c. 全部方案实施后评估。

　　汇总全部方案（无/低费方案、中/高费方案）实施后的成果；分析总结全部方案实施后对企业的影响。

　　⑤ 清洁生产目标实现情况及所达到的清洁生产水平。

　　a. 清洁生产目标实现情况；

　　b. 审核后企业清洁生产水平。

　　⑥ 持续清洁生产。

　　a. 建立和完善清洁生产组织；

　　b. 建立和完善清洁生产制度；

　　c. 持续清洁生产计划。

　　⑦ 结论。

三、清洁生产审核评估与验收

1. 清洁生产审核评估

　　根据《清洁生产审核评估与验收指南》，清洁生产审核评估是指企业基本完成清洁生产无/低费方案，在清洁生产中/高费方案可行性分析后和中/高费方案实施前的时间节点，对企业清洁生产审核报告的规范性、清洁生产审核过程的真实性、清洁生产中/高费方案及实施计划的合理性和可行性进行技术审查的过程。

　　清洁生产审核评估应包括但不限于以下内容：

　　① 清洁生产审核过程是否真实，方法是否合理；清洁生产审核报告是否能如实客观反映企业开展清洁生产审核的基本情况等。

　　② 对企业污染物产生水平、排放浓度和总量，能耗、物耗水平，有毒有害物质的使用

和排放情况是否进行客观、科学的评价；清洁生产审核重点的选择是否反映了能源、资源消耗、废物产生和污染物排放方面存在的主要问题；清洁生产目标设置是否合理、科学、规范；企业清洁生产管理水平是否得到改善。

③ 提出的清洁生产中/高费方案是否科学、有效，可行性是否论证全面，选定的清洁生产方案是否能支撑清洁生产目标的实现。对"双超"和"高耗能"企业通过实施清洁生产方案的效果进行论证，说明能否使企业在规定的期限内实现污染物减排目标和节能目标；对"双有"企业实施清洁生产方案的效果进行论证，说明其能否替代或削减其有毒有害原辅材料的使用和有毒有害污染物的排放。

由政府部门组织成立评估专家组进行清洁生产审核评估，专家组召开集体会议，参照表2-11清洁生产审核评估评分表打分界定评估结果并出具技术审查意见。

表 2-11 清洁生产审核评估评分表

序号	指标内容	要求	分值	得分
一、清洁生产审核报告规范性评估				
1	报告内容框架符合性	清洁生产审核报告符合《清洁生产审核指南 制订技术导则》中附录 E 的规定	3	
2	报告编写逻辑性	体现了清洁生产审核发现问题、分析问题、解决问题的思路和逻辑性	7	
二、清洁生产审核过程真实性评估				
1	审核准备	企业高层领导支持并参与	2	
		建立了清洁生产审核小组，制定了审核计划	1	
		广泛宣传教育，实现全员参与	1	
2	现状调查情况	企业概况、生产状况、工艺设备、资源能源、环境保护状况、管理状况等情况内容齐全，数据翔实	4	
		工艺流程图能够体现主要原辅物料、水、能源及废物的流入、流出和去向，并进行了全面合理的介绍和分析	3	
		对主要原辅材料、水和能源的总耗和单耗进行了分析，并根据清洁生产评价指标体系或同行业水平进行客观评价	4	
3	企业问题分析情况	能够从原辅材料(含能源)、技术工艺、设备、过程控制、管理、员工、产品、废物八个方面全面合理地分析和评价企业的产排污现状、水平和存在的问题	3	
		客观说明纳入强制性审核的原因，污染物超标或超总量情况，有毒有害物质的使用和排放情况	2	
		能够分析并发现企业现存的主要问题和清洁生产潜力	3	
4	审核重点设置情况	能够将污染物超标、能耗超标或有毒有害物质使用或排放环节作为必要考虑因素	4	
		能够着重考虑消耗大、公众压力大和有明显清洁生产潜力的环节	2	
5	清洁生产目标设置情况	能够针对审核重点，具有定量化、可操作性，时限明确	4	
		如是"双超"企业，其清洁生产目标设置能使企业在规定的期限内达到国家或地方污染物排放标准、核定的主要污染物总量控制指标、污染物减排指标；如是"高耗能"企业，其清洁生产目标设置能使企业在规定的期限内达到单位产品能源消耗限额标准；如是"双有"企业，其清洁生产目标设置能体现企业有毒有害物质减量或减排要求	4	
		对于生产工艺与装备、资源能源利用指标、产品指标、污染物产生指标、废物回收利用指标及环境管理要求指标设置至少达到行业清洁生产评价指标三级基准值的目标	3	

续表

序号	指标内容	要求	分值	得分
6	审核重点资料的准备情况	能涵盖审核重点的工艺资料、原材料和产品及生产管理资料、废弃物资料、同行业资料和现场调查数据等	3	
		审核重点的详细工艺流程图或工艺设备流程图符合实际流程	3	
7	审核重点输入输出物流实测情况	准备工作完善,监测项目、监测点、监测时间和周期等明确,监测方法符合相关要求,监测数据翔实可信	4	
8	审核重点物料平衡分析情况	准确建立了重点物料、能源、水和污染因子等平衡图,针对平衡结果进行了系统的追踪分析,阐述清晰	6	
9	审核重点废弃物产生原因分析情况	结合企业的实际情况,能从影响生产过程的八个方面深入分析,找出审核重点物料流失或资源、能源浪费、污染物产生的环节,分析物料流失和资源浪费原因,提出解决方案	6	
三、清洁生产方案可行性的评估				
1	无/低费方案的实施	无/低费方案能够遵循边审核边产生边实施原则基本完成,并能够现场举证,如落实措施、制度、照片、资金使用账目等可查证资料	3	
		对实施的无/低费方案进行了全面、有效的经济和环境效益的统计	3	
2	中/高费方案的产生	中/高费方案针对性强,与清洁生产目标一致,能解决企业清洁生产审核的关键问题	6	
3	中/高费方案的可行性分析	中/高费方案具备翔实的环境、技术、经济分析	6	
		所有量化数据有统计依据和计算过程,数据真实可靠	6	
4	中/高费方案的实施计划	有详细合理的统筹规划,实施进度明确,落实到部门	2	
		具有切实的资金筹措计划,并能确保资金到位	2	
总分			100	

清洁生产审核评估结果实施分级管理,总分低于 70 分的企业视为审核技术质量不符合要求,应重新开展清洁生产审核工作;总分为 70～90 分的企业,需按专家意见补充审核工作,完善审核报告,上报主管部门审查后,方可继续实施中/高费方案;总分高于 90 分的企业,可依据方案实施计划推进中/高费方案的实施。

2. 清洁生产审核验收

根据《清洁生产审核评估与验收指南》,清洁生产审核验收是指按照一定程序,在企业实施完成清洁生产中/高费方案后,对已实施清洁生产方案的绩效、清洁生产目标的实现情况及企业清洁生产水平进行综合性评定,并做出结论性意见的过程。清洁生产审核验收内容包括但不限于以下内容:

(1)核实清洁生产绩效

企业实施清洁生产方案后,对是否实现清洁生产审核时设定的预期污染物减排目标和节能目标,是否落实有毒有害物质减量、减排指标进行评估;查证清洁生产中/高费方案的实际运行效果及对企业实施清洁生产方案前后的环境、经济效益进行评估。

(2)确定清洁生产水平

已经发布清洁生产评价指标体系的行业,利用评价指标体系评定企业在行业内的清洁生产水平;未发布清洁生产评价指标体系的行业,可以参照行业统计数据评定企业在行业内的清洁生产水平定位或根据企业近三年历史数据进行纵向对比说明企业清洁生产水平改进情况。

　　清洁生产审核验收结果分为"合格"和"不合格"两种。依据表 2-12 清洁生产审核验收评分表综合得分达到 60 分及以上的企业，其验收结果为"合格"。存在但不限于下列情况之一的，清洁生产审核验收不合格：

　　① 企业在方案实施过程中存在弄虚作假行为；

　　② 企业污染物排放未达标或污染物排放总量、单位产品能耗超过规定限额的；

　　③ 企业不符合国家或地方制定的生产工艺、设备以及产品的产业政策要求；

　　④ 达不到相关行业清洁生产评价指标体系三级水平（国内清洁生产一般水平）或同行业基本水平的；

　　⑤ 企业在清洁生产审核开始至验收期间，发生节能环保违法违规行为或未完成限期整改任务；

　　⑥ 其他地方规定的相关否定内容。

表 2-12　清洁生产审核验收评分表

清洁生产审核验收关键指标			
序号	内容	是	否
1	企业在方案实施过程中无弄虚作假行为		
2	企业稳定达到国家或地方要求的污染物排放标准,实现核定的主要污染物总量控制指标或污染物减排指标要求		
3	企业单位产品能源消耗符合限额标准要求		
4	已达到相关行业清洁生产评价指标体系三级水平(国内清洁生产一般水平)或同行业基本水平		
5	符合国家或地方制定的生产工艺、设备以及产品的产业政策要求		
6	清洁生产审核开始至验收期间,未发生节能环保违法违规行为或已完成违法违规的限期整改任务		
7	无其他地方规定的相关否定内容		
清洁生产审核与实施方案评价		分值	得分
清洁生产验收报告	提交的验收资料齐全、真实	3	
	报告编制规范,内容全面,附件齐全	3	
	如实反映审核评估后企业推进清洁生产和中/高费方案实施情况	4	
方案实施及相关证明材料	本轮清洁生产方案基本实施	5	
	清洁生产无/低费方案已纳入企业正常的生产过程和管理过程	4	
	中/高费方案实施绩效达到预期目标	4	
	中/高费方案未达到预期目标时,进行了原因分析,并采取了相应对策	4	
	未实施的中/高费方案理由充足,或有相应的替代方案	5	
	方案实施前后企业物料消耗、能源消耗变化等资料符合企业生产实际	4	
	方案实施后特征污染物环境监测数据或能耗监测数据达标	4	
	设备购销合同、财务台账或设备领用单等信息与企业实施方案一致	4	
	生产记录、财务数据、环境监测结果支持方案实施的绩效结果	5	
	经济和环境绩效进行了翔实统计和测算,绩效的统计有可靠充足的依据	8	
企业清洁生产水平评估	方案实施后能耗、物耗、污染因子等指标认定和等级定位(与国内外同行业先进指标对比),以及企业清洁生产水平评估正确	6	
清洁生产绩效	按照行业清洁生产评价指标要求对生产工艺与装备、资源能源利用、产品、污染物产生、废物回收利用、环境管理等指标进行清洁生产审核前后的测算、对比,评估绩效	10	

续表

清洁生产审核与实施方案评价		分值	得分
现场考察	企业生产现场不存在明显的"跑冒滴漏"现象	3	
	中/高费方案实施现场与提供资料内容相符合	6	
	中/高费方案运行正常	6	
	无/低费方案持续运行	6	
持续清洁生产情况	企业审核临时工作机构转化为企业长期持续推进清洁生产的常设机构,并有企业相关文件给予证明	2	
	健全了企业清洁生产管理制度,相关方案落实到管理规程、操作规程、作业文件、工艺卡片中,融入企业现有管理体系	2	
	制定了持续清洁生产计划,有针对性,并切实可行	2	
总分		100	
验收结论:合格( ) 不合格( )			

思考题

1. 什么是清洁生产审核? 企业实施清洁生产审核的意义是什么?

2. 试述清洁生产审核的目的。

3. 简述清洁生产审核的原则及实施强制审核的条件。

4. 清洁生产审核的方式有哪些? 各有什么特点?

5. 试述清洁生产审核的思路。

6. 参与清洁生产审核的人员有哪些? 各有什么作用?

7. 清洁生产审核包含哪些阶段? 试述各阶段的主要工作内容。

8. 筹划与组织阶段如何建立审核小组及制定审核工作计划?

9. 简述预审核阶段清洁生产审核的主要工作内容。

10. 比较预审核阶段和审核阶段的无/低费方案的异同。

11. 简述物料输入输出的实测条件。

12. 谈谈如何进行废物产生原因的分析。

13. 简述清洁生产审核报告的基本内容。

14. 简述清洁生产审核验收报告的基本内容。

第三章
清洁生产审核案例

第一节　清洁生产审核报告

一、企业概况

某钢管公司于 2002 年 4 月成立，注册资金为 3000 万美元，总面积达 300 余亩（15 亩=1hm²）。公司专业生产大口径直缝埋弧焊钢管，年产量可达 30 万吨。钢管生产过程采用德国最先进的设备，公司产品用途广泛，主要适用于石油、天然气、煤炭等能源物料输送的管网，建筑结构使用的钢管桩及结构用钢管，也可以作为自来水输送管道等。随着公司生产运营的发展，公司生产工艺已经成熟，生产能力已经趋于稳定。

该钢管公司通过了美国石油协会 API-5L 和 ISO 9001：2015 及 PED 国际质量体系认证，并通过了国家标准 GB/T 9711.1、GB/T 9711.2 和西气东输直缝埋弧焊钢管规范的认证。同时按照 ISO 9001 标准和 API 5L 钢管生产的质量体系文件，建立了完善的公司质量体系。

二、审核准备

1. 组建审核小组

公司领导非常重视本轮清洁生产审核活动，为切实有效推进清洁生产审核工作，找到节能、降耗、减排的良好途径，公司组建了清洁生产审核小组。审核小组的职责是制定清洁生产管理制度，决定中/高费用方案的确定和实施，筹集资金以保障清洁生产方案的实施，提供开展清洁生产审核工作所需的必要资源，考核公司清洁生产审核的绩效等。

审核小组组长由公司总经理担任，成员由来自公司管理部、品保部、财务科、安环科、生产科、采购科的主管以及公司设备和电气总工担任。在组长的领导下，由安环科具体落实清洁生产各项工作的开展，按照审核计划推进清洁生产审核工作。

2. 制订审核工作计划

为确保审核工作顺利有效开展，清洁生产审核工作小组根据清洁生产要求和特点，结合公司生产实际情况，制订了清洁生产审核工作计划。

3. 宣传教育

（1）清洁生产审核工作小组培训

组长召集并主持针对清洁生产审核工作小组的培训活动。由审核专家对公司清洁生产审核工作小组成员及生产、技术骨干等人员进行清洁生产及清洁生产审核培训。通过培训活动，审核工作小组成员初步掌握了清洁生产审核工作的要点，明确了各自在清洁生产审核工作的任务和职责，全面了解公司本轮清洁生产审核工作的工作计划和安排。

行业专家结合公司钢管生产的现状介绍国内外钢管加工行业技术工艺以及先进设备，对公司生产过程中可能存在的问题进行分析，对公司本轮清洁生产审核产生切实有效的清洁生产方案起到积极的促进作用。

（2）全员培训

企业的清洁生产工作需要企业员工的全员参与。在清洁生产专家的协助下，对企业全体员工进行清洁生产相关内容的培训。通过培训，使员工了解清洁生产的内容，树立清洁生产意识，使员工明确如何参与到公司的清洁生产工作当中去。

三、预审核

1. 公司生产概况

公司所属行业为钢压延加工行业，专业生产各种规格大口径直缝埋弧焊钢管。产品规格为钢管外径 508～2540mm，管壁厚度 8～60mm，钢材包括 API 5L X42、X56、X65、X80；GOST K60 等材质。年生产能力可达 30 万吨。公司近三年主要产品情况如表 3-1。

表 3-1　公司近三年主要产品情况表

类别	2016 年	2017 年	2018 年
钢管年产量/吨	34293	35107	36053
钢管年产值/万元	18131	18378	17928
钢管年工业增加值/万元	7186	7204	8647

2. 公司生产工艺

公司的钢管生产主要包括制管、打磨喷涂两个生产车间。公司钢管生产的工艺过程如图 3-1 所示。

图 3-1　公司钢管生产工艺过程

通过制管过程，生产毛坯钢管。近年来部分订单需要对毛坯钢管进行打磨和喷涂防锈作业。公司于 2018 年建立打磨、喷涂车间，用于钢管防锈喷涂，并对打磨、喷漆过程产生的含尘废气、VOC 废气进行处理。

（1）制管生产工艺流程及主要产污节点

该公司生产的钢管为直缝埋弧焊管（LSAW），公司直缝埋弧焊管采用的成型方式为"JCOE"。JCOE 成型有三个过程，即以单张中厚钢板为原料，先将钢板在成型机中压成 J 形，然后再依次压成 C 形和 O 形管坯，E 代表扩径（Expanding）。即按"J-C-O-E"预焊、成型、焊接后再经冷扩径等工序生产出成品钢管。

该生产工艺流程见图 3-2。

生产过程产生的废物主要包括含尘废气、固体废物及废水等。各废物产生点如下：

① 含尘废气产生点：束管预焊工序和内、外缝焊接工序产生烟尘，烟尘主要产生于焊点位置；清管工序产生含尘废气；打磨工序产生粉尘。

② 固体废物产生点：铣边工序产生铁屑；管端坡口工序产生铁屑；内、外缝焊接过程

产生焊渣。

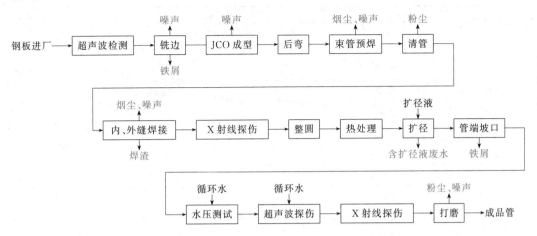

图 3-2 制管生产工艺流程及排污节点图

③ 废水产生点：扩径工序产生含扩径液废水。

（2）打磨生产工艺流程及主要产污节点

按订单要求，对客户需要防锈的钢管产品，需要进行打磨处理，打磨过程在公司完成。打磨生产工艺流程如图 3-3 所示。

图 3-3 打磨生产工艺流程及排污节点图

打磨生产工艺过程中所产污染物主要为：①粉尘，主要成分为铁屑及氧化铁尘；②固体废弃物如废弃磨片等；③噪声。

（3）喷涂生产工艺流程及主要产污节点

公司对打磨处理后的钢管进行喷涂作业。喷涂生产工艺如图 3-4 所示。

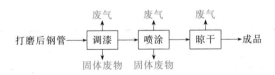

图 3-4 喷涂生产工艺流程及排污节点图

喷涂生产工艺过程中所产生的污染物主要有：①废气，主要来自调漆、喷漆、晾干等过程中各种助剂及漆料挥发产生的有机废气，主要污染物为非甲烷总烃、甲苯与二甲苯等；②固体废物，主要为喷涂过程中使用的废油漆刷、废漆料桶、废活性炭、废过滤棉等。

钢管打磨、喷涂为 2018 年新建项目，本轮清洁生产审核过程尚未投入使用。

3. 企业近三年原辅材料和能源消耗

公司生产使用的主要原辅料为钢板、焊材、润滑油等，其中焊材包括焊丝和焊剂。公司近三年原辅材料消耗情况见表 3-2。

表 3-2 公司近三年原辅材料消耗

主要原辅料	使用部位	单位	近三年年消耗量			单位	近三年万元增加值消耗量		
			2016 年	2017 年	2018 年		2016 年	2017 年	2018 年
钢板	下料	t	34748	35986	36316	t/万元	4.84	4.61	4.20
焊材	电焊	t	255	260	268	t/万元	0.035	0.038	0.031
乳化液	整型	t	2.2	2.2	3	kg/万元	0.31	0.30	0.35
润滑油	车间	t	1	1	1	kg/万元	0.14	0.13	0.12
氢氧化钠	废水站	t	0.5	0.4	0.5	kg/万元	0.07	0.07	0.06
聚合氧化铝 PAC	废水站	t	1.3	0.8	1.3	kg/万元	0.18	0.15	0.30
聚丙烯酰胺 PAM	废水站	kg	25	20	25	kg/万元	0.0034	0.0075	0.0029
环氧富锌底漆	喷涂	t	—	—	—	t/万元	—	—	—
环氧云铁中间漆	喷涂	t	—	—	—	t/万元	—	—	—
佐敦稀释剂	喷涂	t	—	—	—	t/万元	—	—	—

公司生产过程中主要原辅材料性质如表 3-3 和表 3-4。

表 3-3 主要原辅材料性质汇总表 (1)

项目		物料				
		物料 1	物料 2	物料 3	物料 4	物料 5
名称		PPG 环氧富锌底漆	环氧云铁中间漆	佐敦 17 号稀释剂	乳化液	润滑油
物料功能		底漆原料	底漆原料	溶剂辅料	辅料	辅料
有害成分及特性		环氧树脂、特种防锈颜料、增稠剂、溶剂、聚酰胺树脂固化剂等	环氧树脂、云母氧化铁、防锈颜料、有机溶剂、聚酰胺树脂等	轻芳烃溶剂油、二甲苯、1-丁醇、乙苯等	表面活性剂	矿物油
年消耗量	总计/t	—	—	—	3	1
	有害成分	增稠剂、溶剂、聚酰胺树脂固化剂等	有机溶剂、聚酰胺树脂等	二甲苯、乙苯等	有机物	有机物
包装方法		桶	桶	桶	桶	桶
储存方法		存放于库房	存放于库房	存放于库房	存放于库房	存放于库房
包装材料管理		收集并集中存放	收集并集中存放	收集并集中存放	危废库	危废库
供应商是否回收包装材料		否	否	否	否	否

表 3-4 主要原辅材料性质汇总表 (2)

项目		物料			
		物料 6	物料 7	物料 8	物料 9
名称		焊剂	NaOH	聚合氧化铝 PAC	聚丙烯酰胺 PAM
物料功能		辅料	破乳沉淀	絮凝剂	絮凝剂
有害成分及特性		—	NaOH	有机物	有机物
年消耗量	总计/kg	—	500	1300	25
	有害成分	—	NaOH	有机物	有机物
包装方法		桶	编织袋	编织袋	编织袋
储存方法		厂内不存放	存放于库房	存放于库房	存放于库房
包装材料管理		收集并集中存放	收集并集中存放	收集并集中存放	收集并集中存放
供应商是否回收包装材料		否	否	否	否

公司生产使用的主要能耗为电耗。近三年电耗、水耗见表 3-5。

表 3-5 近三年电耗、水耗表

能源	使用部位	单位	近三年年消耗量			单位	近三年万元增加值消耗量		
			2016 年	2017 年	2018 年		2016 年	2017 年	2018 年
电	全厂	$\times 10^4$ kW·h	547.8	517.6	486.3	kW·h/万元	753.99	679.80	562.42
水	全厂	m^3	4779	4144	3435	m^3/万元	0.665	0.599	0.506

在本轮清洁生产审核对标过程中采用 2018 年公司电耗、水耗进行对标计算。公司各环节年电耗情况如表 3-6。

表 3-6 2018 年公司各环节年电耗情况

公司各环节名称		用电量/($\times 10^4$ kW·h)
生产环节用电	下料工段	31.2
	成型工段	77.7
	电焊工段	231.4
	整型工段	114.5
车间公用电		12.8
其他环节用电(办公、食堂、宿舍等)		18.7
合计		486.3

公司主要耗电在生产过程,生产过程中耗电占公司总电耗的 93.5%。2018 年生产过程的主要耗电设备的耗电情况如表 3-7。

表 3-7 2018 年生产过程中主要耗电设备的耗电情况

单元	项目	耗电量/($\times 10^4$ kW·h)	在生产用电中的占比/%
下料工段	铣边机	13	2.9
	其他	18.2	4.0
成型工段	JCO 成型机	42	9.2
	其他	35.7	7.8
电焊工段	焊接一体机、退火炉	180	39.6
	其他	51.4	11.3
整型工段	扩径机	37	8.2
	其他	77.5	17.0

生产过程耗电最多的环节是电焊单元,占公司总电耗的 47.6%。在电焊单元中,焊接与热处理工序的年耗电量为 1.8×10^6 kW·h,这是全厂电耗最高的工序,耗电量大约占生产过程电耗的 39.6%。热处理工序的年耗电量大,但公司选择在低谷电期间对钢管进行热处理。一方面低谷电期间电费为 0.36 元/度,降低用电成本,另一方面,使用低谷电可最大限度发挥了国家电网的利用效率。

为更好地控制生产车间的用电量,公司安装了多功能电力仪表以精确计量车间各生产工序的用电情况。

公司用水部位包括生活用水、超声波探伤用水、水压测试用水和扩径用水。公司 2018 年总用水量为 3435t。公司 2018 年用水量情况见图 3-5。

生活用水主要由办公楼和宿舍产生,用水量为 1295t/a,产生废水量为 1035t/a。

超声波探伤和水压测试用水为循环用水,生产过程中取用水时,用泵将水从储水池中取出,用后再注回储水池,储水池容量为 50m^3。由于蒸发等原因造成年损耗水 15t,不产生废水。

扩径用水的用水量为 2125t/a,产生废水量为 2125t/a。

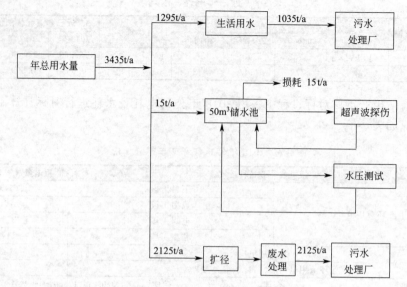

图 3-5　公司 2018 年用水量

4. 主要设备一览表

公司主要生产设备情况见表 3-8。

表 3-8　公司主要生产设备一览表

设备名称	型号	数量	设备名称	型号	数量
新板边开槽机	K9601	1 台	自动管 UT 机	SNOP-LO/OFF/REP	1 台
油压成型机	10000TN×12M	1 台	射线检测机	HS-XYD 320	2 台
板边缘研磨机	250mm/5min	1 组	焊条干燥机	OD200	1 台
焊砂回收机	LT-H200	5 台	焊砂干燥机	0～400℃	2 台
钢管预焊机	12.2m	1 台	SAW 内焊机	DC-1500/AC1200	3 台
后弯机	3～6m/min	1 台	清管机	QG12200	1 台
整圆机	28MPa×12L	1 台	整圆机	500～2000	1 台
水压试验机	SHY165-237	1 台	水压试验机	MAX	1 台
污水处理设备	GF-3	1 组	UV 催化设备	BXY-UV-2500	1 套

通过比对《高耗能落后机电设备（产品）淘汰目录（第一批）》（国家工业和信息化部，工节［2009］第 67 号）、《高耗能落后机电设备（产品）淘汰目录（第二批）》（2012 年第 14 号公告）、《高耗能落后机电设备（产品）淘汰目录（第三批）》（2014 年 3 月）、《高耗能落后机电设备（产品）淘汰目录（第四批）》（2016 年 2 月）以及《部分工业行业淘汰落后生产工艺装备和产品指导目录》（2010 年），公司生产过程中没有使用国家明令淘汰的耗能设备，符合国家相关要求。

5. 企业环境保护状况

（1）环境管理现状

① 环境管理机构及管理制度　安环科在公司总经理的领导下，协调公司各部门执行和落实公司制定的各项环境管理制度，贯彻国家和地方环境保护法规、方针、政策，确保公司环境行为符合相关法律法规的要求。安环科的主要职责除了环保外还包括安全、消防、职业健康等事务。依据 ISO 14001：2004 环境管理体系要求，公司建立了环境管理制度，并通过了体系认证。公司通过了 ISO 9001 质量管理体系认证，使公司的管理体系更加的规范有序。

公司危险废物包括废矿物油、废乳化液（含破乳污泥）、废漆料桶、废活性炭、废过滤棉、乳化液包装桶、矿物油包装桶等，按照《危险废物贮存控制标准》（GB 18597—2001）的要求收集、存放，并建立危险废物管理档案，定期转运至具备资质的危废处理公司。

② 环评及"三同时"执行情况　公司环评包括钢管生产项目、打磨和喷涂项目，各项目环评审批及验收情况如表3-9。

表3-9　公司建设项目环评审批及验收情况表

建设项目名称	审批时间及单位	验收时间及单位
钢管生产项目	2003年4月,开发区环保局	2005年7月,开发区环保局
打磨、喷涂项目	2018年8月,开发区环保局	2019年1月,开发区环保局

根据环境检测机构的《检测报告》，公司污染物排放总量符合公司排污许可证规定要求。

（2）环境风险管控情况

① 环境风险源分析

a. 环境风险识别　根据公司原辅料使用情况，对照《危险化学品目录》（2015年版）、《企业突发环境事件风险分级办法》（HJ 941—2018）附录A，以及《重点环境管理危险化学品目录》（环办〔2014〕33号），公司涉及的突发环境事件风险物质储存情况如表3-10。

表3-10　环境事件风险物质储存情况

序号	物质名称	状态	存储情况	储罐数量	最大数量/t
1	丙烯	气态	50kg/瓶,20kg/瓶	15	0.4
2	环氧富锌底漆	液态	25kg/桶	4	0.1
3	环氧云铁中间漆	液态	25kg/桶	5	0.1
4	佐敦稀释剂	液态	10kg/桶	5	0.05
5	润滑油、乳化液	液态	200kg/桶	7	1.4
6	废矿物油、废乳化液(含破乳污泥)	液态	—	—	2.2
7	废活性炭	固态	袋装	1	0.05
8	废过滤棉	固态	袋装	1	0.01
9	废油漆刷	固态	袋装	1	0.01

b. 环境风险目标　根据环境风险评估报告，结合公司生产工艺确定公司主要环境风险目标为：气瓶库、油漆暂存库、润滑油及乳化液库房、污水处理站、危废库、废气处理设施。

c. 事件类型及可能影响的范围和后果　事件类型包括泄漏、挥发和火灾。经过分析，厂区库房、危废间防护设施安全到位，防火能力健全，泄漏量小，厂区周围没有敏感地区，故此环境风险事件后果在可控范围内。

② 防范及措施　公司重视环境风险的事前预防，具体措施有以下方面。

a. 公司厂址与周围居民区、环境保护目标设置了卫生防护距离，厂区与周围其他企业、交通干道等设置了安全防护距离。厂区总平面布置符合防范事故要求，有应急救援设施及救援通道。

b. 对危险化学品（危险废物）的贮存地点、设施和贮存量提出要求并符合国家相关规定，与环境保护目标和生态敏感目标的距离符合国家有关规定。

c. 具备自动检测、报警、紧急切断及紧急停车系统；防火、防爆、防中毒等事故处理系统；应急救援设施及救援通道；应急疏散通道及避难所。

d. 具有可燃气体、有毒气体检测报警系统和在线分析系统设计方案。

e. 具备爆炸危险区域、腐蚀区域划分及防爆、防腐方案。

f. 配备消防设备,设置消防事故水池,具备发生火灾时厂区废水、消防水外排的切断装置等。

③ 风险应急　公司已经编制完成《突发环境事件应急预案》并通过专家评审,报送环境主管部门备案。

公司通过制定《突发环境事件应急预案》评价了公司的环境风险等级,确定公司环境风险等级为一般环境风险。公司建立了应急组织管理指挥系统,整体协调系统,综合救援应急队伍,救助保障系统与救助物资保障的供应系统等应急体系。

（3）产排污及其治理

① 废水排放情况　公司外排废水为生活污水、扩径工序产生的废水。含扩径液废水间歇产生,废水经厂内污水处理站,通过物理化学沉淀法进行处理,出水与经过化粪池处理的生活废水一起排入开发区9#污水处理厂。含扩径液废水经物化法处理形成废乳化液、污泥,定期收集并交由具有资质的危险废物处理公司处理。污水处理站废水处理工艺流程如图3-6。

图 3-6　污水处理站废水处理工艺流程图

根据环境检测机构的《检测报告》,监测结果如表 3-11 所示,化学需氧量（COD）、悬浮物（SS）、氨氮、pH 等几项指标能达到《污水综合排放标准》（GB 8978—1996）二级标准的要求。

表 3-11　公司 2018 年废水排放检测结果

监测点位及时间	检测项目	单位	检测结果(范围或日均值)	执行标准号及标准值 GB 8978—1996	达标情况
总排口	COD	mg/L	77	500	达标
	SS	mg/L	33	400	达标
	氨氮	mg/L	11.9	—	达标
	pH		7.43~7.66	6~9	达标

② 废气有组织排放情况

a. VOC 废气治理　公司喷涂在喷涂房进行,废气处理流程如图 3-7 所示。

图 3-7　废气处理流程图

喷漆生产在主厂房东侧新建的喷涂房内进行,配套安装风量为 $25000\mathrm{m^3/h}$ 的引风机 1 台,使喷涂房形成负压;喷涂房地面的基础防渗采用 2mm 厚高密度聚乙烯,为耐腐蚀的硬化地面,且表面无裂隙,渗透系数≤10^{-10}cm/s;同时在喷涂房四周设置堵截泄漏的裙脚,并做好"防风、防雨、防晒"等措施。

所产废气主要来自调漆、喷漆、晾干过程中各种漆料与稀释剂挥发产生的有机废气。根据公司环评验收《检测报告》，VOC 有组织废气检测结果如表 3-12 所示。

表 3-12 VOC 有组织废气检测结果

检测点位	检测项目		检测值(平均值)	执行标准及限值 DB 12/2322—2016	符合情况
喷涂房排气筒进口	标准状态干流量/(m³/h)		7510	/	/
	非甲烷总烃	实测浓度/(mg/m³)	8.94	/	/
		排放速率/(kg/h)	0.0671	/	/
	苯	实测浓度/(mg/m³)	0.0788	/	/
		排放速率/(kg/h)	0.0006	/	/
	甲苯	实测浓度/(mg/m³)	0.147	/	/
		排放速率/(kg/h)	0.0011	/	/
	二甲苯	实测浓度/(mg/m³)	0.745	/	/
		排放速率/(kg/h)	0.0056	/	/
	甲苯与二甲苯合计	实测浓度/(mg/m³)	0.892	/	/
		排放速率/(kg/h)	0.0067	/	/
喷涂房排气筒出口	标准状态干流量/(m³/h)		9931	/	/
	非甲烷总烃	实测浓度/(mg/m³)	1.81	60	符合
		排放速率/(kg/h)	0.0180	/	/
	苯	实测浓度/(mg/m³)	0.0172	1	符合
		排放速率/(kg/h)	0.0002	/	/
	甲苯	实测浓度/(mg/m³)	0.0137	/	/
		排放速率/(kg/h)	0.0002	/	/
	二甲苯	实测浓度/(mg/m³)	0.0354	/	/
		排放速率/(kg/h)	0.0004	/	/
	甲苯与二甲苯合计	实测浓度/(mg/m³)	0.0491	20	符合
		排放速率/(kg/h)	0.0005	/	/

b. 含尘废气治理 公司所产生的含尘废气主要为打磨产生的含尘废气及清管产生的含尘废气。含尘废气经过布袋除尘装置处理后排放。含尘废气处理及排放工艺流程如图 3-8 所示。

含尘废气 ——→ 布袋除尘 —— 检测点位 ——→ 外排

图 3-8 含尘废气处理及排放工艺流程图

根据公司环评验收《检测报告》，2018 年公司含尘废气排放检测结果如表 3-13 所示。公司废气经处理后达标排放，符合《大气污染物综合排放标准》（GB 16297—1996）相关要求。

表 3-13 2018 年公司含尘废气排放检测结果

监测点位及时间	检测项目	单位	检测结果(平均)	执行标准号及标准值	达标情况
1# 排气筒	标准状况干流量	m³/h	2878	GB 9087—1996	6720h
	颗粒物	mg/m³	28.61	120	达标
	排放速率	kg/h	0.0823	3.5	达标
2# 排气筒	标准状况干流量	m³/h	4525	GB 9087—1996	6720h
	颗粒物	mg/m³	27.71	120	达标
	排放速率	kg/h	0.1233	3.5	达标

③ 废气无组织排放情况 公司的废气的无组织排放包括两部分：一部分为含尘废气；一部分为 VOC 废气。2018 年含尘废气无组织排放检测数据如表 3-14。

表 3-14 2018 年含尘废气无组织排放检测数据

检测点位	检测参数	测量值				最大值	单位
		第一次	第二次	第三次	第四次		
1# 上风向	颗粒物	0.083	0.133	0.150	0.167	0.650	mg/m³
2# 下风向		0.533	0.450	0.400	0.633		mg/m³
3# 下风向		0.533	0.367	0.650	0.400		mg/m³
4# 下风向		0.483	0.450	0.483	0.517		mg/m³

　　根据《大气污染物综合排放标准》(GB 16297—1996)，颗粒物标准限值取 1.0mg/m³，颗粒物监测结果符合标准要求。2018 年 VOC 无组织废气检测数据见表 3-15。

表 3-15 2018 年 VOC 无组织废气检测数据

检测点位	检测参数	测量值					单位	执行标准及限值 DB 13/2322—2016	符合情况
		第一次	第二次	第三次	第四次	最大值			
1# 上风向	非甲烷总烃	0.20	0.23	0.30	0.21	0.88	mg/m³	2.0	符合
2# 下风向		0.47	0.42	0.70	0.76		mg/m³		
3# 下风向		0.75	0.59	0.78	0.78		mg/m³		
4# 下风向		0.75	0.76	0.70	0.88		mg/m³		
5# 车间窗口		1.09	1.06	1.04	0.95	1.09	mg/m³	4.0	符合
1# 上风向	苯	0.0022	ND	ND	ND	0.0100	mg/m³	0.1	符合
2# 下风向		0.0096	0.0079	0.0081	0.0071		mg/m³		
3# 下风向		0.0098	0.0080	0.0091	0.0083		mg/m³		
4# 下风向		0.0081	0.0092	0.0096	0.0100		mg/m³		
1# 上风向	甲苯	ND	ND	ND	ND	0.0098	mg/m³	0.6	符合
2# 下风向		0.0078	0.0085	0.0081	0.0089		mg/m³		
3# 下风向		0.0076	0.0096	0.0076	0.0098		mg/m³		
4# 下风向		0.0078	0.0092	0.0093	0.0059		mg/m³		
1# 上风向	二甲苯	ND	ND	ND	ND	0.0184	mg/m³	0.2	符合
2# 下风向		0.0157	0.0184	0.0121	0.0132		mg/m³		
3# 下风向		0.0115	0.0118	0.0163	0.0146		mg/m³		
4# 下风向		0.0171	0.0137	0.0146	0.0171		mg/m³		

　　④ 固体废物及危险废物　公司产生的固体废物主要为：a. 钢管切割、铣边、管端打磨等产生的铁屑；b. 内、外缝焊接以及清管等产生的金属粉尘和焊碴；c. 含扩径液废水经物化法处理形成的破乳污泥；d. 废矿物油、废乳化液（含破乳污泥），及乳化液包装桶、矿物油包装桶；e. 废灯管和废催化板；f. 废活性炭和废过滤棉；g. 废油漆刷和废漆料桶；h. 生活垃圾等。

　　公司废矿物油、废乳化液（含破乳污泥）、废灯管和废催化板、废活性炭和废过滤棉、废油漆桶和废油漆刷、乳化液包装桶、矿物油包装桶等属于危险废物。对含乳化液的污泥等危险废物，公司按《危险废物贮存控制标准》(GB 18597—2001) 进行收集、贮存，在贮存库内对固废按规定标记，分别放在专用的容器及场所内贮存，定期清运，按危险废物转运管理联单制度进行管理，送至具备资质的危废处理公司。

　　铁屑、金属粉尘和废弃焊碴按《一般工业固体废物贮存、处置场污染控制标准》(GB 18599—2001) 的要求设置贮存库，进行收集、贮存，定期出售给相关收购单位，以回收再利用。生活垃圾由环卫部门进行收集处理。2018 年一般固体废物及危险废物排放情况分别如表 3-16 和表 3-17。

表 3-16　2018 年一般固体废物排放情况

固体废物名称	产生量/(t/a)	类别	处置措施
铁屑	721.06	一般固废	厂内收集贮存,出售
粉尘	0.1916		
焊渣	193.5		
生活垃圾	10	生活垃圾	由环卫部门清运

表 3-17　2018 年危险废物排放情况

固体废物名称	性质	类别	产生量/(t/a)	处置措施
废乳化液(含破乳污泥)	危险废物	HW09	2	厂内分类收集贮存,定期运送至专业危险废物处理站处理
废矿物油		HW08	0.2	
乳化液、矿物油包装桶、药剂包装袋		HW49	0.2	
废活性炭			—	
废过滤棉			—	
废漆料桶			—	
废油漆刷		HW12	—	
废灯管		HW29	—	
废催化板		HW45	—	

⑤ 噪声　厂内噪声主要来源于铣边、JCO 成型、束管预焊、打磨等几个工序,噪声源为车床、铣床、刨床、磨床等机械加工设备,卷板机、后弯机、束管机、电焊机等在工作时也会产生一定的噪声。车间设备布局合理,各种噪声设备底部安装减震基座,合理控制工作时间,做到机加工时设备运转,非机加工时设备停运,减少噪声产生量。经开发区环境保护监测站所做的排污许可证监测,厂界噪声符合《工业企业厂界噪声标准》(GB 12348—2008)标准。

根据环境检测机构的《检测报告》,噪声监测数据如表 3-18 所示。

表 3-18　2018 年公司噪声监测数据

测点编号	监测结果(昼间)		监测结果(夜间)	
	L_{eq}/dB(A)	执行标准	L_{eq}/dB(A)	执行标准
1(厂界东外 1m 处)	50.8	GB 12348—2008 65dB(A)	41.0	GB 12348—2008 55dB(A)
2(厂界南外 1m 处)	59.2		42.7	
3(厂界西外 1m 处)	59.2		44.5	
4(厂界北外 1m 处)	52.3		45.0	

⑥ 公司近三年"三废"排放情况　公司近三年"三废"排放如表 3-19。

表 3-19　公司近三年"三废"排放统计表

类别	名称	近三年排放量		
		2016 年	2017 年	2018 年
废水	生产废水/t	2021	1960	1836
	生活污水/t	1962	1837	1779

续表

类别	名称	近三年排放量		
		2016 年	**2017 年**	**2018 年**
废气	含尘废气量/m³	6171	4031	2598
	VOC 废气量	—	—	—
固体废物	铁屑量/t	673.25	421.06	274.14
	粉尘量/t	1.82	0.3029	0.1916
	焊渣量/t	189	177.2	193.5
	废乳化液(含破乳污泥)/t	1.9	1.82	1.26
	废矿物油/t	0.163	0.2	0.2
	乳化液、矿物油包装桶、药剂包装袋/t	0.15	0.14	0.18
	废灯管、废催化板	该类废物为 2018 年新建项目新增废物,本轮清洁生产审核过程无此类危险废物产生		
	废活性炭			
	废过滤棉、油漆刷			
	废漆料桶、废溶剂桶			
	生活垃圾/t	10	10	10

本轮清洁生产审核对标采用 2018 年公司废物产生数据进行对标。

6. 企业清洁生产水平评估

（1）产业政策符合性

公司属于机械类钢压延加工行业,专业生产大口径直缝埋弧焊钢管。公司在生产过程中没有使用国家明令淘汰的耗能设备,生产工艺符合国家的产业政策。经过比对《产业结构调整指导目录（2011 年）2016 年修正版》,公司不属于限制类和淘汰类项目,符合国家产业政策要求。

（2）企业清洁生产评价

公司生产过程包括制管工段、打磨工段、喷漆工段;公司产品只有 10%～20% 的产品需要进行打磨、喷漆,由于打磨、喷漆工段为 2018 年新建项目,尚未进行生产。因此,以公司主要生产工段即制管工段来进行企业生产过程清洁生产水平的评价。根据《机械行业清洁生产评价指标体系（试行）》,公司生产水平对标过程及结果如下。

依据国家发改委颁布的《机械行业清洁生产评价指标体系（试行）》,按照公司的实际生产情况,对表内各项指标逐一进行考核,结果如表 3-20、表 3-21 所示。

表 3-20   机械行业清洁生产定量评价指标项目、权重及基准值

一级指标	权重值	二级指标	单位	权重分值	评价基准值	企业实际值	企业得分
（一）资源与能源消耗指标	20	万元工业增加值钢耗	t/万元增加值	8	0.56	4.20	1.07
		万元工业增加值综合能耗	kgce/万元增加值	8	0.42	69.12	0.05
		万元工业增加值新鲜水耗量	t/万元增加值	4	18.48	0.397	4
（二）污染物产生指标	30	万元工业增加值 SO₂ 排放量	kg/万元增加值	4	1.48	0	4
		万元工业增加值烟尘排放量	kg/万元增加值	6	0.99	0.012	6
		万元工业增加值外排废水量	t/万元增加值	8	14.45	0.47	8
		万元工业增加值石油类排放量	kg/万元增加值	3	0.03	0	3
		万元工业增加值 COD 排放量	kg/万元增加值	3	1.77	0.5642	3
		万元工业增加值废渣排放量	t/万元增加值	6	0.12	0.11	6

续表

一级指标	权重值	二级指标	单位	权重分值	评价基准值	企业实际值	企业得分
（三）产品特征指标[①]	30	能源效率指标	%	12	国家/行业产品标准[②]	无	
		污染物排放指标	%	12	国家/行业产品标准[②]	无	
		噪声指标	%	6	国家/行业产品标准[②]	无	
（四）资源综合利用指标	20	全厂生产用水重复利用率	%	10	80%	94.5%	11.81
		固体废弃物再生利用率	%	10	85%	77.8%	9.15
合计							56.08

① 本项目指标采用国家或行业标准中相应的限值指标作为评价基准值,进行计算后得出的权重值需根据该产品标准颁布年限进行再次修正;标准颁布年限在 1990 年以前的修正系数为 0.8,标准颁布年限在 1991～2000 年内的修正系数为 0.9,2001 年以后颁布的产品修正系数为 1。选择企业三种主导产品作为评价对象。

② 若企业生产的产品不具备本项特征指标,按照本指标体系缺项考核调整权重分值计算办法进行定量评价分值修正。

本次综合能耗计算按公司电耗进行折算。根据 2018 年公司万元工业增加值电耗为 562.42kW·h,根据电耗折算为标准煤的折算系数 0.1229kgce/(kW·h)(《综合能耗计算通则 GB 2589—2008T》)折算为标煤后万元工业增加值电耗为 69.12 kgce/万元增加值。

表 3-21　机械行业清洁生产定性评价指标项目及指标分值

一级指标	指标分值	二级指标	指标分值	企业得分
（一）环境管理与劳动安全卫生	73	建立环境管理体系并通过认证	10	10
		开展清洁生产审核	8	8
		建设项目"三同时"执行情况	10	10
		老污染源限期治理指标完成情况	10	10
		建设项目环境影响评价制度执行情况	10	10
		污染物排放总量控制情况	10	10
		污染物达标排放情况	10	10
		车间粉尘(烟尘)达到劳动卫生标准情况	5	5
（二）生产技术特征指标	27	建立节能、节材、节水管理制度情况	10	8
		荣获清洁生产领域先进称号情况	5	2
		淘汰落后机电产品、生产工艺执行情况	6	6
		生产中禁用淘汰材料执行情况	6	6
合计			100	95

① 公司清洁生产评价定量指标的考核评分的计算　公司产品指标为缺项,因此本次定量评价考核按缺项进行折算。公司清洁生产定量评价考核总分值 P_1 为:

$$P_1 = \frac{100}{70} \sum_{i=1}^{n} S_i \cdot K_i = \frac{100}{70} \times 56.08 = 80.11$$

② 公司清洁生产评价定性化评价指标评分的计算　定性化评价指标的考核总分值 P_2 为:

$$P_2 = \sum_{i=1}^{n} F_i = 95$$

③ 综合评价指数的考核评分计算　综合评价指数的计算公式为:

$$P = \beta P_1 + \alpha P_2 = 0.4 \times 80.11 + 0.6 \times 95 = 89.04$$

④ 机械行业清洁生产公司的评定　根据目前我国机械行业的实际情况,不同等级的清洁生产公司的综合评价指数列于表 3-22。

表 3-22　机械行业不同等级的清洁生产公司的综合评价指数

清洁生产企业等级	清洁生产综合评价指数
清洁生产先进企业	$P \geqslant 92$
清洁生产企业	$85 \leqslant P < 92$

该钢管公司的综合评价指数为 89.04，属清洁生产企业。

（3）结论

该钢管公司所属行业为机械类钢压延加工行业，本轮清洁生产审核依据《机械行业清洁生产评价指标体系（试行）》的相关指标对该公司进行了清洁生产水平评估。经过对公司产业政策符合性的比对，以及与《机械行业清洁生产评价指标体系（试行）》对标，该公司属于清洁生产企业。

通过对标，发现公司万元工业增加值钢耗为 4.20t 和万元工业增加值综合能耗为 69.12kgce，与基准值有较大的差距。基于对公司生产过程的研究，在现有生产工艺条件下，降低企业钢耗的机会较少，因此本轮清洁生产审核主要解决的问题为降低公司电耗。

公司生产过程耗电最多的环节是电焊单元，热处理工序的年耗电量约占全厂总电耗的 43.5%。公司安排在夜间低谷电期间进行热处理，因此热处理工序电耗大，但节电增效潜力小。因此降低公司电耗需要在下料、成型、整型等生产环节中进行。

7. 确定审核重点

公司的钢管生产主要包括制管、打磨喷漆两个生产车间，公司钢材消耗、电耗高的部位在制管车间，污染重、危废产生量大的部位在打磨喷漆车间。目前公司打磨喷漆车间尚未投入生产，因此根据公司实际生产情况，公司确定本轮清洁生产审核重点为制管车间。

8. 设置清洁生产目标

结合生产情况，公司决定主要通过生产过程控制、提高产品合格率等，达到降低电耗和提高产品合格率的目的。本轮清洁生产目标如表 3-23。

表 3-23　清洁生产目标一览表

序号	项目名称	单位	现状	近期目标（2019 年）		中期目标（2021 年）	
				绝对量	相对量	绝对量	相对量
1	万元增加值电耗	kW·h/万元增加值	562.42	561	99.7%	560	99.6%
2	产品合格率	%	95	97	102.1%	98	103.2%

9. 提出和实施明显易见方案

依据边审核边实施原则，对 6 个无/低费方案全部进行了实施。本阶段产生的无/低费方案如表 3-24。

表 3-24　预审核阶段无/低费方案

序号	方案名称	方案内容	预计投资/元	预计效果	
				环境效益	经济效益
1	叉车使用管理	按吨位使用叉车	0	减少废气排放	年减少柴油费用 3190 元
2	员工培训	对员工进行专业技能、安全等培训	1000	提高员工专业技能	—
3	库存管理	所有库存登记造册、整理空间	0	减少重复请购费用	节约成本

续表

序号	方案名称	方案内容	预计投资/元	预计效果	
				环境效益	经济效益
4	严格操作规程	加强生产过程检查，减少违规作业	0	提高生产效率	降低生产成本
5	加强设备仪表的定期检验管理	定期校准并加强日常维护，减少质量波动，增强生产稳定性	0	提高成品质量	降低成本
6	定期排放空压机内过滤水	减少设备损耗，增加焊接合格率	0	提高焊接质量	节约成本

四、审核

1. 审核重点概况

根据公司直缝钢管生产工艺流程，钢管的生产过程可分为下料操作单元、成型操作单元、电焊操作单元、整型操作单元。生产工艺流程如图3-2，各单元操作流程如图3-9～图3-12。

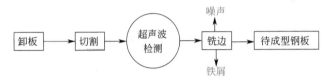

图 3-9 下料操作单元过程图

图 3-10 成型操作单元过程图

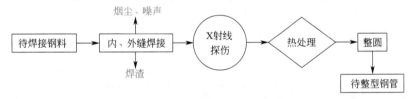

图 3-11 电焊操作单元过程图

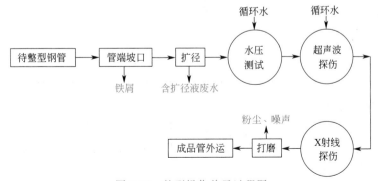

图 3-12 整型操作单元过程图

各单元审核重点工序操作功能说明如表 3-25。

表 3-25　各单元审核重点工序操作功能说明

序号	单元操作名称	功能说明
1	下料单元	原料钢板进厂，根据钢管规格进行切割，超声波检测钢板是否有质量缺陷，通过数控铣边机将钢板铣削到成型所需要板宽和坡口角度
2	成型单元	通过 JCO 成型机将钢板压制成开口的 O 形管坯，再通过后弯机减小 O 形管坯的开口缝隙，以利于焊接。通过束管机束管点焊，将缝隙固定以利于钢管的内、外焊
3	电焊单元	先经过打底焊和预焊，使开口的管坯成合缝状态，然后进行内焊和外焊。利用整圆机将钢管进行整圆矫直，将钢管两端进行打磨，以利于水压测试。对客户要求进行热处理的钢管进行热处理，热处理的目的是改善钢管的理化性质，消除压延后产生的残余应力
4	整型单元	使用管端坡口机对管端坡口进行打磨，之后通过扩径机对钢管进行机械扩径，使其达到标准要求的管径，满足椭圆度、直线度的设计要求，消除钢管因成型造成的包辛格效应，消除残余内应力，提高钢管的屈服强度。通过水压机和 X 射线检查后，对质量合格的钢管进行称重和长度测量，最后经标识后出厂

2. 输入输出物流的测定

（1）实测准备

根据审核程序，对生产线进行物料实测，制订实测计划。审核重点物流实测准备如表 3-26。

表 3-26　审核重点物流实测准备

	实测部位	实测项目	实测方法	实测频率
输入	钢材	重量	称量	每批次一次
	焊丝	重量	称量	每批次一次
	焊剂	重量	称量	每批次一次
输出	钢管	重量	称量	每批次一次
	铁屑	重量	称量	每批次一次
	焊渣	重量	称量	每批次一次

（2）输入输出物流的测定

2019 年 6 月选择三个生产批次对生产过程进行了物料测定，实测数据见表 3-27。

表 3-27　审核重点物流实测数据

输入	单位	数量	输出	单位	数量
钢板	t	153.56	钢管	t	150.21
焊丝	t	0.396	铁屑	t	2.342
焊剂	t	1.55	焊渣	t	0.9
合计	输入：155.506t				输出：153.452t
输入与输出偏差为 1.32%					

3. 物料平衡与用电平衡

（1）物料流程

根据生产现场实测结果进行物料平衡测算，审核重点物料流程如图 3-13。

（2）审核重点用电平衡

公司制管工段用电平衡（不包括热处理工序）结果如表 3-28 所示。

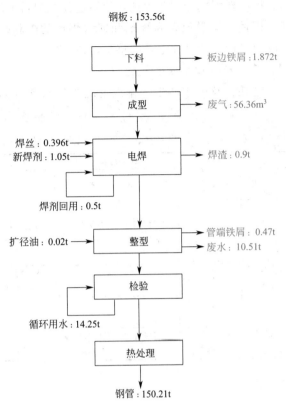

图 3-13 钢管车间审核重点物料流程图

表 3-28 公司制管工段用电平衡

制管工段生产单元名称	单位产品电耗/(kW·h/t 钢管)	制管工段生产单元名称	单位产品电耗/(kW·h/t 钢管)
X 射线探伤机 A	0.1	打底预焊机	0.4
10k 冲压机	11.66	内埋弧焊机	3.9
钢板坡口机	1.55	外缝埋弧焊机	4.22
后弯机	0.83	1k 冲压机	2.23
束管预焊机	0.2	铲修	0.12
清管机	0.1	合计	25.31

（3）审核重点物料平衡

根据物料流程图，审核重点的物料平衡如图 3-14。

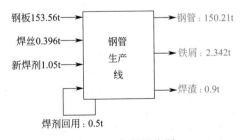

图 3-14 物料平衡图

从表 3-26 和图 3-14 可以看出，钢管焊接生产过程中输入和输出物料的偏差小于 5%，因此该物料平衡可用于审核重点的物耗及污染物产生量的原因分析。

通过对生产过程的分析，新焊剂和回收焊剂在使用过程中配料不均匀，影响焊接成品质量，降低了产品合格率。因此，通过改善新焊剂和回收焊剂的配料均匀，提高焊接成品质量，提高产品合格率，成为降低生产过程电耗的重要途径。

4. 能耗、物耗以及污染物产排现状原因分析

针对钢管车间物耗、电耗，及废物产生和排放情况，从八个方面分析其原因，具体如表 3-29。

表 3-29　原材料消耗、电耗高、污染物产生原因分析汇总表

主要问题	原因分类							
	原辅材料及能源	技术工艺	设备	过程控制	产品	废物特征	管理	员工
原材料消耗	钢板原料的尺寸偏大	—	—	焊剂配料不均匀	焊接合格率不高	切削铁屑产生量偏大	产品规格复杂多变，原料尺寸不易控制	员工主动参与清洁生产的激励措施还不够完善
固体危险废物	—	需使用乳化液	—	—	—	破乳污泥不易处理	—	—
废气	钢板表面锈蚀、灰土	—	—	—	—	—	—	—
电耗	—	产品需要热处理	设备的维护与保养不到位	焊剂配料不均匀	焊接合格率不高	—	—	—

五、方案的产生与筛选

1. 方案汇总

审核阶段产生的清洁生产方案汇总如表 3-30。

表 3-30　审核阶段产生的清洁生产方案表

序号	方案名称	方案内容	预计投资/元	预计效果	
				环境效益	经济效益
1	散热机清洗	清洗散热设备散热板	3000 元	年节电 5400kW·h	年节约电费 3942 元
2	设备维护保养	每月由维修组人员做一次专业检查	1000 元	延长设备使用寿命，提高工作效率	节约成本
3	用电设备管理	加强对无人灯，无人扇及设备空转等现象管理	0	年节电 8600kW·h	年节约电费 6278 元
4	加强生产车间生产数据记录管理	增加条形码数据扫描设备，扫描记录代替纸笔记录，减少员工失误率	5000 元	提高工作效率	节约成本
5	焊剂回收机改造	对焊剂回收设备进行改造，通过加装吸风装置和旋风分离装置，将回收焊剂与新焊剂均匀配料，提高产品的焊接成品率，提高产品合格率	120000 元	提高产品合格率 2%，节电 1.1 万度	年增加经济效益 10.2 万元
6	等离子切割机的工艺更换	在钢板切割操作中更改传统手动切割为等离子切割，减少热影响区，提高切割精度，减少机械加工量。离子切割机为新型逆变方式控制，具有切割导航功能，操作简单方便，提高切割质量	50000 元	年减少废钢渣 6.7t；年减少氧气 5t；年减少丙烷 1.68t	年增加经济效益大约为 2.5 万元

从原辅材料管理、技术工艺改造、加强生产管理、过程优化控制、工艺设备改造、员工素质的提高以及积极性的激励、废弃物回收和循环利用、产品八个方面，方案汇总结果见表 3-31。

表 3-31　方案汇总结果

编号	类型	方案名称	方案简介	预计投资	预计效果	
					环境效益	经济效益
1	C	叉车使用管理	按吨位使用叉车	0	减少废气排放	年减少柴油费用 3190 元
2	F	员工培训	对员工进行专业技能、安全等培训	1000	提高员工专业技能	—
3	C	库存管理	所有库存登记造册、整理空间	0	减少重复请购费用	节约成本
4	C	严格操作规程	加强生产过程检查,减少违规作业	0	提高生产效率	降低生产成本
5	E	加强设备仪表的定期检验	定期校准并加强日常维护,减少质量波动,增强生产稳定性	0	提高成品质量	降低成本
6	D	定期排放空压机内过滤水	减少设备损耗,增加焊接合格率	0	提高焊接质量	节约成本
7	E	散热机清洗	清洗散热设备散热板	3000 元	年节电 5400kW·h	年节电费用 3942 元
8	E	设备维护保养	每月由维修组人员做一次专业检查	1000 元	延长设备使用寿命,提高工作效率	节约成本
9	C	用电设备管理	加强对无人灯,无人扇及设备空转等现象管理	0	年节电 8600kW·h	年节电费用 6278 元
10	C	加强生产车间生产数据记录管理	增加条形码数据扫描设备,扫描记录代替纸笔记录,减少员工失误率	5000 元	提高工作效率	节约成本
11	E	焊剂回收机改造	对焊剂回收设备进行改造,通过加装吸风装置和旋风分离装置,将回收焊剂与新焊剂均匀配料,提高产品的焊接成品率,提高产品合格率	120000 元	提高产品合格率 2%;节电 1.1 万度	年增加经济效益 10.2 万元。
12	E	等离子切割机的工艺更换	在钢板切割操作中更改传统手动切割为等离子切割,减少热影响区,提高切割精度,减少机械加工量。离子割机为新型逆变方式控制,具有切割导航功能,操作简单方便,提高切割质量	50000 元	年减少废钢渣 6.7t;年减少氧气 5t;年减少丙烷 1.68t	年增加经济效益大约为 2.5 万元

注:C—管理;D—过程控制;E—设备;F—员工。

2. 方案筛选

在本轮清洁生产中,审核小组从技术可行性、环境效益、经济效益、可操作的难易程度四个方面来进行方案筛选,按照公司清洁生产的要求,将投资 5 万元以上(含 5 万元)方案定为高费方案,投资 5 万元以下、1 万元以上(含 1 万元)为中费方案,1 万元以下为无/低费方案。经筛选,全部 12 项方案中,无/低费方案 10 项,高费方案 2 项。具体如表 3-32、表 3-33。

表 3-32　方案简易筛选方法

编号	方案名称	筛选因素				结论
		技术可行性	环境效果	经济效果	可操作性	
1	叉车使用管理	√	√	√	√	√
2	员工培训	√	×	√	√	√
3	库存管理	√	×	√	√	√
4	严格操作规程	√	×	√	√	√
5	加强设备仪表的定期检验	√	×	√	√	√
6	定期排放空压机内过滤水	√	×	√	√	√
7	散热机清洗	√	√	√	√	√
8	设备维护保养	√	×	√	√	√
9	用电设备管理	√	×	√	√	√
10	加强生产车间生产数据记录管理	√	×	√	√	√
11	焊剂回收机改造	√	√	√	√	√
12	离子切割机的工艺更换	√	√	√	√	√

汇总提出的所有方案，列表如表 3-33 所示。

表 3-33　方案筛选结果汇总表

筛选结果	方案编号	方案名称
无/低费方案	1	叉车使用管理
	2	员工培训
	3	库存管理
	4	严格操作规程
	5	加强设备仪表的定期检验
	6	定期排放空压机内过滤水
	7	散热机清洗
	8	设备维护保养
	9	用电设备管理
	10	加强生产车间生产数据记录管理
	合计 10 项	
高费方案	11	焊剂回收机改造
	12	等离子切割机的工艺更换
	合计 2 项	
总计	12 项	无/低费方案共 10 项,高费方案 2 项

3. 方案研制

经过筛选得出的初步可行的高费清洁生产方案共 2 项，清洁生产审核小组对 2 项高费方案进行深入分析，编制了方案的说明表，具体见表 3-34 和表 3-35。

表 3-34　方案 11 焊剂回收机改造方案说明表

方案编号及名称	方案 11 焊剂回收机改造
要点	对公司焊剂回收机进行改造，通过加装吸风装置和旋风分离装置，将回收焊剂与新焊剂混合均匀，之后铺设到焊道上。达到提高焊接成品率和产品合格率，实现节能降耗
主要设备	加装 4 套吸风装置和旋风分离装置,设备功率 7.7kW/台
主要技术经济指标（包括费用及效益）	预计投资 12 万元,合格率提高约 2%,年总节约效益 10.2 万元
可能的环境影响	改造后设备的功率不变,节约碳棒、磨片消耗,节约压缩气用气量消耗,节约用电量

表 3-35 方案 12 等离子切割机的工艺更换方案说明表

方案编号及名称	方案 12 等离子切割机的工艺更换
要点	通过等离子切割机的工艺更换,部分代替传统切割方法。传统切割方法采用丙烷、氧气手动切割,采用等离子切割后,减少热影响区,提高切割精度,减少机械加工量。达到的效果是:减少了丙烷、氧气的消耗量,降低了切割过程中废钢渣的产生量
主要设备	购置 2 台等离子切割机,设备额定功率 13.87kW/台
主要技术经济指标(包括费用及效益)	预计投资 5 万元,年总节约效益大约 2.5 万元
可能的环境影响	改造前传统切割方法每切割一张钢板用时 30min,改造后每切割一张钢板用时 20min,同时减少使用氧气约 2.1kg,减少使用丙烷约 0.7kg。改造后每切割一张钢板热影响区减少 2mm,可减少废钢渣约 2.8kg。 年减少废钢渣 6.7t;年减少氧气 5t;年减少丙烷 1.68t。 新增功率为 13.87kW

六、方案确定

1. 方案 11 焊剂回收机改造可行性分析

(1) 方案 11 焊剂回收机改造技术评估

焊接过程是通过操作控制盘上的按钮开关来实现自动控制的。在焊接过程中,工件的被焊处覆盖着一层 30～50mm 厚的粒状焊剂,连续送进的焊丝在焊剂层下与焊件间产生电弧,电弧的热量使焊丝、工件和焊剂熔化,形成金属熔池,使它们与空气隔绝。随着焊机自动向前移动,电弧不断熔化前方的焊件金属、焊丝及焊剂,而熔池后方的边缘开始冷却凝固形成焊缝,液态熔渣随后也冷凝形成焊渣。未熔化的焊剂可回收使用。焊剂回收机的作用就是回收未熔化的焊剂,混合后将焊剂铺在焊缝里。

焊剂颗粒的粒径大小并不均一。在铺设焊剂的过程中,铺设的均匀程度直接影响焊接的质量,使焊缝产生焊接缺陷。公司通过对焊剂回收机进行技术改造,在回收系统中加装一个旋风分离装置,对新焊剂和回收焊剂进行均匀混合,从而增加焊剂铺设的均匀程度,提高焊接成品合格率,达到降低生产过程电耗、提高产品合格率的目的。

该方案在技术上可行。

(2) 方案 11 焊剂回收机改造环境评估

方案 11 对焊剂回收机进行改造,需要增添的元件为旋风分离装置和一些电磁阀、继电器,焊剂回收机设备的功率几乎没有改变。焊接合格率增加 2%,气孔率下降 0.03%,年节约碳棒 1878 支,磨片 1782 片,人工费 7.8 万元,总减少钢耗 1.036t,年节约压缩气用气量 1127m³,年总节约用电 11478kW·h,提高产品合格率 2%。该方案有很好的环境效益。

(3) 方案 11 焊剂回收机改造经济评估

方案 11 焊剂回收机改造,共需改造 4 台焊剂回收机。改造所需费用有两部分:一部分是购买零部件;一部分是人工费用。这两部分费用合计约为 12 万元。

年节电 11478kW·h,节约 8379 元。无额外运行费用。节约原材料和人工费用共 9.4 万元。方案效益约 10.2 万元。

设备折旧期为 8 年,则年折旧费为:

$$\frac{12}{8} = 1.5(万元)$$

应税利润: $10.2 - 1.5 = 8.7(万元)$

年净利润: $8.7 \times (1 - 25\%) = 6.5(万元)$

年净现金流量（F）：　　　　F＝6.5＋1.5＝8.0（万元）

投资偿还期（N）：　　　　$N = \dfrac{12}{8.0} = 1.5$（年）

折旧期为 8 年，贴现率为 4.9％时，贴现系数为 6.49。

净现值（NPV）为：

$$NPV = \sum_{j=i}^{n} \frac{F}{(1+i)^j} - I = 8.0 \times 6.49 - 12 = 39.92（万元）$$

净现值率（NPVR）为：

$$NPVR = \frac{NPV}{I} = \frac{39.92}{12} = 3.33$$

内部收益率（IRR）＞40％

由经济可行性分析可以看出，该方案经济可行。

通过以上技术可行性、环境可行性和经济可行性分析，推荐该方案予以实施。

2. 方案 12 等离子切割机的工艺更换可行性分析

（1）方案 12 等离子切割机的工艺更换技术评估

传统的钢板坡口切割是采用丙烷、氧气手动切割方法，通过丙烷的高温燃烧对钢板进行切割，切割时的热影响区域在 10mm 左右，每张钢板的切割时间需 30min 左右，每瓶氧气瓶可切割钢板 80 张左右，每瓶丙烷可切割钢板 70 张左右。通过等离子切割机的工艺更换，可将热影响区域减少到 8mm 左右，等离子切割机采用新型逆变式控制，提高了切割精度，减少了机械加工量，每张钢板切割时间可减少至 20min 左右，从而降低了氧气与丙烷气的消耗量，减少了废钢渣的产生量。

该方案技术工艺成熟，设备应用广泛，在技术上可行。

（2）方案 12 等离子切割机的工艺更换环境评估

方案 12 通过等离子切割机的工艺更换，部分替代了传统切割方法。传统切割方法采用丙烷、氧气手动切割，采用等离子切割机后，每张钢板使用氧气量可减少约 2.1kg，使用丙烷量可减少约 0.7kg。氧气按 2 元/kg 计，丙烷按 8.6 元/kg 计，若每年采用等离子切割机切割钢板 2400 张，可节约氧气和丙烷气费用共计约 2.5 万元。

每张钢板长度按平均 10m，宽度按平均 2m，厚度按平均 15mm 计算，热影响区减少 2mm，则每根钢管可减少废钢渣约 2.8kg。年减少废钢渣 6.7t；年减少氧气 5t；年减少丙烷 1.68t。

该方案有较好的环境效益。

（3）方案 12 等离子切割机的工艺更换经济评估

方案 12 等离子切割机的工艺更换计划购置 2 台等离子切割机。改造所需费用约为 5 万元。

采用等离子切割机切割钢板时，每张钢板减少使用氧气约 2.1kg，减少使用丙烷约 0.7kg。全厂钢管年产量约为 12000 根，其中大约 20％采用等离子切割机切割。氧气按 2 元/kg 计，丙烷按 8.6 元/kg 计，可节约费用 2.5 万元。

全厂钢管年产量的 20％大约为 2400 根，采用传统气割方法时，需要总工时为 1200h，采用等离子切割方法时，需要的总工时为 800h，共节约 400h。每工时按 20 元计，可节约费用 8000 元。

等离子切割机的功率为 13.87kW，切割 800h 需耗电 11096 kW·h，每度电按 0.73 元计算，需多消耗电费 8100 元。

方案效益总计 2.49 万元。

设备折旧期 8 年，则年折旧率为 0.625 万元。

应税利润：1.865 万元。

年净利润：1.4 万元。

年净现金流量（F）：2.025 万元。

投资偿还期 N：2.47 年。

折旧期为 8 年，贴现率为 4.9% 时，贴现系数为 6.49。则净现值 NPV 为：

$$NPV = \sum_{j=i}^{n} \frac{F}{(1+i)^j} - I = 2.025 \times 6.49 - 5 = 8.14（万元）$$

净现值率 NPVR：1.63

当 $i_1 = 37\%$ 时，$NPV_1 = 2.025 \times 2.4849 - 5 = 0.032$

当 $i_2 = 38\%$ 时，$NPV_2 = 2.025 \times 2.4315 - 5 = -0.076$

计算内部收益率 IRR 为 37.3%。

由经济可行性分析可以看出，该方案经济可行。

通过以上技术可行性、环境可行性和经济可行性分析，推荐该方案予以实施。

七、清洁生产无/低费方案完成情况及环境、经济效益汇总

本着边审核边实施的原则，企业对产生的 10 项无/低费方案进行了全部实施，并对无低费方案中有明显环境效果和经济效益的方案进行效果统计，无/低费方案实施成果如表 3-36。

表 3-36　无/低费方案实施成果汇总

编号	方案名称	投资/元	取得效果	
			环境效益	经济效益
F1	叉车使用管理	0	减少废气排放	年节约费用 3190 元
F2	员工培训	1000		
F7	散热机清洗	3000	年节电 5400kW·h	年节电 3942 元
F8	设备维护保养	1000		
F9	用电设备管理	0	年节电 8600kW·h	年节电 6278 元
F10	加强生产车间生产数据记录管理	5000		
	合计	10000	年节电 1.4×10^4 kW·h	13410 元

八、拟实施中/高费方案的实施计划与安排

依据公司的安排，审核小组牵头，组织相关部门人员进行中/高费方案的实施工作，并拟订方案的实施计划，以实施 F11 焊剂回收机改造、F12 等离子切割机的工艺更换 2 项高费方案。

方案实施计划如表 3-37、表 3-38。

表 3-37　F11 焊剂回收机改造实施计划

内容	2019 年									负责部门
	3 月	4 月	5 月	6 月	7 月	8 月	9 月	10 月	11 月	
1. 方案策划审批										审核小组
2. 供方选定										审核小组
3. 设备安装										生产科
4. 设备调试、投入使用										生产科

表 3-38   F12 等离子切割机的工艺更换实施计划

内容	2019 年									负责部门
	3 月	4 月	5 月	6 月	7 月	8 月	9 月	10 月	11 月	
1. 方案策划审批										审核小组
2. 供方选定										审核小组
3. 设备安装										生产科
4. 设备调试、投入使用										生产科

九、本轮清洁生产审核后续工作安排

根据省生态环境厅清洁生产专家组对公司生产现场和清洁生产审核报告提出的评审意见，修改清洁生产审核报告，改进公司生产现场；根据专家组意见，实施中/高费方案。

根据中/高费方案拟定实施计划，完成中/高费方案的实施；统计中/高费方案实现的环境效益和经济效益；统计分析全部方案实施后企业的生产指标及企业生产过程改进的影响；确定企业清洁生产目标实现的情况及企业清洁生产水平；制定企业持续清洁生产阶段工作计划等。

第二节   清洁生产审核验收报告

一、企业基本情况

某钢管公司于 2002 年 4 月成立，注册资金为 3000 万美元，总面积达 300 余亩（15 亩＝1hm^2）。公司专业生产大口径直缝埋弧焊（LSAW）钢管，年产量可达 30 万吨。钢管生产过程采用德国最先进的设备，公司产品用途广泛，主要适用于石油、天然气、煤炭等能源物料输送的管网，建筑结构使用的钢管桩及结构用钢管，也可以作为自来水输送管道等。随着公司生产运营的发展，公司生产工艺已经成熟，生产能力已经趋于稳定。

该钢管公司通过了美国石油协会 API-5L 和 ISO 9001：2015 及 PED 国际质量体系认证，并通过了国家标准 GB/T 9711.1、GB/T 9711.2 和西气东输直缝埋弧焊钢管规范的认证。同时按照 ISO 9001 标准和 API 5L 钢管生产的质量体系文件，建立了完善的公司质量体系。

二、已实施清洁生产方案汇总

2019 年，在公司领导的大力支持下，审核小组和公司各相关部门、车间对本轮清洁生产审核 10 个无/低费方案均进行了实施，并对实施完毕的项目，审核小组将及时核实方案产生的经济效益和环境效益。审核小组对进行了可行性分析并推荐实施的 2 项高费方案，进行了实施并完成。本轮清洁生产审核已实施方案如表 3-39。

表 3-39   本轮清洁生产审核已实施方案

编号	类型	方案名称	方案简介	方案投资
F1	C	叉车使用管理	按吨位使用叉车	0
F2	F	员工培训	对员工进行专业技能、安全等培训	1000 元
F3	C	库存管理	所有库存登记造册、整理空间	0
F4	C	严格操作规程	加强生产过程检查，减少违规作业	0
F5	E	加强设备仪表的定期检验管理	定期校准并加强日常维护，减少质量波动，增强生产稳定性	0
F6	D	定期排放空压机内过滤水	减少设备损耗，增加焊接合格率	0
F7	E	散热机清洗	清洗散热设备散热板	3000 元

续表

编号	类型	方案名称	方案简介	方案投资
F8	E	设备维护保养	每月由维修组人员做一次专业检查	1000 元
F9	C	用电设备管理	加强对无人灯,无人扇及设备空转等现象管理	0
F10	C	加强生产车间生产数据记录管理	增加条形码数据扫描设备,扫描记录代替纸笔记录,减少员工失误率	5000 元
F11	E	焊剂回收机改造	对焊剂回收设备进行改造,通过加装吸风装置和旋风分离装置,将回收焊剂与新焊剂均匀配料,提高产品的焊接成品率,提高产品合格率	120000 元
F12	E	等离子切割机的工艺更换	在钢板切割操作中更改传统手动切割为等离子切割,减少热影响区,提高切割精度,减少机械加工量。离子切割机为新型逆变方式控制,具有切割导航功能,操作简单方便,提高切割质量	50000 元

三、《清洁生产审核评估技术审查意见》的落实情况

2020 年 3 月,清洁生产专家组在对公司生产现场和清洁生产审核报告评审之后,提出以下审查意见:①细化烟气、粉尘现状污染控制分析;②优化清洁生产审核目标;③完善能源消耗表。

公司根据专家组提出的审查意见,积极整改,完善清洁生产审核过程,并修改审核报告,具体情况见公司清洁生产审核报告。

四、清洁生产中/高费方案的完成情况及环境、经济效益汇总

1. 实施方案的进度计划

依据公司的安排,审核小组牵头,组织相关部门人员进行中/高费方案的实施工作,并拟订方案的实施计划。方案实施计划如表 3-40 和表 3-41。

表 3-40　F11 焊剂回收机改造实施计划

内容	2019 年									负责部门
	3 月	4 月	5 月	6 月	7 月	8 月	9 月	10 月	11 月	
1. 方案策划审批										审核小组
2. 供方选定										审核小组
3. 设备安装										生产科
4. 设备调试、投入使用										生产科

表 3-41　F12 等离子切割机的工艺更换实施计划

内容	2019 年									负责部门
	3 月	4 月	5 月	6 月	7 月	8 月	9 月	10 月	11 月	
1. 方案策划审批										审核小组
2. 供方选定										审核小组
3. 设备安装										生产科
4. 设备调试、投入使用										生产科

2. 中/高费方案完成情况及环境、经济效益汇总

中/高费方案取得的经济效益和环境效益汇总,如表 3-42。

表 3-42 中/高费方案实施效果的核定与汇总表

序号	方案名称	投资	实施效果	
			环境效益	经济效益
F11	焊剂回收机改造	12 万元	年约节约压缩气用气量 1127m³； 节约用电量 1.15×10⁴kW·h； 减少钢耗 1.04t	产品合格率提高约 2%； 年节约 10.2 万元
F12	等离子切割机的工艺更换	5 万元	年减少废钢渣 6.7t； 年节约氧气 5t；年节约丙烷 1.68t	年节约 2.49 万元
合计		17 万元	节电 1.15×10⁴kW·h； 减少钢材消耗 1.04t 等	12.69 万元

3. 全部方案实施后评估

公司完成清洁生产审核后，对本轮清洁生产审核过程中方案实施取得的经济效益、环境效益和废物减排的情况进行了统计汇总。

（1）提高了经济效益和环境效益

通过本轮清洁生产审核，完成的无/低费方案和中/高费方案合计投资 18 万元，可取得经济效益 14.03 万元/年。其中，实施的无/低费方案 10 项，共投资 1 万元，年可获得经济收益 1.34 万元；完成高费方案 2 项，总投资 17 万元，其中方案 11 每年可获得收益 10.2 万元，方案 12 每年可获得收益 2.49 万元。

在获得经济效益的同时，还获得了显著的环境效益。具体情况见表 3-43。

表 3-43 全部已实施清洁生产方案经济效益及环境效益汇总表

方案	投资 /万元	实施时间	节电 (×10⁴kW·h/年)	减少钢耗 /(t/年)	减少钢渣 /(t/年)	节约氧气、 丙烷气/(t/年)	经济效益 /(万元/年)
无/低费方案	1	2019 年 1 月～9 月	1.4	—	—	—	1.34
中/高费方案	12	2019 年 3 月～11 月	1.1	1.04	—	—	10.2
中/高费方案	5	2019 年 3 月～11 月	−1.1	—	6.7	氧气 5； 丙烷气 1.68	2.49
合计	18		1.4	1.04	6.7		14.03

（2）企业生产及管理改善

通过焊剂回收机改造，提升了产品合格率，降低了公司生产过程电耗；通过等离子切割机方案的实施，提高了原料切割的精度，减少了废钢渣的产生量，同时还节省了氧气和丙烷气的使用量，具有较好的环境效益；改善了公司生产过程管理和设备管理等。进一步提升公司清洁生产水平。

在清洁生产方案实施后，将取得的环境效益以 2019 年 1 月～12 月份的生产指标为依据，按 2018 年工业增加值不变价格进行工业增加值的指标计算，具体结果见表 3-44。

表 3-44 2019 年主要生产指标统计

类别	2019 年指标	2018 年指标
产量/t	67640	36053
钢材消耗/t	69020	36316
电耗总量/(×10⁴kW·h)	750.67	486.3
工业增加值/万元	13391	8647
万元增加值电耗/(kW·h/万元)	560.58	562.42
产品合格率/%	97.2	95

五、清洁生产目标实现情况及所达到的清洁生产水平

2019 年 1 月～12 月与 2018 年审核相关指标对比情况见表 3-45。

表 3-45　2019 年审核后与 2018 年审核相关指标对比

序号	指标名称	单位	审核前	审核后	差值
1	万元增加值电耗	kW·h/万元增加值	562.42	560.58	1.84
2	产品合格率	%	95	97.2	2.2

由表 3-45 可以看出，万元增加值电耗指标和产品合格率指标，达到了本轮清洁生产审核目标要求。

通过对公司产业政策符合性进行分析，通过以《机械行业清洁生产评价指标体系（试行）》为标准对企业所做的对标评价，结合公司污染物处理及排放、生产工艺、能耗与原材料消耗、环境管理水平等方面的实际情况，对企业进行了清洁生产水平评估，该钢管企业属于清洁生产企业。

六、持续清洁生产

公司在以后的工作中将清洁生产工作持续开展下去，已实施的清洁生产方案全部纳入正常的生产管理范围，并将形成的操作规程在生产过程中完全落实执行。

1. 健全和完善清洁生产组织

为使清洁生产工作持续稳定地开展下去，公司成立了清洁生产办公室，与安全环保科合署办公，作为清洁生产工作组织和协调机构，负责组织协调并监督实施清洁生产审核提出的清洁生产方案，经常性地组织对职工的清洁生产教育和培训，选择下一轮清洁生产审核重点。清洁生产办公室主任由安全环保科干事担任，承担公司的清洁生产日常工作。

2. 健全和完善清洁生产制度

（1）完善清洁生产管理制度

根据企业生产变化，不断完善企业清洁生产管理制度。已实施的清洁生产方案全部纳入正常生产管理范围，并形成操作规程在生产过程中完全执行实施。

为了将本轮清洁生产审核中取得的成果进行固化，在已实施的无/低费方案和中/高费方案中，将择取那些经过时间验证并取得显著的环境效益和经济效益的改进措施和做法，纳入企业日常管理当中去。

（2）完善清洁生产奖励制度

依托公司开展本轮清洁生产审核工作的惯性，公司制定并完善与清洁生产工作相关的奖惩办法，以利于在公司持续开展清洁生产工作。对提出良好建议并为企业创效的员工，公司应根据奖惩办法进行合理奖励。

（3）确保专项清洁生产资金的稳定来源

公司实施清洁生产方案的资金来源以自筹资金为主。为使清洁生产持续不断地开展下去，资金主要有以下两个方面的来源：一是企业从实施上一轮清洁生产审核所取得的效益中，按一定比例提取，并留下来作为下一轮清洁生产审核的资金；二是从公司年度技改大修费用中列支。

3. 持续清洁生产计划

公司制定了持续清洁生产计划，具体内容见表 3-46。

表 3-46　持续清洁生产计划

阶段任务	主要内容	开始时间	结束时间	负责部门
逐步建立、健全企业清洁生产指标管理考核办法	1. 继续征集清洁生产无/低费、中/高费方案。 2. 建立"清洁生产"工作方针目标,清洁生产岗位责任制,清洁生产奖惩制度,保证清洁生产工作持续有效开展	2020 年 1 月	2020 年 12 月	清洁生产办公室
继续组织实施本轮审核方案的实施计划	1. 继续实施确定可行的无/低费方案,并将方案的一些措施制度化。 2. 继续加强清洁生产的宣传与全员培训	2020 年 1 月	2020 年 12 月	清洁生产办公室
持续清洁生产的审核方向、重点	1. 工艺、设备的改进作为下一步清洁生产的方向。 2. 提高钢板利用效率,降低生产过程中的次品率,以达到降低企业综合电耗、减少污染物排放的目标,并将此作为下一轮清洁生产的审核重点	2020 年 6 月	2020 年 12 月	清洁生产办公室

七、结论

根据公司生产工艺水平、综合能耗、污染物排放情况以及环境管理的水平等指标,与国家发改委颁布的《机械行业清洁生产评价指标体系(试行)》进行对标,该钢管公司属于国内清洁生产企业水平。

通过本轮清洁生产审核,提高了产品合格率,降低了企业单位产品电耗,达到了既定的清洁生产审核目标。

审核小组对本轮的清洁生产目标的完成情况进行了总结,对审核前后的指标数据进行了对比,本轮清洁生产审核完成了预定的清洁生产目标。具体见表 3-47。

表 3-47　清洁生产目标完成情况

序号	项目	单位	现状	预定目标		目标实际完成		目标完成情况
				绝对量	相对量	绝对量	相对量	
1	降低万元工业增加值电耗	kW·h/万元	562.42	561	99.6%	560.58	99.6%	100%
2	产品合格率	%	95	97	102.1	97.2	102.1	100

本轮清洁生产审核完成投资合计 18 万元,其中无/低费方案投资 1 万元,高费方案投资 17 万元。通过清洁生产审核,年可获得经济收益 14.03 万元,其中无/低费方案获得经济效益 1.34 万元;高费方案实施后,年可获得收益 12.69 万元。

通过本轮清洁生产,进一步提升了公司的清洁生产水平。

思考题 📝

1. 为什么说企业领导对清洁生产工作的重视是搞好清洁生产审核工作的重要保障? 在清洁生产审核报告中如何表现企业领导对清洁生产工作的重视?

2. 如何切实保证企业全员参与清洁生产工作?

3. 在企业进行清洁生产审核过程中,预审核阶段要完成哪些工作目标?

4. 在企业进行清洁生产水平评估时，在什么情况下需要进行对标？ 对标之前需要做哪些准备工作？ 对标之后需要做哪些后续工作？

5. 审核阶段的审核对象和预审核阶段的审核对象是否一致？ 审核阶段的工作方法和预审核阶段的工作方法有什么不同？

6. 在清洁生产审核过程中，哪个阶段产生无/低费方案？ 哪个阶段产生中/高费方案？这两种方案如何产生？ 在实施的时间安排上有什么异同？

7. 在清洁生产审核过程中，企业参与清洁生产评估的基本条件中属于否决项的有哪些？

8. 完成清洁生产审核报告的主体是谁？

第四章
环境管理体系

第一节　环境管理体系概述

一、环境管理体系的产生

1. 产生背景

1972年，联合国在瑞典斯德哥尔摩召开了人类环境大会。大会成立了一个独立的委员会，即"世界环境与发展委员会"。该委员会承担重新评估环境与发展关系的调查研究任务，历时若干年，在考证了大量素材后，于1987年出版了《我们共同的未来》报告，这篇报告首次提出"持续发展"的概念，并敦促工业界建立有效的环境管理体系。这份报告一颁布就得到了50多个国家领导人的支持，他们联合呼吁召开世界性会议专题讨论和制定行动纲领。

从20世纪80年代起，美国和西欧的一些公司为了响应持续发展的号召，减少污染，提高在公众中的形象以获得商品经营支持，开始建立各自的环境管理方式，这是环境管理体系的雏形。1985年荷兰率先提出建立企业环境管理体系的概念，1988年试行实施，1990年进入标准化和许可证制度，1990年欧盟在慕尼黑的环境圆桌会议上专门讨论了环境审核问题。英国也在质量体系标准（BS 5750）基础上，制定了环境管理体系（BS 7750）。英国的BS 7750和欧盟的环境审核实施后，欧洲的许多国家纷纷开展认证活动，由第三方予以证明企业的环境表现（行为）。这些实践活动奠定了ISO 14000系列标准的基础。

1992年联合国在巴西里约热内卢召开了"世界环境与发展"大会，183个国家和70多个国际组织出席会议，并通过了《21世纪议程》《气候变化框架公约》《生物多样性公约》等文件。这次大会的召开，标志着人类已经认识到，在此之前人类的发展模式——工业文明时代的发展模式是不可持续的，人类社会应当走可持续发展之路。要实现可持续发展的目标，就必须改变工业污染控制的战略，从加强环境管理入手，建立污染预防（清洁生产）的新观念。通过企业的"自我决策、自我控制、自我管理"方式，把环境管理融于企业全面管理之中。

为此，中国国家标准化组织（ISO）于1993年6月成立了环境管理技术委员会（ISO/TC 207），正式开展环境管理系列标准的制定工作，以规范企业和社会团体等所有组织的活动、产品和服务的环境行为，以支持全球的环境保护工作。

2. 环境管理体系标准制定的基础

欧美一些大公司在 20 世纪 80 年代就开始自发制定公司的环境政策，委托外部的环境咨询公司来调查他们的环境表现（行为），并对外公布调查结果（这可以认为是环境审核的前身）。以此来证明他们优良的环境管理和引为自豪的环境表现（行为）。他们的做法得到了公众对公司的理解，并赢得广泛认可，公司也相应地获得经济与环境效益。为了推行这种做法，到 1990 年，欧洲制定了两个有关计划，为公司提供环境管理的方法，使它们不必为证明其良好的环境表现（行为）而各自采取单独行动。一个计划是 BS 7750，由英国标准所制定；另一个计划是欧盟的《环境管理审核计划》（EMAS），其大部分内容来源于 BS 7750。很多公司试用这些标准后，取得了较好的环境效益和经济效益。这两个标准在欧洲得到较好的推广和实施。

同时，世界上其他国家也开始按照 BS 7750 和 EMAS 的条款，并参照本国的法规和标准，建立环境管理体系。

另外一项具有基础性意义的行动则是 1987 年 ISO 颁布的世界上第一套管理系列标准——ISO 9000《质量管理与质量保证》取得了成功。许多国家和地区对 ISO 9000 族标准极为重视，积极建立企业质量管理体系并获得第三方认证，以此作为国际贸易进入国际市场的优势条件之一，ISO 9000 的成功经验证明国际标准中设立管理系列标准的可行性和巨大进步意义。因此，ISO 在成功制定 ISO 9000 族的基础上，开始着手制定标准序号为 14000 的系列环境管理标准。因此可以说欧洲发达国家积极推行 BS 7750、EMAS 以及 ISO 制定 9000 的成功经验是 ISO 14000 系列标准的基础。

3. 环境管理体系在中国的推行

1996 年 9 月，国际标准化组织（ISO）颁布首批 ISO 14000 系列标准。从 1996 年开始，到 1998 年下半年，原国家环保总局在企业自愿的基础上，在全国范围内开展了环境管理体系认证试点工作。试点企业涉及机械、轻工、石化、冶金、建材、煤炭、电子等多种行业及各种经济类型。

1997 年 5 月，国务院办公厅批准成立了中国环境管理体系认证指导委员会，负责指导并统一管理 ISO 14000 系列标准在我国的实施工作。指导委员会下设中国环境管理体系认证机构认可委员会（简称环认委）和中国认证人员国家注册委员会环境管理专业委员会（简称环注委），分别负责对环境管理体系认证机构的认可和对环境管理体系认证人员及培训课程的注册工作。随后，环认委、环注委依国际标准化组织和国际电工委员会（ISO/IEC）的有关导则制定了一系列认可规定，并于 1997 年底全面启动了环境审核员注册、审核员培训机构和认证机构认可工作。

1997 年 4 月，原国家技术监督局将 ISO 14000 系列标准中已颁布的前 5 项标准等同转化为我国国家标准，标准文号为 GB/T 24000-ISO 14000。

4. 实施环境管理体系的作用和意义

（1）帮助组织改善环境绩效

① 增强环境意识、促进组织减少污染　通过建立环境管理体系，使组织对环境保护和环境的内在价值有了进一步的了解，增强了组织在生产活动和服务中对环境保护的责任感，摸清了组织自身的环境状况。

② 提高组织的管理水平　环境管理体系标准是融合世界上许多发达国家在环境管理方面的经验于一身，而形成的一套完整的、操作性强的体系标准。作为一个有效的手段和方

法，该标准在组织原有管理机制的基础上建立一个系统的管理机制，这个新的管理机制不但提高环境管理水平，而且还可以促进组织整体管理水平。

③ 促进组织建立环境自律机制　环境管理体系帮助组织制定并实施以预防为主、从源头抓起、全过程控制的环境管理措施，为解决环境问题提高了一套同依法治理相辅相成的科学管理工具，为人类社会解决环境问题开辟了新的思路。

（2）有利于组织节能降耗、降低成本

环境管理体系要求对组织生产过程进行有效控制，体现清洁生产的思想，从最初的设计到最终的产品及服务，都考虑了减少污染物的产生、排放，并通过设定目标、指标、管理方案以及运行控制对重要的环境因素进行控制，可以有效地促进减少污染，节约资源和能源，有效地利用原辅材料和回收利用废旧物资，减少各项环境费用（投资、运行费、赔罚款、排污款）。从而明显地降低成本，不但获得环境效益，而且可获得显著的经济效益。

（3）有利于组织良性和长期发展

组织通过 ISO 14001 标准，不但顺应国际和国内在环境方面越来越高的要求，不受国内外在环保方面的制约，而且可以优先享受国内外在环保方面的优惠政策和待遇，有效地促进组织环境与经济的协调和持续发展。

二、ISO 14000 系列标准构成和特点

ISO 14000 环境管理系列标准（以下简称 ISO 14000 系列标准）是国际标准化组织（ISO）第 207 技术委员会（ISO/TC 207）组织制定的环境管理体系标准，其标准号从 14001 至 14100，共 100 个标准号，统称为 ISO 14000 系列标准。这一系列标准包括了诸如环境标志、生命周期评价、环境表现（行为）评价、环境审核及环境管理体系若干标准组，为各类组织实行有效的环境管理提供了全面的帮助。

1. ISO 14000 系列标准的指导思想和关键原则

（1）指导思想

ISO/TC 207 在起草 ISO 14000 系列标准时确定了以下指导思想：

① ISO 14000 系列标准应不增加并消除贸易壁垒；

② ISO 14000 系列标准可用于各国对内对外认证、注册；

③ ISO 14000 系列标准必须摒弃对改善环境无帮助的任何行政干预。

（2）关键原则

根据以上指导思想，并考虑到发展中国家和发达国家之间的差异，ISO/TC 207 在制定 ISO 14000 系列标准时确定了以下七条原则，以确保标准公正、合理和实用：

① ISO 14000 系列标准应真实和非欺骗性；

② 产品和服务的环境影响评价方法和信息应有意义、准确和可验证；

③ 评价方法、实验方法不能采用非标准方法，而必须采用国际标准、地区标准、国家标准或技术上能保证再现性的试验方法；

④ 应具有公开性和透明度，但不应损害商业机密信息；

⑤ 非歧视性；

⑥ 能进行特殊的有效的信息传递和教育培训；

⑦ 应不产生贸易障碍，对国内、国外应一致。

从以上的指导思想和原则可以看出，ISO/TC 207 努力使 ISO 14000 系列标准具有公正性、合理性和广泛的适应性，目的是使这套标准能真正地帮助和促进改善环境。

2. ISO 14000 系列标准的构成及相互关系

（1）标准的构成

ISO 14000 环境管理系列标准包括环境管理体系、环境审核、环境标志、生命周期评价等国际领域内的许多焦点问题，旨在指导各类组织（企业、公司）取得和表现正确的环境表现（行为）。ISO 给 14000 系列标准预留了 100 个标准号，编号为 ISO 14001～ISO 14100。根据 1993 年 ISO/TC 207 的各分技术委员会的分工，将这 100 个标准号分配如表 4-1。

表 4-1　ISO 14000 系列标准号分配

分技术委员会	任务	标准号
SC1	环境管理体系（EMS）	14001～14009
SC2	环境审核（EA）	14010～14019
SC3	环境标志（EL）	14020～14029
SC4	环境表现（行为）评价（EPE）	14030～14039
SC5	生命周期评价（LCA）	14040 - 14049
SC6	术语和定义（T&D）	14050～14059
WG1	产品标准中的环境因素	14060
	（备用）	14061～14100

注：ISO 14010～14012 已被 ISO 19011：2002 替代。

根据国际标准化组织的资料，已颁布的 ISO 14000 系列标准如表 4-2 所示。

表 4-2　ISO 14000 系列标准

标准号	标准名称	发布时间
ISO 14001:2015	环境管理体系——规范及使用指南	2015 年 9 月 15 日
ISO 14004:2004	环境管理体系——原则、体系与支持技术指南	2004 年 11 月 15 日
ISO 14015	现场和组织的环境评价（EASO）	2004 年 11 月 15 日
ISO 19011	质量和/或环境管理体系审核指南	2002 年 10 月 1 日
ISO 14020	环境标志和声明——通用原则（第二版）	2000 年 9 月 15 日
ISO 14021	环境标志和声明——自我环境声明（Ⅱ型环境标志）	1999 年 9 月 15 日
ISO 14024	环境标志和声明——Ⅰ型环境标志——原则和程序	1999 年 4 月 1 日
ISO/TR 14025	环境标志和声明——Ⅱ型环境标志——原则和程序	2000 年 3 月 15 日
ISO 14025（修订）	环境标志和声明——Ⅲ型环境标志（CD3 阶段）	2006 年
ISO 14031	环境表现评价——指南	1999 年 11 月 15 日
ISO/TR 14032	环境表现评价——ISO 14031 应用案例	2004 年 11 月 15 日
ISO 14040	生命周期评价——原则与框架	1997 年 6 月 15 日
ISO 14041	生命周期评价——目的与范围的确定和清单分析	1998 年 10 月 1 日

续表

标准号	标准名称	发布时间
ISO 14042	生命周期评价——生命周期影响评价	2000 年 3 月 1 日
ISO 14043	生命周期评价——生命周期解释	2000 年 3 月 1 日
ISO/TR 14047	生命周期评价——ISO 14042 应用示例	2003 年 10 月 13 日
ISO/TR 14048	生命周期评价——生命周期评价数据文件格式	2002 年 4 月 1 日
ISO/TR 14049	生命周期评价——ISO 14041 应用示例	2000 年 3 月 15 日
ISO 14050	环境管理 术语和定义(第二版)	2002 年 5 月 20 日
ISO/Guide 64	产品标准中对环境因素的考虑指南	1997 年 3 月 5 日
ISO/TR 14061	ISO 14001/14004 在林业企业的应用指南与信息	1998 年 12 月 15 日
ISO/TR 14062	产品开发中对环境因素的考虑(DFE)	2002 年 11 月 1 日
ISO 14063	环境交流 指南与示例(DID 阶段)	2005 年
ISO 14064-1	第 1 部分 温室气体 对组织排放和减排的量化、监测和报告规范(CD2 阶段)	2005 年
ISO 14064-2	第 2 部分 温室气体 对项目排放和减排的量化、监测和报告规范(CD2 阶段)	2005 年
ISO 14064-3	第 3 部分 温室气体 确认和验证规范和指南	2005 年
ISO 14065	(WD 阶段、CD2 阶段)	2007 年

这一系列标准是以 ISO 14001 为核心,针对组织的产品、服务、活动逐渐展开,形成全面、完整的评价方法。这一系列标准向各国及组织的环境管理提供了一整套现实科学管理,体现了市场条件下"环境"管理的思路和方法。

(2)标准之间的关系

ISO 14000 系列是个庞大的标准系统,是由若干子系统构成,这些系统可以按标准的性质和功能来区分。

① 按标准的性质区分

a. 基础标准子系统   其中包含 SC6 分技术委员会制定的环境管理方面的术语与定义。

b. 基本标准子系统   包含由 SC1 分技术委员会制定的环境管理体系标准,及 WG1 的产品标准的环境指标。

c. 技术支持子系统   包含由 SC2 分技术委员会制定的环境审核标准;SC3 分技术委员会制定的环境标志的标准;SC4 分技术委员会制定的环境表现(行为)评价的标准;SC5 分技术委员会制定的生命周期评价的标准。

② 按标准的功能区分

a. 评估组织的标准   分为环境管理体系的标准;环境审核的标准;环境表现(行为)评价的标准。

b. 评估产品的标准   分为环境标志的标准;生命周期评价的标准;产品标准中的环境指标标准。

其相互关系如图 4-1。

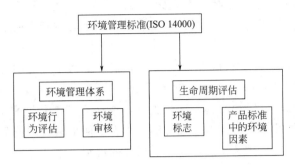

图 4-1　ISO 14000 系列标准功能相互关系

3. ISO 14000 系列标准的特点

ISO 14000 系列标准以极其广泛的内涵和普遍的适用性，在国际上引起了极大的反响，它同以往的环境排放标准和产品的技术标准等不同，其特点如下。

（1）以市场准入原则为推动力

以往各国政府是根据科学研究成果和环境质量的变化，制定了大量强制性法规、标准，用法律手段来迫使企业进行环境保护工作。但随着环境意识的不断提高，人们逐渐认识到，环境问题的最终根源在于不合理的生产方式和生活方式。

近年来，各国政府的环境管理也逐渐由对污染源的控制延伸到对产品的指导，由末端治理转向对生产的全过程控制；由产品的环境标志进而采用生命周期评价方法，实施清洁生产，推广绿色产品。目前环境保护已逐渐由政府的强制手段转化为社会的需求、相关方的要求及市场的压力。国外的研究表明：同样性能、质量的产品，人们会更愿意购买具有环境标志的产品；同样企业在选择原料供应商、运输公司、服务公司、承包方时，不仅要提出服务、产品质量、规格、性能等方面的要求，也会要求合同方承担相应的环境责任；企业在选择产品开发方向时，也会考虑到人们消费观念的生态环境原则，这在客观上就减少了产品开发生产的环境影响。

ISO 14000 标准正是为适应这一情况，传达出组织活动、产品、服务中所含有的环境信息，表达一个产品或组织对环境的影响，扩大市场，增加贸易。

（2）自愿性原则

ISO 14000 系列标准是为了满足企业环境管理的需要而设计和制定的标准，这些标准是通过与企业相关的委员会制定的，以改进企业的环境管理体系，而不是由政府制定和强加于它们的，因此，ISO 14000 系列标准是自愿标准，组织可根据自己的经济、技术等条件选择采用。

（3）灵活性原则

希望参与 ISO 14000 标准的组织范围广泛，他们的环境和经济条件不同，因此灵活性是 ISO 14000 系列标准的必然特点。实施 ISO 14000 标准的目的是帮助组织实施或改进其环境管理体系。该标准没有建立环境表现（行为）标准，它们仅提供了系统地建立并管理行为承诺的方法。也就是说它们关心的是"如何"实现目标，而不注重目标应该是"什么"。标准将建立环境表现（行为）标准的工作留给了组织自己，而仅要求组织在建立环境管理体系时必须遵守国家的法律法规和相关的承诺。

（4）广泛适用性

该体系适用于任何规模的组织，并适用各种地理、文化和社会条件。标准的内容十分广泛，可以适用于各类组织的环境管理体系及各类产品的认证。任何组织，无论其规模、性质、所处的行业领域，都可以建立自己的环境管理体系，并按标准所要求的内容实施，也可向认证机构申请认证。

标准的广泛适用性还体现在其应用领域十分广泛，涵盖了企业的所有管理层次，可以将生命周期评价方法（LCA）用于产品的设计开发，绿色产品优选，产品包装设计；环境表现（行为）评价（EPE）可以帮助企业进行决策，选择有利于环境和市场风险更小的方案，避免决策的失误等，因此 ISO 14000 系列标准实际上全面地构成了整个企业的管理框架，对产品开发决策评价，现场管理各方面都作出了相关的规定。

（5）预防性

这一系列标准为各类组织提供的是完整的管理体系，强调管理，正是预防环境问题的重要手段和措施。所有环境污染中有相当大的一部分是由于管理不善造成的。环境管理体系（ISO 14000）强调的是加强企业生产现场的环境因素管理，建立严格的操作控制程序，保护企业环境目标的实现。

标准的预防性与国际环境保护领域的发展趋势相同，强调以预防为主，强调从污染的源头削减，强调全过程污染控制。

4. ISO 14001 环境管理体系——规范及使用指南

ISO 14001 是 ISO 14000 系列标准中的主体标准。它规定了组织建立环境管理体系的要求，明确了环境管理体系的诸要素，根据组织确定的环境方针目标、活动性质和运行条件把本标准的所有要求纳入组织的环境管理体系中。该项标准向组织提供的体系要素或要求，适用于任何类型和规模的组织。

（1）ISO 14001 实施与应用遵循自愿原则，并不增加或改变组织的法律责任

各类组织是否实施 ISO 14000 标准，是否建立和保持环境管理体系，是否进行环境管理体系审核认证都取决于组织本身，是自愿的，而不能以行政或其他方式要求或迫使组织实施，实施过程中也不改变组织的法律责任。

ISO/TC 207 制定 ISO 14001 环境管理体系标准的目的在于规定并运用有效的管理机制，帮助组织实现其目标，而不是制造非关税贸易壁垒，也不增加或改变组织的法律责任。这就要求各组织在实施标准时基于原有的国家、地方、行业法律法规，各审核认证机构在进行 ISO 14001 认证审核时也应以各国、各地方的环境保护法律法规为准绳实施认证。

（2）ISO 14001 标准是认证审核的依据

这一标准提出了对组织环境管理体系进行认证/注册和（或）自我声名的要求，它和原来为组织实施或改进环境管理体系提供一般性帮助的非认证性指南有重要差别。ISO 14001 标准是进行环境管理体系建立和环境管理体系审核的最终依据，各国认可和认证机构都以此为根据开展认证工作。它不仅包括了那些用于认证、注册为目的的，可进行客观审核的要求。因而，ISO 14001 是 ISO 14000 标准中最关键、最核心和最基本的标准之一。

（3）标准并未对组织的环境绩效提出绝对的要求

ISO 14001 标准除了要求在环境方针中对遵守有关法律法规和持续改进做出承诺外，没有提出组织环境绩效的决定要求，不包含任何环境质量与污染治理技术与水平的内容。因此，两个从事类似活动的组织，具有不同的环境绩效的组织，可能都满足标准的要求。

另一方面，实施环境管理体系标准能够帮助组织加强、优化管理机制、明确各职能与层次的管理要求，从改善组织及其对所有相关方的环境绩效；但标准的实施与使用也并不能保证最优结果的取得。组织在经济条款许可的情况下，可采用最佳实用技术，并充分考虑采用该技术成本与效益。

各类组织实施 ISO 14001 环境管理体系时，则可根据自身的经济技术能力和管理水平提出环境绩效的指标要求。而标准本身也着重于系统地采用和实施一系列管理手段，并未提出改进的具体措施与方法要求。因此采用 ISO 14001 标准有利于提高组织的环境绩效，但环境绩效不同的组织都可能满足了本标准的要求。

（4）ISO 14001 环境管理体系不排斥其他管理体系

ISO 14001 标准与 ISO 9000 标准遵循着共同的管理体系原则，一些管理体系要素的要求与 ISO 9000 标准较为相似。组织可选择一个与 ISO 9000 相符的管理体系作为实施环境管理体系的基础，各体系要素不必独立于现行的管理要求，可进行必要的修改与调整，以适合本标准的要求。管理体系的各要素会因不同的目的和不同的相关方有较大的差异，质量体系针对顾客的要求，环境管理体系则服务于众多的相关方。

环境管理体系中并不专门涉及职业安全与卫生管理方面的内容，但也不限制组织将这方面的要求纳入管理体系中。

（5）ISO 14001 具有广泛的适用性

ISO/TC 207 在制定 ISO 14000 标准时考虑：标准适用于任何类型与规模的组织，并使用于各种地理、文化和社会条件。在标准的第一章中明确阐述："本标准适用于任何有下列愿望的组织：

① 建立、实施、保持和改进环境管理体系；

② 使用自己确信能符合所声名的环境方针；

③ 通过下列方式证实对本标准的符合：进行自我评价和自我声明；寻求组织的相关方（如顾客）对其符合性的确认；寻求外部对其自我声明的确认；寻求外部组织对其环境管理体系进行认证（或注册）。

凡具有上述愿望的组织均可实施 ISO 14001 标准，这就意味着任何类型和规模的组织，处于不同的地理、文化和社会条件的组织均可采用标准，因而这一标准具有最广泛的适用范围。

（6）实施 ISO 14001 要坚持持续改进和污染预防

ISO 14001 标准的总目的是支持环境保护和污染预防，协调它们与社会需求和经济需求的关系。为此，ISO 14001 标准中包括了丰富的污染预防思想，并提出了组织环境绩效的持续改进要求。这些要求的提出并不是一个空洞的口号，而体现在具体的环境管理体系要素，要求在环境管理的各个环节中控制环境因素、减少环境影响，将污染预防的思想和方法贯穿用于环境管理体系的建立与运行之中。

持续改进的要求符合社会环境保护发展的要求。ISO 14001 要求组织持续改进其环境绩效，反映了组织对改善实施标准对环境保护的实际贡献。

5. ISO 14004 环境管理体系——原则、体系和支持技术通用指南

ISO 14004 简述了环境管理体系要素，为建立和实施环境管理体系，加强环境管理体系与其他管理体系的协调提供可操作的建议和指导。它同时也向组织提供了如何有效地改进或保持的建议，使组织通过资源配置，职责分配以及对操作惯例、程序和过程的不断评价（评

审或审核）来有序地处理环境事务，从而确保组织确定并实现其环境目标，达到持续满足国家或国际要求的能力。

指南不是一项规范标准，只作为内部管理工具，不适用于环境管理体系认证和注册。

环境管理体系是组织全部管理体系的必要组成部分。环境管理体系的建立始终是一个不断发展、不断完善的过程，它采用系统的方法，坚持持续改进。

三、环境管理体系与清洁生产的关系

1. 相辅相成

清洁生产与环境管理体系相辅相成，清洁生产应有机地融入于企业的全面管理之中，这是清洁生产实施的有效保证。

（1）环境管理体系对环境意识提出明确的要求

环境管理体系认证工作最重要的前提和核心是提高组织全体员工的环境意识。清洁生产的实施为环境意识的提高提供了可操作的条件和场合，环境意识的增强是实施环境管理的根本动力。

（2）清洁生产是环境管理体系的要求

ISO 14001 条款 4.2 环境方针中明确要求组织采取清洁生产手段实施持续改进和污染预防。

（3）清洁生产为建立良好的企业环境管理体系提供有效的方法

实行清洁生产，在环境因素调查、环境问题根源与重点确定、方案制订、可行性分析等方面拥有一整套操作性强的具体方法，即通过物料平衡计算、生命周期评估、物料损失原因的确定及造成污染原因的分析，提出相应的解决方案和改善措施。

（4）环境管理体系是实施清洁生产的有力保障

推行与实施清洁生产可有效地提高企业整体的技术与管理水平。企业实施清洁生产，从原材料、设备、工艺、管理人员等全方位进行优化，采用先进的科学方法进行技术改造，促进和提高企业的管理水平。

2. 相异之处

环境管理体系是一种先进的管理体系，而清洁生产则是实施清洁化生产过程与产品的一种绿色生产方式。

（1）追求目标不同

清洁生产所追求的目标是利用清洁能源、原材料，采用清洁生产工艺技术与生产过程，生产清洁产品；而环境管理体系的目的是规范组织的活动、产品和服务的环境行为。

（2）工作重点不同

清洁生产着眼于生产系统本身，以改进生产、减少污染产出为直接目标；而环境管理体系侧重于管理，是集国内、外环境管理领域的最新经验与实践于一体的先进的标准管理模式，工作重点是节约资源，减少环境污染，改善环境质量，保证经济可持续发展。

（3）应用手段不同

清洁生产采用清洁工艺技术与生产过程，生产清洁产品；而环境管理体系则是通过环境审核、生命周期评估和环境标志等方面的系列标准，建立一个良好的环境管理体系，

其宗旨是指导并规范组织建立先进的环境管理体系，并帮助组织实现环境目标与经济目标。

（4）作用效果不同

清洁生产要求技术人员和管理人员树立一种全新的环境保护思想，使企业环境工作重点转移到生产中去；而环境管理体系则为管理层提供一种先进的管理模式，将环境管理纳入企业管理之中，使全体员工提高环保意识并明确各自的职责。

（5）审核方法不同

清洁生产重视以工艺流程分析、物料和能量平衡等方法为手段，确定最大污染源及最佳改进方法；而环境管理体系的审核主要是检查组织自我环境管理的意识和状况。

四、ISO 14001：2015 与 GB/T 24001—2016

1. ISO 14001：2015 的颁布

2014 年，国际标准化组织（ISO）和国际电工委员会（IEC）联合发布管理体系标准的高阶架构（High Level Structure），为所有的管理体系标准明确了共同的架构，为组织整合所有管理体系，建立简单有效的一体化管理体系，提供了极大的便利。ISO 14001 首先采用了管理体系标准的高阶架构。

ISO 14001：2015 采用统一的管理体系高阶结构，引入先进的管理理念和方法（如风险管理、生命周期管理等），在内容方面具有前瞻性。ISO 14001：2015 为未来 10 年的环境管理指明了方向，是 ISO 14001 发展史上一个重要里程碑。

2015 年 9 月 15 日，国际标准化组织颁布了 ISO 14001：2015 标准，新标准的主要变化有：

① 采用所有管理体系标准新的统一的结构、通用的术语、定义、标题和正文，以便在实施多个管理体系时实现轻松整合；贯彻 P-D-C-A 循环模式。

② 实现战略性环境管理，增加理解组织及其背景和相关方的需要及期望的要求；引入了"风险和机会管理"的概念。

③ 加强了高层管理者的领导作用和承诺，在组织的商业策略中贯彻环境管理体系的要求，确保将环境管理纳入核心业务流程，以确保环境管理体系获得其预期成果。

④ 追求保护环境，提高环境因素的管理绩效，通过改善环境，减少浪费、降低能耗、提高效率。

⑤ 生命周期的环境管理思想，组织施加影响的环境因素范围从获取资源开始，扩大到整个产品生命周期。但并不要求组织进行生命周期评价。

⑥ 提出文件化的信息，减少了强制性的文件和记录要求，建立适合本组织环境体系运行所需的文件化信息，把更多选择权给了标准的采用者。

⑦ 其他变化：更加关注组织对外部沟通交流的合规义务；更加关注合规性评价与绩效评估；不再直接要求任命管理者代表；"意识"作为单独的子条款；独立的"预防措施"条款不再存在等。

2. GB/T 24001—2016 的颁布

2016 年 10 月 13 日，原国家质检总局、国家标准委批准发布了 GB/T 24001—2016《环境管理体系要求及使用指南》，该指南对应 ISO 14001：2015，自 2017 年 5 月 1 日正式实施。

第二节　环境管理体系要求（GB/T 24001—2016）

一、范围

标准规定了组织能够用来提升其环境绩效的环境管理体系要求。标准可供寻求以系统的方式管理其环境责任的组织使用，从而为可持续发展的"环境支柱"做出贡献。

标准帮助组织实现其环境管理体系的预期结果，这些结果将为环境、组织本身和相关方带来价值。与组织的环境方针相一致的环境管理体系的预期结果包括：提高环境绩效；履行合规义务；实现环境目标。

标准适用于任何规模、类型和性质的组织，并适用于组织基于生命周期观点确定的其能够控制或能够施加的活动、产品和服务的环境影响。标准未提出具体的环境绩效准则。

本标准能够全部或部分地用于系统地改进环境管理。但是，只有本标准的所有要求都被包含在了组织的环境管理体系中且全部得以满足，组织才能声明符合本标准。

二、主要术语

① 相关方　能够影响决策或活动、受决策或活动影响，或感觉自身受到决策或活动影响的个人或组织。相关方可包括顾客、社区、供方、监管部门、非政府组织、投资方和员工。

② 环境　组织运行活动的外部存在，包括空气、水、土地、自然资源、植物、动物、人，以及它们之间的相互关系。外部存在可能从组织内延伸到当地、区域和全球系统。外部存在可能用生物多样性、生态系统、气候或其他特征来描述。

③ 环境因素　一个组织的活动、产品和服务中与或能与环境发生相互作用的要素。一项环境因素可能产生一种或多种环境影响。重要环境因素是指具有或能够产生一种或多种重大环境影响的环境因素。重要环境因素是由组织运用一个或多个准则确定的。环境因素的描述（污染物排放、资源能源消耗）：名词＋动词，如：噪声排放；扬尘排放；污水排放；固废排放；电能消耗；钢材消耗。

④ 环境影响　全部或部分地由组织的环境因素给环境造成的有害或有益的变化。

⑤ 风险　不确定性的影响。影响指对预期的偏离——正面的或负面的。风险通常以事件后果（包括环境的变化）与相关的事件发生的"可能性"的组合来表示。

⑥ 风险和机遇　潜在的有害影响（威胁）和潜在的有益影响（机会）。

⑦ 环境目标　组织依据其环境方针制定的目标。

⑧ 参数　对运行、管理或状况的条件或状态的可度量的表述。

⑨ 环境绩效　与环境因素的管理有关的绩效。对于一个环境管理体系，可能依据组织的环境方针、环境目标或其他准则，运用参数来测量结果。例如：环境方针为降低噪声排放；环境目标为噪声排放达标；环境指标为：昼间≤70dB，夜间≤55dB。

⑩ 合规义务　组织必须遵守的法律法规要求，以及组织必须遵守或选择遵守的其他要求。合规义务是与环境管理体系相关的。合规义务可能来自强制性要求，例如适用的法律和法规，或来自自愿性承诺，例如组织的和行业的标准、合同规定、操作规程、与社团或非政府组织间的协议。

⑪ 生命周期　产品（或服务）系统中前后衔接的一系列阶段，从自然界或从自然资源中获取原材料，直至最终处置。生命周期阶段包括原材料获取、设计、生产、运输和（或）交付、使用、寿命结束后处理和最终处置。

⑫ 环境保护　国家采取有利于节约和循环利用资源、保护和改善环境、促进人与自然和谐的经济、技术政策和措施，使经济社会发展与环境保护相协调。环境保护坚持保护优先、预防为主、综合治理、公众参与、损害担责的原则。

⑬ 绿色建筑　是指为人们提供健康、舒适、安全的居住、工作和活动的空间，同时实现高效率地利用资源（节能、节地、节水、节材）、最低限度地影响环境的建筑物。绿色建筑是实现"以人为本""人、建筑、自然"三者和谐统一的重要途径，也是我国实施可持续发展战略的重要组成部分。

⑭ 组织　具有职责、权限和相互关系的一个人或一组人，以实现其目标。组织的概念包括，但不限于单位、公司、企业、权威、伙伴关系、慈善机构，或部分或组合，无论是否合并，公共或私人。

⑮ 环境管理体系　组织管理体系的一部分，用于管理环境方面的管理体系，以履行合规义务，并解决风险和机遇。

⑯ 文件化的信息　组织需控制或维持的信息及其载体。文件化的信息可以是任何形式或载体，并任何来源。文件化信息可能涉及：环境管理体系，包括其相关的过程；用于组织运行的信息（文件）；所达成结果的证据（记录）。

三、组织所处的环境

1. 理解组织及其所处的环境

（1）标准要求

组织应确定与其宗旨相关并影响其实现环境管理体系预期结果的能力的外部和内部问题。这些问题应包括受组织影响的或能够影响组织的环境状况。

（2）理解要点

组织在建立环境管理体系之前做好充分的准备，建立个性化的体系，以尽可能达到环境管理"预期结果"的目的。环境管理体系的预期结果是为环境、组织、相关方提供价值。

环境管理体系的"预期结果"包括三个方面：增强组织环境绩效、遵守法律法规的合规义务、实现组织的环境目标。为此，组织的内外部问题可从这三个方面考虑。

增强环境绩效是建立环境管理体系最主要的预期结果。环境绩效通常体现在预防污染、降低污染、治理污染、节能降耗等方面。

2. 理解相关方的需求和期望

（1）标准要求

组织应确定：与环境管理体系有关的相关方；这些相关方的有关需求和期望（即要求）；这些需求和期望中哪些将成为其合规义务。

（2）理解要点

环境利益相关方包括两方面：从组织的环境管理活动中获得利益，比如社区的邻居；另一类相关方会对组织的环境管理活动产生影响，比如行政监管。

组织环境管理涉及的相关方：顾客；股东、投资者；员工；外部供应商；政府监管机构；非政府环保组织；银行；社区邻居等。

不同相关方的需求和期望：

① 股东、投资者：管理影响投资收益的风险和机会；

② 客户、供方：共同面对环境问题和环境利益寻求合作；

③ 员工：安全、有益健康的工作环境；

④ 对外部供应商施加的环境保护影响；

⑤ 政府：良好的合规表现、良好的环境绩效；

⑥ 非政府组织：为实现 NGO 环境目标，寻求支持与合作；

⑦ 银行出于社会责任对组织要求；

⑧ 社区：可接受的环境表现，真实诚信的环境信息等。

3. 确定环境管理体系的范围

（1）标准要求

组织应确定环境管理体系的边界和适用性，以界定其范围。确定范围时组织应考虑：

① 内、外部问题；

② 合规义务；

③ 组织单元、职能和物理边界；

④ 活动、产品和服务；

⑤ 实施控制与施加影响的权限和能力。

范围一经确定，在该范围内组织的所有活动、产品和服务均须纳入环境管理体系。范围应作为文件化信息予以保存，并可为相关方获取。

（2）理解要点

组织需建立有关的准则，评价并判定这些信息，对组织环境绩效或决策的潜在影响、利益相关方产生风险及机遇的能力、被组织决策或活动影响的能力等。一旦利益相关方认为自己的利益受到组织的决策和活动相关的环境绩效影响时，组织应充分考虑。

利益相关方的要求不是组织必须遵守的要求，除法律法规等强制要求外，由组织决定自愿接受或采纳。

环境管理体系范围界定一般需要考虑：

① 组织的行政办公区域（含组织各层次）；

② 生产、辅助生产、生活区域；

③ 组织单元（职能管理部门）、活动场所；

④ 组织可控制和可施加影响的；

⑤ 过程、产品和服务活动全生命周期。

4. 环境管理体系

（1）标准要求

为实现组织的预期结果，包括提高其环境绩效，组织应根据本标准的要求建立、实施、保持并持续改进环境管理体系，包括所需的过程及其相互作用。组织建立并保持环境管理体系时，应考虑组织获得的知识。

（2）理解要点

组织应根据实际情况，建立、实施、保持、改进环境管理体系。组织自主决定如何满足环境管理体系要求。建立一个和多个过程，包括过程之间的相互作用，以实现期望的结果。

组织应将环境管理体系融入各项业务活动，如设计和开发、采购、人力资源、生产、市场、销售、服务等。

四、领导作用

1. 领导作用与承诺

（1）标准要求

最高管理者应证实其在环境管理体系方面的领导作用和承诺，通过：

① 对环境管理体系的有效性负责；

② 确保建立环境方针和环境目标，并确保其与组织的战略方向及所处的环境相一致；

③ 确保将环境管理体系要求融入组织的业务过程；

④ 确保可获得环境管理体系所需的资源；

⑤ 就有效环境管理的重要性和符合环境管理体系要求的重要性进行沟通；

⑥ 确保环境管理体系实现其预期结果；

⑦ 指导并支持员工对环境管理体系的有效性做出贡献；

⑧ 促进持续改进；

⑨ 支持其他相关管理人员在其职责范围内证实其领导作用。

（2）理解要点

标准对最高管理者共提出了9个方面的职责的要求。这些要求中有的要亲自参加，有的可委派授权，当委派授权时要保留确保这些活动得以实施的责任。

2. 环境方针

（1）标准要求

在确定的环境管理体系范围内，最高管理者应建立、实施并保持环境方针，方针应：

① 适合于组织的宗旨和所处环境，包括其活动、产品与服务的性质，规模和环境影响；

② 为制定环境目标提供框架；

③ 包括保护环境的承诺，其中包含污染预防和其他与组织所处环境相关的特殊承诺；

④ 包括履行其合规性义务的承诺；

⑤ 包括持续改进环境管理体系以提高环境绩效的承诺。

组织应对所确定的内外部利益相关方的需求有一总体了解。考虑其中的合规性义务和对有关知识的需求。

环境方针应以文件化信息的形式予以保持，在组织内得到沟通，可为相关方获取。

（2）理解要点

环境方针由最高管理者制定，是组织在环境管理方面的宗旨和方向。三个承诺中，合规性义务承诺最为重要。方针的有关具体承诺应与组织所处的环境有关，包括地区的环境状况。

3. 组织的角色、职责和权限

（1）标准要求

高层管理者应确保在组织内部分配并信息交流相关角色的职责和权限。高层管理者应对下列事项分配职责和权限，以达到：

① 确保环境管理体系符合本标准要求；

② 向最高管理者报告环境管理体系的绩效，包括环境绩效。

（2）理解要点

最高管理者应确保组织内环境管理体系的有关职责和权限得到分配规定，并沟通职责之间的相互关系，尤其对环境有重要影响的岗位。

环境管理体系特定岗位的职责：

① 确保环境管理体系符合本标准要求；

② 向最高管理者报告环境管理体系的绩效。

可以指定"管理者代表"或委派给某一高层管理者或几个人共同承担。标准没有特定对管理者代表的要求。

五、策划

1. 应对风险和机遇的措施

（1）总则

① 标准要求　组织应建立、实施并保持满足策划要求的过程。策划环境管理体系时，组织应考虑：要素"理解组织及其环境"所提及的问题；要素"理解相关方的需求和期望"所提及的要求；其环境管理体系的范围。并且应确定与环境因素、合规义务、组织环境与需求中识别的其他问题和要求相关的需要应对的风险和机遇，以：

a. 确保环境管理体系能够实现其预期结果；

b. 预防或减少不期望的影响，包括外部环境状况对组织的潜在影响；

c. 实现持续改进。

组织应确定其环境管理体系范围内的潜在紧急情况，包括那些可能具有环境影响的潜在紧急情况。

组织应保持以下内容的文件化信息，以：

a. 需要应对的风险和机遇；

b. 要素"应对风险和机遇的措施"中确定的过程，其详尽程度应使人确信这些过程能按策划实施。

② 理解要点　标准新增了风险管理要求，要求企业在实施环境管理时，应建立主动保护环境的意识，预防负面环境事件的出现。

强调了组织进行环境管理体系策划时，使用基于风险和机会的理念，通过考虑组织外部和内部对环境的要求，以及相关方对组织环境管理的需求和期望，来识别、确定组织环境管理体系的风险和机会。

与质量管理体系不同的是在识别风险和机会时，要考虑环境因素和合规性义务所带来的风险和机会。

紧急情况是非预期的或突发的事件，需要采取特殊应对能力、资源或过程加以预防或减轻其实际或潜在后果。紧急情况可能导致有害环境影响或对组织造成其他影响。

确定和应对风险和机遇不要求组织进行正式的风险管理或文件化的风险管理过程。组织自己确定选择用于确定风险和机会的方法。方法可涉及简单的定性过程或完整的定量评价，这取决于组织运行所处的环境。

识别出的风险是策划控制措施和确定目标输入的依据。在识别确定风险和机会后，组织应策划控制风险和利用机会的措施，并将措施纳入环境管理体系过程。

组织应根据自身情况确定应对风险和机会的文件化信息要求，并确保策划的安排有效实施。

（2）环境因素

① 标准要求　组织应在所界定的环境管理体系范围内，确定其活动、产品和服务中能够控制和能够施加影响的环境因素及其相关的环境影响。此时应考虑生命周期观点。

确定环境因素时，组织应考虑：

a. 变化，包括已计划的或新开发的，以及新的或修改的活动、产品和服务；

b. 异常状况和可合理预见的紧急情况。

组织应运用所建立的准则，确定具有或可能具有重大环境影响的环境因素，即重要环境因素。适当时，组织应在各层次和职能间沟通其重要环境因素。

组织应保持以下内容的文件化信息：

a. 环境因素及相关的环境影响；

b. 用于确定其重要环境因素的准则；

c. 重要环境因素。

注：重要环境因素可能导致与不利于环境影响（威胁）或有益环境（机会）有关的风险和机遇。

② 理解要点　该过程是建立环境管理体系的基础；对重要环境因素运行活动的控制是环境管理体系的主要内容、对重要环境因素控制的有效性是评价环境管理体系绩效的重要依据。

a. 组织应从生命周期的观点考虑，充分识别环境因素及相关环境影响，并动态管理；

b. 组织应建立判定重要环境因素的准则，确保重要环境因素确定的科学合理，有关信息在组织内进行沟通；

c. 保持标准要求的文件化信息。

从识别出的环境因素中评价出对环境具有或可能具有重大环境影响的因素，即重要环境因素，以确定解决环境问题的优先顺序。

识别环境因素时应要考虑现有的和潜在的环境因素，并从环境的多个角度进行考查，不能缺漏。一般而言，识别环境因素应考虑：三种状态、三种时态和六种类型。三种状态是正常、异常和紧急状态。三种时态是过去、现在和将来。八种类型包括：

a. 向大气的排放　以粉尘、烟尘、有毒有害气体等污染因子形式排入大气；

b. 向水体的排放　生活污水和工业废水的产生和排放对天然水体的污染和破坏等；

c. 废物或副产品　工业废物，特别是危险和有害废物的产生、收集、运输和处置；生活、办公废物的产生和排放及组织非预期产品的处理；

d. 向土地排放　化学物质（农药、化肥）、有害废物、重金属对土壤的污染；

e. 原材料与自然资源的使用　原材料的消耗、浪费，特别是不可再生物质的使用；

f. 释放的能量　如热、辐射、振动等；

g. 物理属性　如大小、形状、颜色、外观（视觉环境影响，与周围环境和自然环境的协调）；

h. 能源使用 煤、电、油、气的使用。

【例 4-1】 某公司环境因素评价表

序号	场所(部位)	活动过程	物质(有害成分)	污染类别	现行控制措施	A	B	C	D	P
1	烟囱	发电过程	SO_2 排放	废气	控制燃煤含硫率、脱硫、符合浓度及总量要求	8	9	9	8	5184
2	烟囱	发电过程	烟尘排放	废气	静电除尘、符合浓度及总量要求	8	6	7	6	2016
3	烟囱	发电过程	NO_x 排放	废气	脱硝、符合浓度及总量要求	4	7	9	2	504
4	循环水排水	加氯灭菌	次氯酸钠	废水、废气	根据规定控制加药量	3	4	3	2	72
5	循环水排水	冷凝器热交换	水体温升	热污染	符合环评要求	3	5	8	2	240
6	集控室、巡检室	运行值班	噪声	噪声	双层门窗、增强隔音效果	8	1	2	3	48
7	空予器	密封不严、烟气外漏	粉尘	粉尘		8	1	2	2	32
8	安全门	紧急排汽(异常状况)	噪声	噪声	异常情况、尽量避免	8	3	1	8	192
9	燃油泵房	运行中	含油污水	废水	含油污水集中到污水处理站处理	7	1	2	2	28
10	生产场所	转动机械冷却	含油污水、噪声	废水、噪声		7	1	5	2	70
11	空压机房	运行中	含油污水	废水		7	1	3	2	42
12	生产场所	机械设备检修	含油污水	废水		7	1	2	2	28

注：A 为资源消耗；B 为处理费用；C 为废物量；D 为废物毒性；P 为综合值 $P=A \times B \times C \times D$。

（3）合规义务

① 标准要求 组织应：

a. 确定并获取与其环境因素有关的合规义务；

b. 确定如何将这些合规义务应用于组织；

c. 在建立、实施、保持和持续改进其环境管理体系时必须考虑这些合规义务。

组织应保持其合规义务的文件化信息（注：合规义务可能会给组织带来风险和机遇）。

② 理解要点 合规义务包括组织须遵守的法律法规要求，及组织须遵守的或选择遵守的其他要求。识别的法规和其他要求的依据是识别的环境因素。

与组织的环境因素有关的强制性法律义务包括：

a. 政府机构和其他相关权力机构的要求；

b. 国际、国家和地方的法律法规要求；

c. 许可、执照和其他特许中规定的要求；

d. 管理机构颁发的命令、规定和指令；

e. 法院或行政的裁决。

其他要求：

a. 与社会团体和非政府组织达成的协议；

b. 与公共机构和顾客达成的协议；

c. 组织的要求；

d. 自愿性原则和业务规范；

e. 自愿性标志和环境承诺；

f. 与组织的合同和协议规定的义务；

g. 组织的或行业相关的标准。

（4）措施的策划

① 标准要求　组织应策划：

a. 采取措施管理其重要环境因素、合规义务、所识别的风险和机遇。

b. 如何在其环境管理体系过程中或其他业务过程中融入并实施这些措施；评价这些措施的有效性。

当策划这些措施时，组织应考虑其可选技术方案、财务、运行和经营要求。

② 理解要点　该条款是针对环境管理体系所采取措施的总的策划，应在组织的较高层次考虑，以管理其重要环境因素、合规义务，以及识别的、组织优先考虑的风险和机遇，以实现其环境管理体系的预期结果。

采取的措施可能有：针对重要环境因素建立目标，在体系的具体活动中确定指标绩效，选用适合组织的最佳技术方案，考虑符合法规要求应采取的措施、评价方案，绩效指标的实施效果。

2. 环境目标及其实现的策划

（1）环境目标

① 标准要求　组织应在相关职能和层次上建立环境目标，此时必须考虑组织的重要环境因素及相关的合规义务，并考虑其风险和机遇。环境目标应：

a. 与环境方针一致；

b. 可测量（如可行）；

c. 得到监视；

d. 予以沟通；

e. 适当时更新；

f. 组织应保留环境目标的文件化信息。

② 理解要点　最高管理者可从战略层面、战术层面或运行层面来制定环境目标。战略层面包括组织的最高层次，其目标能够适用于整个组织。战术和运行层面可能包括针对组织内具体单元或职能的环境目标，应当与组织的战略方向相一致。即环境目标要在有关职能和层次分解，明确实现目标的责任。应尽可能将目标量化。

环境目标的制定和管理是体系的一项重要活动，目标实现是环境管理体系绩效和有效性的重要标志。制定环境目标和指标时应考虑：与方针一致；法律、法规和其他要求；组织的重要环境因素；经济上可行；相关方的观点；可测量、监控、交流、更新。

（2）实现环境目标措施的策划

① 标准要求　策划如何实现环境目标时，组织应确定：要做什么；需要什么资源；由

谁负责；何时完成；如何评价结果，包括用于监视实现其可度量的环境目标的进程所需的参数。

组织应考虑如何将实现环境目标的措施融入其业务过程。

② 理解要点　为完成组织的环境目标实现环境绩效，组织应策划采取的措施。措施的表现形式可以多样。采取的措施应具有可操作、可检查性。策划的措施应包括方法、资源、职责、时间、评价绩效五个方面的内容。

六、支持

1. 资源

标准要求：组织应确定并提供建立、实施、保持和持续改进环境管理体系所需的资源。

2. 能力

标准要求，组织应：

① 确定在其控制下工作，对组织环境绩效和履行合规义务有影响的人员所需的能力；

② 基于适当的教育、培训或经历，确保这些人员能够胜任工作；

③ 确定与其环境因素和环境管理体系相关的培训需求；

④ 适当时，采取措施以获得所必需的能力，并评价所采取措施的有效性。适当措施可能包括向现有员工提供培训和指导，或重新委派其职务，或聘用、雇佣胜任的人员。

组织应保留适当的文件化信息作为能力的证据。

3. 意识

① 标准要求　组织应确保在其控制下工作的人员意识到：

a. 环境方针；

b. 与他们的工作相关的重要环境因素和相关的实际或潜在的环境影响；

c. 他们对环境管理体系有效性的贡献，包括对提高环境绩效的贡献；

d. 不符合环境管理体系要求，包括未履行组织的合规义务的后果。

② 理解要点　考虑规定并实施如下活动：

a. 基于适当的教育、培训和经验，确定从事具有重大环境影响人员的能力要求，确保其能胜任本岗位工作，如环保员、噪声测量人员、重要环境因素岗位人员等；

b. 明确上述特定对象、确定有关的培训需求；

c. 适当时采取措施以使人员具备相应的能力并评价措施的效果。

组织应对与环境绩效和环境管理体系有关的人员，进行保护环境意识和专项技术技能两个方面的培训。

4. 信息交流

（1）总则

标准要求：组织应建立、实施并保持与环境管理体系有关的内部与外部信息交流所需的过程，包括如下内容。

a. 信息交流的内容；

b. 信息交流的时机；

c. 信息交流的对象；

d. 信息交流的方式。

策划信息交流过程时，组织应：

① 考虑其合规性义务；

② 确保所交流的环境信息与环境管理体系内形成的信息一致且真实可信。

组织应对其环境管理体系相关的信息交流做出回应。

适当时，组织应保留文件化信息，作为其信息交流的证据。

（2）内部信息交流

标准要求：组织应在其各职能和层次间就环境管理体系的相关信息进行内部信息交流，适当时，包括交流环境管理体系的变更；确保其信息交流过程能够促使在其控制下工作的人员为持续改进做出贡献。

（3）外部信息交流

① 标准要求　组织应按合规义务的要求及其建立的信息交流过程，就环境管理体系的相关信息进行外部信息交流。

② 理解要点　信息交流使组织能够提供并获得与环境管理体系相关的信息，包括与重要环境因素、环境绩效、合规义务和持续改进建议相关的信息。信息交流是一个双向的过程，包括在组织的内部和外部。

环境管理体现的是组织的社会责任。应规定对外部交流的方式，建立报告制度，投诉台账，设立电话、回访、信函等形式，对来自利益相关方的负面感受和意见，组织应做出及时和明确的处理和回复。

5. 文件化信息

（1）总则

① 标准要求　组织的环境管理体系应包括：

a. 本标准要求的文件化信息；

b. 组织确定的实现环境管理体系的有效性所需的文件化信息。

注：不同组织的环境管理体系文件化信息的复杂程度可能不同，取决于：

a. 组织的规模及其活动、过程、产品和服务的类型；

b. 证明履行其合规义务的需要；

c. 过程的复杂性及其相互作用；

d. 在组织控制下工作的人员的能力。

② 理解要点　环境管理体系的文件信息包括：标准要求的文件信息；组织确定的为确保体系有效性所需的文件信息（组织可针对透明性、责任、连续性、一致性、培训，或易于审核等目的，选择创建附加的文件化信息）。

（2）创建和更新

标准要求：在创建和更新文件信息时，组织应确保适当的标识和说明（例如标题、日期、作者或文献编号）、形式（例如语言文字、软件版本、图表）与载体（例如纸质、电子）、评审和批准，以确保适宜性和充分性。

（3）文件化信息的控制

① 标准要求　环境管理体系及本标准要求的文件化信息应予以控制，以确保其：

a. 在需要的时间和场所均可获得并适用；

b. 得到充分的保护（例如防止失密、不当使用或完整性受损）。

为了控制文件化信息，适用时，组织应采取以下措施：

a. 分发、访问、检索和使用；

b. 存储和保护，包括保持易读性；

c. 变更的控制（例如版本控制）；

d. 保留和处置。

组织应识别其确定的对环境管理体系策划和运行所需的来自外部的文件化信息，适当时，应对其予以控制。

注："访问"可能指仅允许查阅文件化信息的决定，或可能指允许并授权查阅和更改文件化信息的决定。

② 理解要点　对环境管理体系文件信息的创建和更新、评审、批准、发放、使用、修订、标识、保存、回收、作废、处置等活动，包括外来文件信息，进行管理。文件信息的作用：传递信息、沟通意图、统一行动；提供完成的活动和达到结果的证据。

七、运行

1. 运行策划和控制

（1）标准要求

组织应建立、实施、控制并保持满足环境管理体系要求以及实施要素"应对风险和机遇的措施"和要素"环境目标及其实现的策划"所识别的措施所需的过程，通过：

① 建立过程的运行准则；

② 按照运行准则实施过程控制。

注：控制可包括工程控制和程序。控制可按层级（如消除、替代、管理）实施，并可单独使用或结合使用。

组织应对计划内的变更进行控制，并对非预期性变更的后果予以评审，必要时应采取措施降低任何不利影响。

组织应确保对外包过程实施控制或施加影响。应在环境管理体系内规定对这些过程实施控制或施加影响的类型与程度。

从生命周期观点出发，组织应：

a. 适当时，制定控制措施，确保在产品或服务设计和开发过程中，落实其环境要求，此时应考虑生命周期的每一阶段；

b. 适当时，确定产品和服务采购的环境要求；

c. 与外部供方（包括合同方）沟通组织的相关环境要求；

d. 考虑提供与其产品和服务的运输或交付、使用、寿命结束后处理和最终处置相关的潜在重大环境影响的信息的需求。

组织应保持必要程度的文件化信息，以确信过程以按策划得到实施。

（2）理解要点

确保保持和使用一定数量的、必要的文件化信息（运行准则、程序），对重要环境因素运行活动进行控制。对重要环境因素运行活动控制的程度和类型取决于：运行活动的特性、涉及的风险和机会、合规性义务。

运行控制的方法可考虑的内容：

① 考虑一个或多个预防失误的措施，以确保有效的结果；

② 使用技术方法（工程措施）预防不利的结果（操作方法、控制手段、法规要求、检

测方法等）；

③ 使用有能力的人员确保实现预期的结果；

④ 按规定的运行准则要求实施；

⑤ 对运行活动进行监视和测量，以检验结果。

对于重要环境因素有关的运行活动建立运行准则，确保这些重要环境因素的运行活动得到有效的控制，实现环境管理绩效，减少负面环境影响。

2. 应急准备和响应

（1）标准要求

组织应建立、实施并保持对组织识别的潜在紧急情况进行应急准备并作出响应所需的过程。组织应：

① 通过策划措施做好响应紧急情况的准备，以预防或减轻它所带来的不利环境影响；

② 对实际发生的紧急情况作出响应；

③ 采取与紧急情况和潜在的环境影响相适应的措施，以预防或减轻紧急状况的后果；

④ 可行时，定期试验所策划的响应措施；

⑤ 定期评审和修订过程和策划的响应措施，特别是紧急情况发生后或试验后；

⑥ 适当时，向有关的相关方，包括向在组织控制下工作的人员提供与应急准备和响应相关的信息和培训。

组织应保持必要程度的文件化信息，以确信过程能按策划得到实施。

（2）理解要点

组织应确定应急准备和响应控制过程，识别可能出现的紧急情况，确定相应的控制措施，以预防、减少因事故向大气、水体或土地的污染物排放对环境和生态造成的影响。

应急准备和响应控制的管理流程：

① 确定潜在的事故和紧急情况，制订应急预案，配备资源；

② 紧急情况发生时做出响应，预防减少造成的环境影响；

③ 必要时，特别是事故后，要评审和修订该预案；

④ 可行时，定期演练上述预案。

紧急情况根据其对环境产生影响的严重程度，不同行业有很大不同。如：火灾、爆炸、台风、泄漏、严重环境事故等。

紧急情况是一种特殊类型的事件。应急预案是确定的控制措施失效情况所采取的补救措施和抢救行动，其目的是防止或减少上述情况引发的负面环境问题。

应急预案是可行动的文件，其具有很强的可操作性。组织应保证应急准备和响应所需资源。包括：建立应急组织机构，明确有关人员的职责、作用和权限，配备充足的应急设备设施，定期进行维护和检测，确保其持续有效。

对应急准备和响应人员和员工进行必要的培训，使其具备应急意识和能力。开展定期演习活动，提高人员应急意识和应急专项技能。保持必要的文件化信息，证实该过程的有效性实施。

八、绩效评价

1. 监视、测量、分析和评价

（1）总则

① 标准要求　组织应监视、测量、分析和评价其环境绩效。组织应确定：

a. 需要监视和测量的内容；

b. 使用时的监视、测量、分析与评价的方法，以确保有效的结果；

c. 组织评价其环境绩效所依据的准则和适当的参数；

d. 何时应实施监视和测量；

e. 何时应分析和评价监视和测量结果。

适当时，组织应确保使用和维护经校准或经验证的监视和测量设备。组织应评价其环境绩效和环境管理体系的有效性。

组织应按其合规义务的要求及建立的信息交流过程的规定，就有关环境绩效的信息进行内部和外部信息交流。组织应保留适当的文件化信息，作为监视、测量、分析和评价结果的证据。

② 理解要点　组织应对环境绩效（通常体现在：预防污染、降低污染、治理污染、节能降耗等方面）的监测、分析和评价活动进行策划，包括监测内容、方法、准则（参数）、时机、监测评价人员、频次、记录、分析和评审等活动。

组织通过监测结果的分析和评价，评估组织环境绩效和体系的有效性。监测结果信息应在组织内外部进行沟通。

（2）合规性评价

① 标准要求　组织应建立、实施并保持评价其合规义务履行情况所需的过程。组织应：

a. 确定实施合规性评价的频次；

b. 评价合规性，必要时采取措施；

c. 保持其合规情况的知识和对其合规情况的理解。

组织应保留文件化信息，作为合规性评价结果的证据。

② 理解要点　组织可使用多种方法保持其对合规状态的认知和理解，但所有合规义务均需定期（不超过一年）予以评价。

评价应是全面的。评价的内容可有：行政许可的符合性、污染物排放与排放标准的符合性、环境行为的符合性。

如果合规性评价结果表明未遵守法律法规要求，组织则需要确定并采取必要措施以实现合规性，这可能需要与监管部门进行沟通，并就采取一系列措施满足其法律法规要求签订协议。协议一经签订，则成为合规义务。

环境管理体系"合规性评价"的证据可能有：

a. 废弃物依法处置记录（建筑垃圾、危险废物）；

b. 污染物排放的监测报告（废水、废气、噪声等）；

c. 节能降耗统计记录（万元产值消耗、节电、节水、节能）；

d. 危险化学品及消防管理记录（危化清单及其 MSDS、防火、防爆、防泄漏演习）等。

2. 内部审核

（1）总则

标准要求：组织应按计划的时间间隔实施内部审核，以提供下列关于环境管理体系的信息。

① 是否符合组织自身环境管理体系的要求和本标准的要求；

② 是否得到了有效的实施和保持。

（2）内部审核方案

① 标准要求 组织应建立、实施并保持一个或多个内部审核方案，包括实施审核的频次、方法、职责、策划要求和内部审核报告。

建立内部审核方案时，组织必须考虑相关过程的环境重要性、影响组织的变化以及以往审核的结果。组织应：

a. 规定每次审核的准则和范围；

b. 选择审核员并实施审核，确保审核过程的客观性与公正性；

c. 确保向相关管理者报告审核结果。

组织应保留文件化信息，作为审核方案实施和审核结果的证据。

② 理解要点 组织应按 GB/T 19011 标准的要求和时间间隔进行内部审核，评价环境管理体系的符合性、有效性。

组织应对审核方案进行管理，确定审核的频次、方法、职责、实施要求和报告等活动，对内审活动事先进行策划。

考虑以往的审核结果时，应当考虑：以往识别的不符合及所采取措施的有效性；内外部审核的结果。

内审的目的是通过内审发现体系中的问题，内部审核所识别的不符合应采取适当的纠正措施。

【例 4-2】 某公司环境管理体系内部审核方案

1. 目的

核查本公司环境管理体系能否有效运行。

2. 准则

本次审核遵循的准则包括下列文件：

（1）GB/T 24001—2016 环境管理体系标准。

（2）环境管理体系手册及所附文件。

（3）《中华人民共和国食品卫生法》，危险化学品相关法律法规《危险化学品安全管理条例》。

3. 范围

本次环境管理体系内部审核的范围包括：公司办公大楼；生产场所；食堂；仓库及绿化地带；车队及清洗；废品仓库及处理过程。

4. 时间

环境管理体系内部审核安排在 2019 年 7 月 16 日进行，管理者代表将在 6 月组织审核小组，由审核小组实施审核。

5. 方法

按照《质量、环境、职业健康安全管理体系内部审核程序》文件规定。

编制人：×××　　　　　　　　审核人：×××

日期：　　　　　　　　　　　　日期：

3. 管理评审

① 标准要求　最高管理者应按计划的时间间隔对组织的环境管理体系进行评审，以确保其持续的适宜性、充分性和有效性。管理评审应包括对下列事项的考虑：

a. 以往管理评审所采取措施的状况。

b. 以下方面的变化：与环境管理体系相关的内外部问题；相关方的需求和期望，包括合规义务；其重要环境因素；风险和机遇。

c. 环境目标的实现程度。

d. 组织环境绩效方面的信息，包括以下方面的趋势：不符合和纠正措施；监视和测量的结果；其合规义务的履行情况；审核结果。

e. 资源的充分性。

f. 来自相关方的有关信息交流，包括抱怨。

g. 持续改进的机会。

管理评审的输出应包括：

a. 对环境管理体系的持续适宜性、充分性和有效性的结论；

b. 与持续改进机会相关的决策；

c. 与环境管理体系变更的任何需求相关的决策，包括资源；

d. 如需要，环境目标未实现时需要采取的措施；

e. 如需要，改进环境管理体系与其他业务过程融合的机遇；

f. 任何与组织战略方向有关的结论。

组织应保留文件化信息，作为管理评审结果的证据。

② 理解要点　管理评审是最高管理者的一项重要职责。管理评审的目的：评价体系的适宜性、充分性、有效性。

"适宜性"指环境管理体系如何适合于组织、运行、文化及业务系统。"充分性"指环境管理体系是否符合标准要求并适当地实施。"有效性"指是否正在实现所预期的结果。

管理评审的输出应包括环境绩效持续改进的决议和任何环境管理体系变更的需求，包括环境方针、目标和指标。

九、改进

1. 总则

标准要求：组织应确定改进的机会，并实现其环境管理体系的预期结果。

2. 不符合与纠正措施

（1）标准要求

发现不符合时，组织应：适用时，采取措施控制并纠正不符合，处理结果包括减轻不利的环境影响。

① 对不符合做出响应。

② 通过以下方式评价消除不符合原因的措施需求，以防止不符合再次发生或在其他地方发生：评审不符合；确定不符合的原因；确定是否存在或是否可能发生类似的不符合。

③ 实施任何所需的措施。

④ 评审所采取的任何纠正措施的有效性。

⑤ 必要时，对环境管理体系进行变更。

纠正措施应与所发生的不符合造成影响（包括环境影响）的重要程度相适应。

组织应保留文件化信息作为下列事项的证据：

① 不符合的性质和所采取的任何后续措施；

② 任何纠正措施的结果。

（2）理解要点

建立并保持过程，规定有关的职责和权限，对环境不符合进行评审与处置，采取纠正、纠正措施减少由此产生的影响。对出现的环境不符合项进行处置，包括：描述不符合事实、性质、处置方法、处置后的检查。

3. 持续改进

（1）标准要求

组织应该持续改进环境管理体系的适宜性、充分性和有效性，以提升环境绩效。

（2）理解要点

该条款是综合性要求。组织使用有关的管理工具通过环境绩效的监测、环境目标的管理、采取的纠正措施、环境管理体系的审核、管理评审等活动的分析，评价环境管理体系的有效性、效率，寻找体系的改进机会，实施改进措施，不断提高环境绩效。持续改进的范围、层级、时限由组织确定。

第三节 环境管理体系审核

一、审核

审核是指为获得审核证据并对其进行客观评价，以确定满足审核准则的程度所进行的系统的、独立的并形成内部文件的过程。

1. 审核类型

根据审核的实施者和目的的不同，管理体系审核可分为第一方审核、第二方审核和第三方审核。

第一方审核又叫内部审核，是组织自己或以组织名义进行的审核。这种审核是组织建立的一种自我检查、自我完善的系统活动，可为管理评审和纠正、预防或改进措施提供信息。用于管理评审和其他内部目的，可作为组织自我合格声明的基础。在许多情况下，尤其在小型组织内，可以由与受审核活动无责任关系的人员进行，以证实独立性。

第二方审核是一个组织为了选择和评价合适的利益合作方，在合同签订前或依合同要求，由该组织的人员或其他人员以该组织的名义对合作方进行的审核。

第三方审核是由独立于受审核方且不受其经济利益制约的第三方机构，依据特定的审核准则，按规定的程序和方法对受审核方进行的审核。在第三方审核中，由国家认可的认证机构依据认证制度的要求实施的以认证为目的的审核，又称为认证审核。

在上述三种审核类型中，第三方认证审核的客观程度最高，因此，第三方认证审核往往被认为具有权威性、公正性、客观性的审核，具有最高的可信度。

当质量管理体系和环境管理体系一起审核时，称为"结合审核"。当两个或两个以上审核组织合作，共同审核同一个受审核方时，这种情况称为"联合审核"。

2. 审核过程

环境管理体系审核过程如图 4-2 所示。

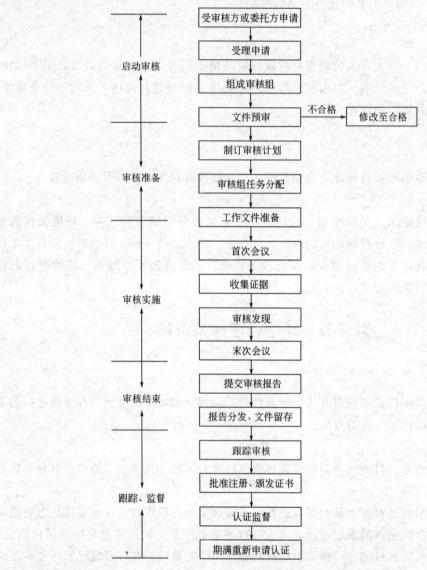

图 4-2 环境管理体系审核流程

3. 审核对象及目的

审核的对象是组织的环境管理体系。

审核的目的在于通过审核判断受审核方环境管理体系的符合性及有效性；以便找出差距与不足，使环境管理体系得以不断改进，从而实现环境绩效的改善，其根本目的在于促进环境保护，同时促进环境与经济的协调发展。

4. 审核准则

审核是一个客观获取审核证据，并对照审核准则进行判断的过程。

审核准则一般有以下三部分：

① ISO 14001 标准，该标准应是最新有效版本；

② 受审核方建立的环境管理体系文件；

③ 适用于受审核方的环境保护法律、法规及其他要求。

5. 审核方法

审核具有系统化、文件化、程序化的特点，并具有客观性，因此审核的方式也必须按照规定的程序和规则进行。

审核一般通过查阅文件、调阅记录、与组织的管理者及操作人员面谈、问卷及现场观察等方式进行。可采用抽样的方案进行抽样审核，抽样必须有代表性。认证审核必须满足认证与认可制度的有关要求。

二、审核启动

1. 提出申请

已建立并有效运行了环境管理体系的组织可向认证机构提出申请并了解认证机构的审核程序及其他有关要求。申请组织应按认证机构的要求填写认证申请表并附上相关材料。

2. 受理申请

认证机构在接到申请表及相关材料后，应对申请方进行申请评审及合同评审，以确定是否可以受理申请。

申请评审一般是认证机构对申请方提交的材料进行初步评审，以确定申请方已具备申请认证的条件。

合同评审是对申请方的产品、活动、服务进行归类，分析其主要的环境因素，确定其专业类别，判断本机构的认可业务是否包含了申请方的专业，同时分析自身具备的审核资源与能力是否满足认证审核项目的需求，以确定本机构是否有能力实施该项目的审核认证工作。

认证机构通过申请评审与合同评审对是否可接受认证申请进行确认，如果申请被接受，则应与认证委托方或受审核方签订认证合同。

3. 组成审核组

认证机构中负责审核方案的管理人员应指定审核组长，组建审核组，并将相关的资料移交给他们，由他们代表认证机构实施审核准备及认证审核工作。

认证机构应将审核组成员及组长的名单通知认证委托方及受审核方，以便得到他们的确认。

4. 决定审核范围

组织向认证机构提出环境管理体系审核申请并填写申请书及有关文件，审核机构在接到审核申请后，应首先明确和决定审核范围。因为审核范围决定着审核的内容和区域，其中包括实际位置、组织活动报告方式。

审核范围一般应包括以下内容：

① 受审核组织的名称和实际位置；

② 受审核组织的活动、产品、服务和有关的环境因素；

③ 审核所依据标准或法律、法规要求；

④ 环境管理体系审核结果的报告方式。

审核范围应由委托方和审核组长协商决定。通常还要征求受审核方的意见。提供给审核使用的资源应能满足审核范围的需要。

三、现场审核准备

1. 文件预审

在审核开始前，审核组应审阅受审核组织的文件以判定文件是否充足，体系是否正规，并尽可能多地掌握有关信息使审核能有计划进行。预审的文件包括：环境方针、目标和指标、环境管理方案、记录或为实现环境管理体系要求所编的其他文件。至少在开始前六周确定审核时间和范围，并要求提前准备所需文件。

文件预审可能涉及的文件举例：环境管理体系手册；管理组织的机构图；以前的环境审核报告；环境紧急事故计划；各类污染物排放及处理许可证；从执法机构得到的文件；现场搬运化学物品或污染物质的程序及文件；表明有害物质控制法规实施情况和评价记录；系统采用的废物处理或循环的文件；废物处置合同；对下水管道的合同规划及蓝图；作业现场的下水道规划；有关的废物材料清单；特殊的废物清单；现场贮存的化学物质清单；有关土壤污染的调查报告；噪声的调查及报告。

2. 审核计划

审核计划的制订，应保证使之能根据审核中得到的信息适当调整重点及保证资源的有效利用。

审核计划应包括：

① 审核目的与范围。

② 审核准则。审核准则是审核员用以作为参照与所收集的审核证据进行比较的标准、法律、法规、手册程序或其他要求。审核目的与范围决定审核准则的选取。

③ 受审核方待审核的组织和职能部门名称。

④ 受审核方组织中对其环境管理体系负有直接重大责任的职能部门和人员。

⑤ 确定受审核方环境管理体系中应予重点审核的要素。

⑥ 对受审核方环境管理体系中待审核的要素的审核程序。

⑦ 引用的文件。

⑧ 安排审核活动的时间表。

⑨ 现场审核的日期和地点。

⑩ 审核组成人员及资格和分工情况。

⑪ 与受审核方管理者举行会议的日程表。

⑫ 审核机构对受审核方委托方的保密承诺。

⑬ 审核报告的内容、审核报告的分发日期和范围。

⑭ 审核过程的工作文件、表格、记录、草稿和最终报告留存要求。

【例 4-3】 某公司环境管理体系审核计划

1. 审核目的

(1) 审核各个过程、活动的实际运作是否按照公司体系文件化的程序进行，是否符合 GB/T 24001—2016 标准的相关要求，实施是否有效。

(2) 跟踪检查认证机构上一次外部审核中发现的问题是否得到改进。

2. 审核依据

(1) GB/T 24001—2016《环境管理体系　要求及使用指南》。

(2) 适用的法律、法规，产品质量标准，污染物排放标准。

(3) 本公司环境管理体系文件。

(4) 与环境管理相关的公司其他规定。

3. 审核领域、时间、人员

审核领域	审核时间	审核人员	备注
总经理、人事	3月25日下午	A、B	
研究和开发	3月26日上午	A、B、C	
计划和采购	3月26日下午	A、E	
生产工厂	3月27日上午	B、E、D	
工程部、仓库	3月27日下午	B、C	
品质部	3月28日上午	B、C、E	

注：上午9:00～12:00，下午13:30～16:30

审核组成员：

组长：×××（A）

组员：×××（B）、×××（C）、×××（D）、×××（E）

4. 要求

(1) 审核人员事先做好审核准备，准时按计划到受审核领域执行审核任务；

(2) 各审核员所在部门安排好工作，使内审员安心审核；

(3) 受审核领域的部门负责人应在场接待审核人员。

3. 审核组任务分配

在审核组中，应根据需要对每个审核员落实负责审核的具体环境管理体系要素、职能或活动。并明确其应遵循的审核程序。由审核组长分配审核组内任务及对组内任务分配作出变更。

4. 工作文件

工作文件反映审核员在审核过程中使用的文件、表格和记录。包括：

① 支持审核证据的文件化表格，如现场审核结果记录表；

② 支持审核发现的文件化表格，例如不合格报告表或不符合报告表；

③ 用于评价环境管理要素的程序和检查表。检查表是进行审核准备的一项重要内容。

四、现场审核实施

1. 首次会议

首次会议是审核组全体成员与受审核方的领导及有关人员共同参加的会议。会议由审核组长主持。参加会议的人员应签到。首次会议的目的是：

① 向受审核方管理者介绍审核组成员；

② 确认审核范围、目的和计划，共同认可审核进度表；

③ 简要介绍审核中采用的方法和程序；

④ 在审核组和受审核方之间建立正式联络渠道；

⑤ 确认已具备审核组所需的资源与设备；

⑥ 确认末次会议的日期和时间；

⑦ 促进受审核方的参与；

⑧ 对审核组现场安全条件和应急程序的审查。

首次会议的地点最好在受审核方所在地举行。

2. 收集审核证据

首次会议结束后，即按审核计划进行审核，并按事先准备好的检查表具体实施。收集充足的审核证据，以便判定受审核方的环境管理体系是否符合环境管理体系的审核准则。通过面谈、文件审阅和对活动与状况的观察来收集证据。应对不符合环境管理体系审核准则的表现作出详细记录。在环境管理体系的审核中，可分管理审核和现场审核两个方面。

(1) 管理审核

主要审核组织的总体方针和策划，需要审核的问题包括：

① 管理者对环境管理体系的理解和承诺；

② 管理者对环境问题的了解；

③ 管理者对环境法律和法规的了解；

④ 对管理者及员工提供环境培训的情况；

⑤ 内部和外部环境信息交流。

(2) 现场审核

使审核员有机会直接和工作人员接触交谈，以确定他们对环境管理体系的理解，同时提供了识别潜在环境问题的机会，现场审核不仅要掌握明显的污染源，而且要对不明显的污染源及具有环境风险的活动和情况都能敏锐地觉察到。应仔细询问和调查这些污染源和有关活动以评价其影响，是否有效得到控制。

现场审核中对一些关键性的问题应进一步追踪审核，在对环境管理体系审核时可按体系的核心因素来追踪。当考虑产品或工艺的环境影响时，可对产品生命周期评价这种环境管理方法进行审核。在审核中除了通过面谈、观察和审阅文件等方法来收集证据外，还应充分利用有关事实的可验证的信息来源如测量结果以取得支持信息，并应对现场审核所获得的大量数据的准确性和恰当性进行分析评价。审核组应对受审核方环境管理体系活动中的有关抽样方案的依据和程序进行审查，以确保受审核方环境管理体系活动部分的抽样和测量过程的有效控制。

3. 审核发现

应当对照审核准则评价审核证据以形成审核发现。审核发现能表明符合或不符合审核准则。当审核目的有规定时，审核发现能识别改进的机会。审核组应当根据需要在审核的适当阶段共同评审审核发现。

审核组应对所有审核证据进行评审，不够确实或不够明确、不可验证的信息、记录或陈述不能作为审核证据。将收集的审核证据与审核准则进行比较以确定环境管理体系在哪些方面不符合审核准则。确保属于不符合的审核发现，清晰、明确地形成文件，并有相应审核证据。

审核员一旦发现了不符合的事实，就应向受审核部门的代表反映。应与受审核方的有关负责人共同评议审核发现，以确认所有造成不符合的事实基础。要求受审核方代表表明对所述事实的确认。对不符合情况的说明应易于理解，不仅使参与审核的人，也要使未参与审核的人理解。对不符合所采取的纠正措施经常要求那些不在审核现场的人予以实施。

（1）不符合的主要表现

不符合通常有以下三种情况。

① 体系性不符合　体系文件与相应管理体系标准或有关法规、合同的要求不符合。

② 实施性不符合　没有按体系文件的规定执行。

③ 效果性不符合　虽然按文件执行了，但缺乏有效性，没有达到目标要求。

（2）不符合性质的判定

① 严重不符合　构成严重不符合包括体系运行出现系统性失效；体系运行出现区域性失效；体系运行后仍然造成了严重的环境危害；缺少重要的过程/条款运行的有效证据；需较长时间、较多人力、物力才能纠正。

② 一般不符合　对满足环境管理体系要素或体系文件的要求而言，是个别的、偶然的、孤立的性质轻微的问题；对系统不构成严重影响，不会造成严重环境影响；对体现有效性而言是一个次要问题。如果存在大量的一般不符合，综合考虑这些一般不符合时，可以导致体系的失误，由此可能产生一个严重不符合。

③ 观察项　主要指以下情况：存在问题但证据不足，需提醒注意的事项；已发现问题苗头，但尚不能构成不符合，如发展下去有可能构成不合格事项。观察项不列入不符合报告，也不列入最后的审核报告。

（3）不符合的判定准则

不符合的判定应遵守如下准则。

① 最贴近原则　先判定不符合组织体系文件的哪一条，再判定不符合标准的哪一条，与标准规定的哪一条最贴近，就判定哪一条。

② 自上而下原则　先确定不符合标准的大条款，再确定具体的小条款。

③ 最有效原则　如果同一问题可判定几个条款，就要看判定哪一条款对组织改进管理体系最有效，就判定哪一条款。

④ 最直接原则　要通过追踪审核，从结果去找造成问题的原因，是哪方面的问题就判定相应的条款。

（4）不符合项报告的形成

不符合项报告的形成必须以客观事实为基础；必须以审核准则为依据；对产生不符合的原因要进行分析，找出体系上存在的问题；形成不符合项前，审核组要充分讨论，互通情况，统一意见；与受审核方共同评审不符合。

（5）不符合项报告内容

不符合项报告内容包括：受审核方名称；不符合事实描述；不符合性质判定；不符合ISO 14001标准的条款号或不符合体系文件的编号；审核员姓名及开具日期；受审核方代表确认。

4. 审核组会议

审核组在收集审核证据，确定审核发现的基础上应作进一步分析判断，论证审核结果和作出审核结论。在审核实际进程完成之后，末次会议之前应该举行一次审核组会议，综合分析不符合情况，对环境管理体系的运行状况作出判断，作出审核结论，并为末次会议和总结报告做好准备。对受审核方的环境管理体系的审核结论应以审核目标为依据来进行。

审核组长召开审核组会议时必须注意以下几点：

① 审核组长主持；

② 仅允许审核小组成员出席；

③ 集中各种不符合情况；

④ 回顾所有的不符合情况；

⑤ 审核组长准备总结。

5. 末次会议

末次会议由审核与受审核方的管理者和受审核部门的负责人出席，末次会议主要目的是向受审核方介绍审核发现，能使之清楚地理解和认识审核发现的事实。审核组长主持会议，并按照在审核组会议上准备好的程序进行。

会议程序和内容如下：

① 审核组长或审核员应传阅由每位参加会议者签到的列有姓名和职位的会议记录；

② 审核组长应代表全体审核组成员对企业在审核过程中的协作表示感谢；

③ 重申审核目的和范围；

④ 报告审核情况、正式上报的概要及送交被审核方的结果；

⑤ 申明审核是一种抽样的过程；

⑥ 宣读不符合情况；

⑦ 作出审核结论；

⑧ 所有的不符合项应征得被审核部门认可；

⑨ 受审核方的说明；

⑩ 结束。

6. 例外的情况

（1）企业主要成员未出席会议

末次会议是在审核进行以前就同受审核方讨论并征得其同意的。末次会议要求企业选派高层次人员代表参加。如果已安排高层人员出席会议，但是还未到场，应等待其到会，审核小组组长可以稍微推迟会议。推迟了一段合理的时间后，不论是谁出席，审核组长即可宣布开会。任何情况下均不能取消会议。

（2）记录不符合项后，已采取了纠正措施

一些一般不符合项将能够比较容易而且较快地得到纠正，审核组长对已采取的有效的纠正措施表示满意，那么不符合项将被注明"被消除"，但是在审核过程中所发现的不符合项的事实仍将保留在报告中。

（3）审核提出的大量证据显示没有不符合情况

在审核中提供不符合项时，就应取得作为依据的审核证据。如果证据表明没有不符合项，应将此结果批注于报告中。

（4）受审核方希望延长末次会议

如果已对不符合项进行了讨论，而且对纠正措施已做出承诺，那么末次会议可结束。

五、审核报告

1. 编写审核报告

审核报告是在审核组长指导下编写的，审核组长对审核报告的准确性与完整性负责。审核报告涉及的项目应为审核计划中所确定的。内部审核报告不需要达到外部审核报告的文件化深度，但可以对纠正措施提出建议。内部审核报告有时在进行末次会议时编写。

2. 审核报告内容

完成认证审核后，审核组织应组织编写审核报告，概述审核工作及受审核方环境管理体系的总体情况，总结审核发现，并形成结论性意见，提出是否推荐认证。审核报告提交后，该次审核视为完成。

审核报告由审核组长注明签发日期并予署名。审核报告应包含审核发现或其概要，并辅以支持证据。根据审核组长和委托方的协议，报告中还可包含下列内容：

① 受审核方和委托方的名称及地址；

② 商定的审核目的、范围和计划，包括参考的说明书和合同等；

③ 商定的审核准则，包括审核中引用文件的清单，例如审核准则为 ISO 14001 和有关法律、法规文件；

④ 审核日期；

⑤ 参与审核的受审核方代表名单；

⑥ 审核组成员名单，包括审核组长、审核员姓名、职位，需要时还应包括资格证明；

⑦ 报告内容的保密要求；

⑧ 审核报告分发单位名单；

⑨ 关于审核过程的简要说明，包括所遇到的障碍；

⑩ 审核结论

——环境管理体系对环境管理体系审核准则的符合情况；

——环境管理体系是否得到了正确的实施和保持；

——内部管理评审过程是否足以确保环境管理体系的持续适宜性与有效性。

3. 报告的分发和文件留存

分发的范围由委托方根据审核计划决定。在约定的时期内签发。与审核有关的所有工作文件和草稿，如审核用的检查表，审核员的记录以及最终报告都应根据委托方、审核组长和受审核方之间的协议及其他有关要求予以留存。当已采取了纠正措施后，文件和记录仍需保留到每一不符合项都已被满意地消除为止。

4. 纠正措施及验证

认证机构应要求受审核方限期对各项不符合项进行原因分析，制定合理有效的纠正及预防措施并付诸实施，同时将纠正措施与结果报告审核组并附相关证明材料。

认证机构应对纠正与预防措施予以验证，验证分为文件验证与现场跟踪两种方式，可视不符合及纠正的实际情况决定验证方式。在认证审核当中，纠正措施的验证通常由审核组完成。

六、监督、跟踪

1. 认证评定及签发证书

（1）认证评定

认证机构应设有负责认证评定的组织部门，授权对审核过程与结果进行评定，作出认证结论。

（2）签发证书

认证证书的签发一般由认证机构的最高管理者签发，签发认证证书的依据时认证评定的结论。

2. 跟踪

跟踪是对受审核方采取的纠正措施进行验证并记录实施情况及其有效性的活动。

内部审核之后，对审核时发现的问题，负责该区域的负责人应及时采取纠正措施。受审核方在跟踪审核时要检查纠正措施是否有效。外部审核之后，审核组织根据情况有必要进行跟踪审核，对审核中发现的不合格项所采取的纠正措施进行评审和验证，直至符合要求。跟踪活动的过程和内容可归结如下：

① 鉴别审核中的不符合项；

② 审核方向受审核方提出采取纠正措施要求的报告；

③ 受审核方对于如何采取纠正措施给予答复，如提交纠正措施计划；

④ 审核方对受审核方拟采取的纠正措施的有效性予以评审，并回复评审意见；

⑤ 受审核方实施并完成纠正计划；

⑥ 审核方对纠正措施完成情况进行验证；

⑦ 在需要时对完成情况进行分析；

⑧ 对纠正措施结果作出判断并记录验证过程。

3. 监督

监督是对受审核方的环境管理体系的保持情况进行检查和评价的活动。内部审核的主要目的在于发现环境管理体系的问题，加以纠正使之不断改进。内审员和受审核部门人员都是同一组织的，内审员可以提出纠正措施方面的问题建议。审核员和不符合项的当事人可以探讨共同参考，但内审员不能代替受审核部门提出或采取具体纠正措施，更不能承担纠正措施后效果不好的责任。

实施纠正措施的基本步骤如下：

① 不符合项的确定；

② 确定控制该过程的负责人；

③ 召集相关人员；

④ 收集数据以确定真实原因；

⑤ 收集数据，确认纠正措施方法；

⑥ 实施纠正措施和有关的试验；

⑦ 检查，验证纠正措施和有关的试验；

⑧ 巩固纠正措施成果，对过程监测。

4. 认证后的监督与管理

在认证证书的有效期三年内，认证机构将对获证组织的环境管理体系实施监督。监督审核一般分为定期与不定期抽查两种。

当证书有效期届满时，获证组织应提前至少三个月提出申请，由认证机构组织全面复评，以便重新确认组织的环境管理体系是否持续有效，是否可以核发认证证书。

思考题

1. 试述什么是环境因素和重要环境因素，以及如何识别组织的环境因素和重要环境因素。

2. 制订环境目标指标时应考虑哪些因素？

3. 环境管理体系文件化信息包括哪些内容？

4. 简述最高管理者在环境管理体系的建立和实施中的作用。

5. 简述环境管理体系内部审核及作用。

6. 什么是环境管理体系审核？ 环境管理体系审核的类型有哪些？

7. 环境管理体系审核的准则有哪些？

8. 现场审核准备主要工作要点有哪些？

第五章
产品生命周期评价

第一节　生命周期评价概述

一、生命周期评价的产生和发展

生命周期评价开始于 20 世纪 60 年代。60 年代末期，在罗马俱乐部出版的刊物上有人提出了世界人口变化对有限原材料和能源需求的预测。1969 年美国中西部资源研究所（MRI）的研究者们为可口可乐公司开始了一项研究，该研究试图从最初的原材料采掘到最终的废弃物处理（从摇篮到坟墓）进行全过程的跟踪与定量分析，这为目前生命周期分析的方法奠定了基础。

20 世纪 70 年代初，在美国、欧洲、日本的其他公司进行了类似的比较性的生命周期评价分析。20 世纪 80 年代末以后，生命周期评价得到广泛关注和迅速发展。随着区域性与全球性环境问题的日益严重、全球环境保护意识的加强、可持续发展思想的普及以及可持续行动计划的兴起，大量的 REPA 研究重新开始，公众和社会也开始日益关注这种研究的结果。1989 年荷兰国家居住、规划与环境部（VROM）针对传统的"末端控制"环境政策，首次提出了制定面向产品的环境政策。这种面向产品的环境政策涉及产品的生产、消费到最终废弃物处理的所有环节，即所谓的产品生命周期。1990 年由国际环境毒理学与化学学会（SETAC）在佛蒙特首次主持召开了有关生命周期评价的国际研讨会，会议首次提出了"生命周期评价（life cycle assessment，LCA）"的概念。图 5-1 扼要地表示了在佛蒙特会议上确定的 LCA 基本思想的大框架。

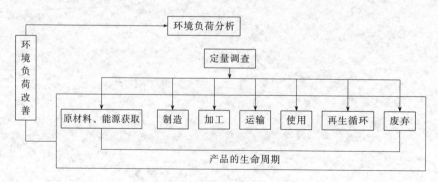

图 5-1　LCA 的基本思想

1992 年以后，以美国环境毒性和化学学会为主，组织有关研究小组于 1993 年开始协调统一有关概念、定义及具体操作处理方法等，使 LCA 有了长足的发展。经过 20 多年的实践，在国际环境毒理学与化学学会和国际标准组织的共同努力下，生命周期评价方法论的国际标准化取得了重要进展。1997 年国际标准组织推出 ISO 14040 标准《环境管理　生命周期评价　原则与框架》，1999 年推出 ISO 14041《环境管理　生命周期评价　目标与范围的确定，清单分析》，其他相关标准如 ISO 14042《环境管理　生命周期评价　生命周期影响评价》、ISO 14043《环境管理　生命周期评价　生命周期解释》已在 2000 年公布。参照国际标准，我国于 1999 年和 2000 年相继推出了 GB/T 24040—1999《环境管理　生命周期评价　原则与框架》及 GB/T 24041—2000《环境管理　生命周期评价　目的与范围的确定和清单分析》等国家标准，2002 年 4 月出版了 GB/T 24042《环境管理　生命周期评价　生命周期影响评价》、GB/T 24043《环境管理　生命周期评价　生命周期解释》。

二、生命周期评价的概念和特点

1. 生命周期评价的定义

产品的生命周期评价（LCA）是详细研究产品生命周期内的能源需求、原材料利用和活动造成的水、气、固体废物、材料、产品以及包装等，包括原材料资源化、制造、加工、分配、利用、再利用、维护以及最后的废弃物处理。目前，生命周期评价的定义有多种提法，其中国际标准化组织（ISO）和国际环境毒物学和化学学会的定义最具权威性。

（1）ISO（国际标准化组织）的定义

汇总和评估一个产品（或服务）体系在其整个生命周期内的所有投入及产出对环境造成的和潜在的影响的方法。

（2）国际环境毒物学和化学学会的定义

生命周期评价是一种对产品生产工艺以及活动对环境的压力进行评价的客观过程，它是通过对能量和物质的利用以及由此造成的环境废物排放进行识别和进行量化的过程。其目的在于评估能量和物质利用，以及废物排放对环境的影响，寻求改善环境影响的机会以及如何利用这种机会。评价贯穿于产品、工艺和活动的整个生命周期，包括原材料提取与加工、产品制造、运输以及销售；产品的使用、再利用和维护；废物循环和最终废物处理。

2. 生命周期评价的主要特点

作为有别于传统环境影响评价的生命周期评价，主要有以下几个特点。

（1）生命周期评价面向的是产品系统

产品系统是指与产品生产、使用和用后处理相关的全过程，包括原材料采掘、原材料生产、产品制造、产品使用和产品用后处理。从产品系统角度看，以往的环境管理焦点常常局限于原材料生产、产品制造和废物处理三个环节，而忽视了原材料采掘和产品使用阶段。一些综合性的环境影响评价结果表明，重大的环境压力往往与产品的使用阶段有密切关系。仅仅控制某种生产过程中的排放物，已很难减少产品所带来的实际环境影响。从末端治理与过程控制转向于以产品为核心、评价整个产品系统总的环境影响的全过程管理是可持续发展的必然要求。在产品系统中，系统的投入（资源与能源）造成生态破坏与资源耗竭，系统输出的"三废"排放造成了环境污染。所有生态环境问题无一不与产品系统密切相关。在全球追求可持续发展的呼声愈来愈高的背景下，提供对环境友好的产品成为消费者对产业界的必然要求，迫使产业界在其产品开发、设计阶段就开始考虑环境问题，将生态环境问题与整个产品系统联系起来，寻求最优的解决途径与方法。

（2）生命周期评价是对产品或服务"从摇篮到坟墓"的全过程的评价

生命周期评价是对整个产品系统从原材料的采集、加工、生产、包装、运输、消费、回收到最终处理等与生命周期有关的环境负荷进行分析的过程，可以从以上每一个环节来找到环境影响的来源和解决办法，从而综合性地考虑资源的使用和排放物的回收、控制。

根据评价对象的系统边界及方法学原理的不同，生命周期评价方法可分为过程生命周期评价（process-based LCA，PLCA）、投入-产出生命周期评价（input-output LCA，I-O LCA）以及混合生命周期评价（hybrid LCA，HLCA）。PLCA 的优势在于其能够针对具体的评价对象给出详细的评价结果，而 I-O LCA 的优势在于评价结果的完整性，HLCA 则由于结合了过程生命周期评价的针对性与投入-产出生命周期评价边界的完整性，不断提高评价结果的精准性。这三类 LCA 方法在分析和评价不同尺度的研究对象时各有利弊，在研究具体问题时往往需要通过结合使用以发挥各类方法的优势。

（3）生命周期评价是一种系统性的、定量化的评价方法

生命周期评价以系统的思维方式去研究产品或行为在整个生命周期中每一个环节的所有资源消耗、废弃物产生情况及其对环境的影响，定量评价这些能量和物质的使用以及所释放废物对环境的影响，辨识和评价改善环境影响的机会。

（4）生命周期评价是一种充分重视环境影响的评价方法

系统的生命周期清单分析的结果可以得到具体的物质消耗和污染排放的量，但是生命周期评价强调分析产品或行为在生命周期各阶段对环境的影响，包括能源利用、土地占用及排放污染物等，最后以总量形式反映产品或行为的环境影响程度。生命周期评价注重研究系统在自然资源的影响、非生命生态系统的影响、人类健康和生态毒性影响领域内的环境影响，从独立的、分散的清单数据中找出有明确针对性的环境影响的关联。这些关联主要有短期人类健康影响、长期人类健康影响、恶臭等感官影响、水生生态毒性、陆生生态毒性、水体富营养化、可再生资源的使用、不可再生资源的使用或破坏、能量的使用、固体废物填埋、全球变暖、臭氧层破坏、光化学烟雾、酸化、大气质量、COD 和 TSS 等方面，每种影响都是基于清单分析的数据以一定的计算模型进行的综合评价。有时一种排放物质可能参与几种环境影响的计算。通过这些影响指标可以得到比较明确的环境影响与特定产品系统中物质能量流的关联度，从而帮助我们找到解决问题的关键所在。

（5）生命周期评价是一种开放性的评价体系

生命周期评价体现的是先进的环境管理思想，只要有助于实现这种思想，任何先进的方法和技术都能为我所用。生命周期评价涉及化学、物理学、数学、毒理学、统计学、经济学、生态学、环境学等理论和知识，应用分析技术、测试技术、信息技术、工程技术、工艺技术等，适应清洁生产、可持续发展的需要。因此，这样的一个开放系统，其方法论也是持续改进、不断进步的。同时，针对不同的产品系统，可以应用不同的技术和方法。

三、生命周期评价的意义

生命周期评价的主要意义，归纳起来可以从以下几个方面论述：

1. 应用生命周期评价有利于企业选择"绿色工艺"

传统的企业系统最佳工艺选择是基于经济效益最大化为目的，只考虑了工厂本身产生的污染，并没有从产品的整个生命周期考虑，所以最佳工艺选择的结果存在很多的缺陷。将生命周期思想应用于产品设计和最佳工艺选择过程中，通过在原材料选择、生产过程、产品使

用、循环利用和废弃等方面，系统评价产品资源能源消耗及生态环境影响，综合考虑，选择绿色生产工艺，实现经济效益和环境保护的有机统一。

2. 应用生命周期评价促进企业的可持续增长

生命周期评价可以为企业向生态效益型转变提供全面的支持和帮助，通过生命周期清单分析和影响分析可以全面检测产品系统各阶段的物质、能量流的状况，为生态设计和企业的持续改进提供依据，增强环境综合竞争能力。

生命周期评价对产品整个生命周期进行原材料消耗、能耗、污染物产生和排放等进行定量的评价，对生产过程中存在的能耗高、物耗高、污染重的环节和部位清楚明了，对企业有步骤、有计划地开展清洁生产提供有力支持。

3. 应用生命周期评价为制定环境政策提供支持

通过区域范围内宏观的生命周期评价，比较不同地区、不同国家同一环境行为的工业效率，寻求能源、资源的最低消耗，可以为国际环境政策协商提供技术支撑；可以通过分析不同情况下可能的替换政策的环境影响，评估政策变动所降低的环境影响效果，从中找到最佳方针政策，如战略规划、确定优先项、对产品或过程的设计或再设计、包装品的限制政策、低能耗的照明灯具等许多方面。在环境政策与立法上，很多发达国家已经借助生命周期评价制定了"面向产品的环境政策"。

4. 生命周期评价有助于推动绿色产品和绿色消费

环境标志制度已经在世界上许多国家得到了实施，大多数实行环境标志制度的国家均要求采用生命周期评价方法对申请环境标志产品的环境性能进行评价。国际标准化组织也大力推荐以产品生命周期评价所得到的参数作为认证环境标志产品的依据。生命周期评价通过在产品全生命周期范围，系统量化评估产品在资源消耗、污染产生和排放、毒性等方面对生态环境的影响，为授予"绿色产品"标签，提供了可靠的依据。通过绿色产品，引导绿色营销和绿色消费，从而推进绿色消费和绿色营销的健康发展。

四、生命周期评价的局限性

产品的生命周期评价只是风险评价、环境表现（行为）评价、环境审核、环境影响评价等环境管理技术中的一种。生命周期评价中主要的局限性有范围、方法、数据三个方面。

1. LCA 在范围上的局限性

在范围上的局限性主要表现在两个方面：应用范围和评价范围。

（1）应用范围上的局限性

生命周期评价具有它本身的特性，它是针对产品系统的环境评价，它只是对评价对象在生态环境、人体健康、资源和能源的消耗等方面反映该对象整个生命周期内的环境冲击或环境影响，不可能涉及经济、社会、文化方面的因素，也不考虑企业生产的质量、经济成本、劳动力成本、利润、企业形象等。因此，不论是政府和企业都不可能仅仅依靠 LCA 评价的结论来解决所有的问题。

（2）评价范围的局限性

生命周期评价中所做的选择假定，如系统边界的确定，可能具有主观性；针对全球性或区域性问题的生命周期评价研究结果可能不适合当地应用，即全球或区域性条件不能充分体现当地条件；同时，在某一时间所作的 LCA 结论存在时间上的局限性，还有可能存在地域上的局限性。用来进行影响评价的清单数据缺乏时空属性，给评价结果带来不确定性，这种不确定性因具体影响类型的空间和时间特性而异。

2. LCA 分析方法上的局限性

在方法上的局限性主要有以下几个方面。

(1) 量化模型的局限性

用来进行清单分析或评价环境影响的模型要受到所作假定的限制。另外，对于某些影响或应用，可能无法建立适当的模型。通常 LCA 希望尽量建立在客观的基础上，避免主观因素的影响，但是实际上在很多环节上是不能实现客观性量化的，也就是说需要引入一些主观的参数去人为地量化其环境影响，其评价结果必然是因人而异的，使其客观性受到影响。

(2) 权重因子的局限性

不同环境影响指标依赖于权重因子进行归一化，而权重因子的选择和确定也存在不确定的因素。在归一化的过程中对不同类型的环境影响进行比较和叠加时，由于量纲上存在差异，必然导致引入一些无量纲的权重因子。而这些权重因子往往由 LCA 实施者来自由选择和定义，必然引入一些主观的因素。

(3) 检测精度上的局限性

并不是每项 LCA 评价工作都能参考现成的数据，很多时候需要进行现场的检测和试验，由于仪器和方法上的局限性，同一污染源的检测结果其精确程度会有一些偏差。如同样是对煤燃烧的烟气成分进行检测，国内的检测指标只有 CO_2、SO_2、NO_x、粉尘和 TSS 等几种到十几种，而美国 EPA 的检测结果多达上百种化合物，有许多对人体和生物有害的化合物赫然在列，其对 LCA 分析结果的影响可想而知。

3. LCA 分析数据的局限性

(1) 数据来源的局限性

由于无法取得或不具备有关数据，或是数据质量问题（如数据断档、数据类型、数据综合、数据平均、现场特性等）限制了生命周期研究的准确性。

(2) 数据分配的局限性

生命周期清单分析针对产品系统所有单元过程的输入和输出（原材料、能源、环境排放）进行清查和计算。然而实际生产单元过程不可能总是只有一种原料（或产品）输入（或输出），而且生产工艺常通过原料或配料互相连接，因此就需要对系统的输入和输出在各产品中进行分配。分配通常出现在多产品系统及开环再循环过程中。在有多个子系统时，各子系统或过程相互间的输入（输出）关系并不是绝对的，进行量化数据的分配是十分困难的。

(3) 数据库的标准化和适用性

生命周期评价数据库和分析软件为产品生命周期评价工作提供了极大的方便，国外数据库有英国 Boustead 数据库、瑞士 Ecoinvent 数据库、欧盟 ELCD 数据库、加拿大 CRMD 数据库、美国 Input-Output 98 数据库、澳大利亚 Australian LCI Database 数据库、德国 GaBi 数据库等；国内代表性数据库有中国生命周期基础数据库（Chinese Life Cycle Database，CLCD）、中国生命周期清单基础数据库（Chinese Process-based Life Cycle Inventory Database，CPLCID）、中国 LCA 数据库（CAS-RCEES）等。

虽然我国目前 LCA 的研究取得了重要的成果，但还需要积累大量的研究案例，生命周期清单构建方面还不够成熟，没有建立持续、动态的 LCA 数据库，导致生命周期评价应用难。

因此，从生命周期研究所取得的信息只能作为一个全面决策过程的一部分加以应用，或是用来理解广泛存在的或一般性的权衡与折中。对于不同的 LCA 研究，只有当它们的假定和背景条件相同时，才有可能对其结果进行比较。

第二节 产品生命周期评价原理

一、生命周期评价的基本原则

在对生命周期进行评价时，通常应当遵守如下的一些基本原则。

① 评价应当系统地、充分地考虑产品系统从原材料获取直至最终处置全部过程中的环境因素；

② 研究的时间跨度和深度在很大程度上取决于所确定的目的和范围；

③ 研究的范围、假定、数据质量描述、方法和结果应具有透明性；

④ LCA 研究应讨论并记载数据来源，并给予明确、适当的交流。

除上述外，LCA 研究的应用意图规定了保密和保护产权的要求；方法学上要保证其开放性，以便能兼容新的科学发现与最新技术发展；对于向外公布对比论断的 LCA 研究要考虑一些具体要求；在生命周期评价的具体过程中，由于被分析系统的生命周期的各个阶段存在着折中的因素和具体处理的复杂性，因而将 LCA 的结果简化为单一的综合得分或数字尚不具备科学依据；此外，在进行 LCA 评价时并不存在统一模式，在组织上应保持灵活性。

二、生命周期评价的技术框架

生命周期评价的基本结构可归纳为四个有机联系的部分：定义目标与确定范围、清单分析、影响评价和结果解释（改善评价），如图 5-2 所示。

1. 定义目标与确定范围

这是 LCA 的第一步，包括明确分析目的、明确所分析的产品及其功能、确定系统边界三个部分。

2. 清单分析

清单分析是四个部分中发展最完善的一个部分。它是对产品、工艺过程或者活动等研究系统整个生命周期阶段和能源的使用以及向环境排放废物等进行定量的技术过程。该分析评价贯穿于产品的整个生命周期，即原材料的提取、加工、制造和销售、使用和用后处理。

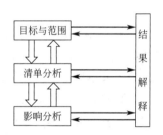

图 5-2 LCA 技术框架
（粗箭头表示基础信息流，
细箭头表示每阶段的结果解释）

3. 影响评价

影响评价是对清单阶段所识别的环境影响压力进行定量或定性的表征评价，即确定产品系统的物质、能量交换对其外部环境的影响。这种评价应考虑对生态系统、人体健康以及其他方面的影响。影响评价由以下三个步骤组成：影响分类、特征化和量化评价。

（1）影响分类

将从清单分析得来的数据归到不同的环境影响类型。影响类型通常包括资源耗竭、人类健康影响和生态影响三大类。每个大类下又包括许多小类，如在生态影响下有全球变暖、臭氧层破坏、酸雨、光化学烟雾和富营养化等。另外，一种具体类型可能会同时具有直接和间接两种影响效应。

（2）特征化

特征化主要是开发一种模型，这种模型能将清单提供的数据和其他辅助数据转译成描述影响的叙词。目前国际上使用的特征化模型主要有负荷模型、当量模型、固有的化学特性模型、总体暴露-效应模型、点源暴露-效应模型。

（3）量化评价

量化评价是确定不同影响类型的贡献大小即权重，以便能得到一个数字化的可供比较的单一指标。图 5-3 为依据国际标准化组织（ISO）和国际环境毒理学和化学学会（SETAC）建立的产品生命周期影响评价体系。

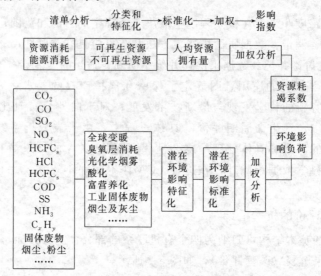

图 5-3　产品生命周期影响评价体系

4. 结果解释（改善评价）

系统地评估在产品、工艺或活动的整个生命周期内消减能源消耗、原材料使用以及环境释放的需求与机会。这种分析包括定量和定性的改进措施，如改变产品结构，重新选择原材料，改变制造工艺和消费方式，以及废弃物管理等。

三、产品生命周期的主要阶段

一种产品从采集原材料开始，经过原材料加工、产品制造、产品包装和运输，然后由消费者使用、回用和维修，最终再循环或作为废弃物处理和处置，这一整个过程称为产品的生命周期。只有详细了解产品在其生命周期中的各个阶段，才能深刻了解其对环境的影响，从而应用 LCA 对其进行分析、评价。

一般而言，任何一个产品的生命周期可以划分为以下几个主要阶段，如图 5-4 所示。

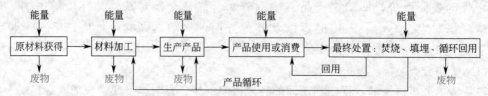

图 5-4　产品生命周期的主要组成阶段

1. 原材料的获取

任何产品和人类活动都需要首先从地球中获取粗制原材料和能源，如收获农作物和石油开采等。

2. 生产产品

包括将粗制原材料加工成为中间产品，进而生产出成品以及将成品分装并运送给消费者的整个过程。根据其中各步骤的不同特点，可分为下面三个子过程。

（1）原料加工

本阶段中将原材料转化成可以用来生产最终产品的形式，通常许多中间化学品或者材料的生产都包括在这一范围内。

（2）产品生产

将已经加工的物质制作成准备包装的成品，包括可供销售者出售的消费者产品和可以作为其他行业工艺原料或用品的产品。

（3）分装和包装

在分装和包装过程中产品只有位置和物理形态的变化，而不会发生物质类型的转化。

3. 产品的使用、再用和保养

产品从此进入消费环节，供消费者使用、消耗，同时消费者要对产品进行保养、维修以便再用，在这些活动中也要消耗能量和产生环境污染物。

4. 产品回收和废物管理

产品在完成预定使用目的后，有两个物流方向：一是通过回收进入另外一个生命周期系统，开始一个新的周期；二是成为废弃物，需要采取相应的方式进行处理和处置，如堆肥、焚烧和填埋等。无论是哪种物流都同样需要消耗能量，产生环境污染物。

5. 运输

运输不是一个独立的生命周期阶段，它贯穿于整个生命周期的各个步骤中。产品所发生的所有位置变化都应该视为运输的一部分，但是因为运输而产生的能量消耗和环境污染物通常分别归入其所属的相应阶段。

四、生命周期清单分析

1. 生命周期清单分析的基本内容

（1）清单分析的范围

生命周期评价中的清单分析是对产品、工艺过程或活动等研究系统整个生命周期阶段资源和能源的使用及向环境排放废物进行定量的技术过程。清单分析的一般范围见图 5-5。

（2）清单分析的数据收集、确认及表示格式

① 清单分析的数据收集

a. 数据类型　数据类型与产生数据所用的方法有关。数据类型一般包括测算过的数据（统计和未统计）、模拟数据、非测算数据（如估计的）。

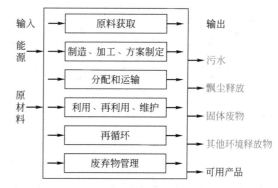

图 5-5　生命周期清单分析的一般范围

收集到的数据，无论是通过测量、计算还是估计出来的，都用来量化单元过程的输入和输出。数据可归入的主题有：能量输入、原材料输入、辅助性输入、其他物理输入，产品，

向空气的排放、向水体的排放、向土地的排放，其他环境因素等。

在这些主题中，单个数据类型还必须进一步细化，以满足研究的需要。如向空气的排放，可对具体数据类型分别标明，如一氧化碳、二氧化碳、硫氧化物、氮氧化物等。

b. 数据来源　包括工厂报告、政府文件、报告、杂志以及参考书等，如表 5-1 所示。

表 5-1　数据来源和数据类型

数据来源(原始和间接数据)	数据类型	数据来源(原始和间接数据)	数据类型
企业数据、报告、顾问 实验数据 政府文件、报告 其他可得到的政策 杂志、论文、书、专利	测算过的 模拟的 取样 未经测算的 调整过的	参考书 行业联合会 相关的 LCI 产品和生产过程说明书	集合数据的水平 个体观察 时间上的平均 空间上的平均 数字平均

(a) 原始数据　原始数据是指工厂特有，经过测算、模拟或评价过的数据。能直接对原始数据进行分析或将其运用于数据收集过程。

(b) 间接数据　间接数据是指那些不是特意为建立清单分析以及分析者在数据收集过程中没有输入时而收集的数据，即通过报刊、说明书、报表等收集的数据。间接数据更难于进行评价，因为它们不包括数据收集方法和对数据变异性的解释。在利用其产生适合清单分析使用的数值之前需要进行一定的处理。

c. 清单分析的数据收集　进行数据收集时，对每一个数据的表述必须包含：获取的方法、进行数据确认的方法、数据收集的地点和时间以及它们在整体中的代表性、在地域性上数据的代表性、数据收集过程中所使用技术方法和技术水平的代表性。

清单分析的数据收集如表 5-2。

表 5-2　生命周期清单分析数据收集

单 元 过 程 标 识			报 送 地 点
向空气排放①	单位	数量	取样程序表述
向水体排放②	单位	数量	取样程序表述
向土地排放③	单位	数量	取样程序表述
其他排放④	单位	数量	取样程序表述

① 如氯、一氧化碳、粉尘、颗粒物、氟、硫化氢、硫酸、盐酸、氮氧化物、硫氧化物、有机物、烃、多氯联苯、酚类、金属、汞、铅、铁、锌等。

② 如生化需氧量、化学耗氧量、以氢离子表示的酸、氯离子、氰酸根、油脂、溶解性有机物（列出清单）、氟离子、铁离子、有机氯（列出清单）、其他金属（列出清单）、其他含氮物（列出清单）、酚类、悬浮固体、磷酸盐、硫酸根等。

③ 如矿物废物、工业混合废物、城市固体废物、毒性废物等。

④ 如噪声、辐射、震动、恶臭、余热等。

② 数据的确认　数据收集以后，要对数据进行确认，即分析数据的有效性。有效性的确认包括运用数据质量指示器来分析数据源，评价数据的质量以发现不合理的数据并予以替换，对数据缺失和数据缺乏时的处理。

③ 数据的表示格式　清单分析是 LCA 的组成部分，是对产品系统进行的分析。为开展这种分析，首先要确定一种能表示过程数据的结构以及储存信息的格式。这种格式最适宜用具有嵌套结构的框架来表示，因为过程的数据通常有多层次的结构。如

```
输出
    向环境的输出
        向大气的排放
            排放脂肪族碳氢化合物
            排放烯烃
```

所选用的格式力求有统一性和透明性。将过程数据以及信息通过一定的格式收集整理后，下一步就要归纳出该产品生命周期的环境影响以及与此相关的对环境的干预。

（3）清单分析的约束条件

清单分析的约束条件是物料平衡和能量平衡。

① 物料平衡

$$\sum_i m_{\text{in},i} = \sum_j m_{\text{out},j}$$

式中　$m_{\text{in},i}$——第 i 个输入的质量；

　　　$m_{\text{out},j}$——第 j 个输出的质量。

② 能量平衡

$$\sum_i E_{\text{in},i} = \sum_j E_{\text{out},j}$$

式中　$E_{\text{in},i}$——第 i 个输入的能量；

　　　$E_{\text{out},j}$——第 j 个输出的能量。

当完成对某一种产品的环境干预后，要对这一清单中的过程数据进行检验，若它们不能满足物料平衡，则说明过程数据不完全，或是因为有些数据被错误地引入两次，或是由于不同数据的数量级差得太远。若清单不满足能量平衡，可能存在两个原因：一是由于缺乏各种不同的输入、输出物料的内能以及化学能的数据，因此无法对系统进行全面的能量平衡；二是因为对物质的内能还没有统一的定义。

（4）清单表

在清单分析中不仅要定性地给出各种环境干预，还要定量表示各种干预的程度，这就需要一张清单表。目前矩阵法被认为是建立清单表比较有效的方法。这一方法的主要思想是将过程所包含的所有数据都列到矩阵中，矩阵的每一列表示某个过程，列的上部（$a_1, a_2, \cdots, a_s$）表示该过程的经济输入和输出，下部（$b_1, b_2, \cdots, b_t$）表示与环境相关的输入和输出。

$$\binom{a}{b} = [a_1, a_2, \cdots, a_s, b_1, b_2, \cdots, b_t]^{\text{T}}$$

如果，式中的输入用负号表示，输出用正号表示，则全部过程的输入输出可用下面的矩阵表示。

$$\begin{pmatrix} a \\ b \end{pmatrix} = \begin{pmatrix} a_{11} & a_{12} & \cdots & a_{1q} \\ a_{21} & a_{22} & \cdots & a_{2q} \\ & & \vdots & \\ a_{s1} & a_{s2} & \cdots & a_{sq} \\ b_{11} & b_{12} & \cdots & b_{1q} \\ b_{21} & b_{22} & \cdots & b_{2q} \\ & & \vdots & \\ b_{t1} & b_{t2} & \cdots & b_{tq} \end{pmatrix}$$

式中，q 是过程的数目，各行代表各种单位的物流和能流。

（5）清单分析结果解释

清单分析的结果必须根据研究目的与范围加以解释；解释中必须包含数据质量评价和对重要输入输出及方法选用的敏感性分析，以认识结果的不确定性。对清单分析进行解释时还必须结合研究目的对下列情况加以考虑：系统功能和功能单位的规定是否恰当；系统边界的确定性是否恰当；通过数据质量评价和敏感性分析所发现的局限。

2. 清单分析的基本过程

研究目的与范围的确定为开展 LCA 研究提供了一个初步计划。生命周期清单分析（LCI）则涉及数据的收集和计算程序，这一活动应按图 5-6 所示的步骤进行。

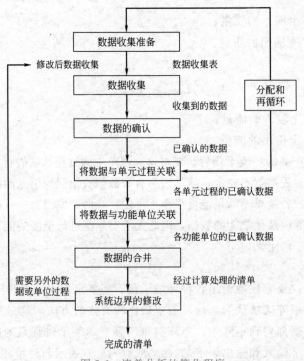

图 5-6　清单分析的简化程序

3. 清单分析的目的和应用

（1）清单分析的目的

进行生命周期评价一般基于以下几个目的。

① 建立一个信息基准，这里的信息是关于整个系统的资源使用、能源耗用以及环境负

担等。

② 用来确定一个产品或生产过程的生命周期中哪些地方能减少资源使用以及环境排放。

③ 与其他的产品和生产过程的投入和产出进行比较。

④ 帮助指导新的产品或生产过程的开发，以求减少资源使用和环境排放。

⑤ 帮助确定生命周期影响评价的范围。

（2）清单分析的应用

在实际生产生活中，生命周期清单分析一般为以下使用者所利用。

① 企业内部使用

a. 对企业内部的决策进行评价。对企业内部各种原料使用、产品、生产过程进行比较，以决定哪一种最好；与其他生产同种产品的企业中资源使用和环境排放的清单信息进行比较，看谁家的产品更具有环境优势，如果是自己的产品有环境优势，就可利用这个研究结果来进行市场宣传，从而使自己的产品更具竞争力；通过分析研究，看看自己的产品长处在哪里、短处在哪里，这样就可找到产品改进的方向，也可以为未来新产品的设计提供理论依据；有助于培训自己的员工在产品的生产过程中注意减少环境排放；为进行生命周期评价的其他步骤提供信息基线。

b. 对要向外部披露的信息进行评价。给政策制定者、专业组织以及一般市民提供适当的关于能源使用和环境排放的信息；如果信息不是选择性地进行披露，将有助于编制与产品生产相关的能源、原材料、环境排放等减少的定量性报告。

② 公共使用

a. 为政策制定提供条件。为评价现有的和未来的那些影响资源使用和环境排放的政策提供信息；当清单是用来为影响评价作基础时，能有助于完善那些关于原材料和资源使用，以及环境排放的政策规章制度；能帮助政府部门对某类产品进行研究，找到该类产品对环境影响最大或较大的一些阶段，然后在制定该类产品的生态标志、标准和有关的环境政策或法规时，把重点放在这些影响较严重的阶段；评价关于能源、原材料、环境排放的减少的定量化报告。

b. 公民教育。帮助公民了解产品生产过程中资源使用和排放的特性；为那些要进行产品生产过程设计的人员设计培训课程。

五、生命周期评价报告

生命周期评价报告是生命周期评价研究成果的反映，对所做的工作进行详细的叙述。评价报告一般应包含以下内容。

1. 基本情况

① LCA 的委托方，LCA 执业者（内部或外部的）。

② 报告日期。

③ 声明该项目研究是根据国家标准有关规定进行的。

2. 所确定的目的和范围

① 进行该项目研究的理由。

② 研究的应用意图。

③ 预期的交流对象。

④ 研究范围的修改及论证。

⑤ 研究范围的功能：a. 性能特征的表述；b. 进行比较时所忽略的其他功能。

⑥ 系统边界：a. 以基本流出现的系统输入输出；b. 边界确定准则；c. 所忽略的生命周期阶段、过程和数据需求；d. 对单元过程的初步表达；e. 所确定的分配办法。

⑦ 数据类型：a. 数据类型的确定；b. 每个数据类型的详细内容；c. 能量输入和输出的量化；d. 关于电力生产的假定；e. 燃烧热；f. 所纳入的无组织排放。

⑧ 输入输出初步选择准则：a. 准则和假定的表述；b. 准则的选用对结果的影响；c. 物质、能量和环境关联性准则考虑的比较性论断。

⑨ 数据质量要求。

（3）清单分析

① 数据收集程序。

② 单元过程的定性和定量表达。

③ 公开出版的文献来源。

④ 计算程序。

⑤ 数据的确认：a. 数据质量评价；b. 对缺失数据的处理。

⑥ 为修改系统边界所做的敏感性分析。

⑦ 分配原则和程序：a. 分配程序文件的编制和论证；b. 分配程序的统一应用。

（4）生命周期影响评价

影响评价方法及其结果。

（5）生命周期解释

① 结果。

② 结果解释中与方法学和数据假定有关的局限性。

③ 数据治理评价。

（6）LCA 的局限性

① 数据质量评价和敏感性分析。

② 系统功能和功能单位。

③ 系统边界。

④ 不确定性分析。

⑤ 通过数据质量评价和敏感性分析所发现的局限。

⑥ 结论后建议。

（7）对鉴定性评审过程的描述

包含评审人员的姓名和单位、鉴定性评审报告、对建议的答复。

第三节　生命周期评价实例

一、水泥生产生命周期分析

本案例主要考虑水泥生产阶段原料开采、生料制备、熟料烧成、水泥粉磨和包装等生产工艺过程和运输过程产生的直接环境影响以及与水泥生产相关的电力生产和煤炭生产过程产生的间接环境影响。

1. 评价的目的和范围

水泥的不同生产技术造成的环境影响不同。本案例以代表水泥工业发展方向的新型干法生产技术作为技术对象，进行水泥生产阶段生命周期分析。其目的在于分析水泥生产阶段各过程的环境影响，确定水泥生产阶段造成重大环境影响的关键环节，从而改进生产工艺，降低能源和原材料消耗，减少环境污染。

以某水泥厂两条 2000t/d 的新型干法生产线为依据，进行水泥生产阶段生命周期评价分析，功能单位为 1t 水泥。从研究目的出发，水泥生产阶段生命周期评价的研究范围，即系统边界如图 5-7 所示。

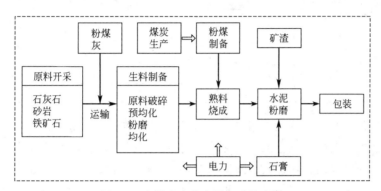

图 5-7　水泥生产生命周期系统边界

仅考虑系统边界内与功能单位直接相关的过程或活动所带来的环境影响，不考虑诸如工厂基础设施建设、工人生活等活动造成的环境影响。由于原料开采阶段数据有限，没有依原料类型分别分析，而是将各种原料合并进行了简化处理。

2. 水泥生产生命周期清单分析

（1）原材料消耗清单

水泥生产阶段中消耗的原材料主要有石灰石、砂岩、铁矿石、石膏、水以及一些工业废弃物，如矿渣、粉煤灰等。对工业废弃物不作为资源消耗考虑，其本身造成的环境影响由产生这些工业废弃物的工艺过程分担，只考虑由于使用这些工业废物所造成的直接环境影响，如运输、粉磨等过程消耗的能量和产生的排放物。

考察 P. I. 52. 5、P. O. 42. 5、P. S. 32. 5 三种水泥的原料消耗情况，如表 5-3 所示。

表 5-3　水泥生产原料消耗清单　　　　　　　　单位：kg/t 水泥

原料 ＼ 水泥	P. I. 52. 5	P. O. 42. 5	P. S. 32. 5
石灰石	1230.30	1073.71	761.36
砂岩	79.94	69.77	49.47
铁粉	32.76	28.59	20.27
石膏	52.04	51.14	51.06

（2）水泥各工艺过程能量消耗清单

假设矿渣与熟料采用分别粉磨的方式，系统边界内 1t 水泥各工艺过程的能量消耗如表 5-4 所示，其中煤的空气收到基低位热值按 23301kJ/kg 计算。每吨熟料烧成用煤为 139.7kg，烘干用煤为 2.5kg（这里燃煤为干燥的）。由于烘干用煤只占总用煤量的 1.76%，为计算方便，假设燃煤量全部用于熟料烧成过程。

表 5-4　1t 水泥能量消耗 单位：kJ

能量消耗＼水泥	P. I. 52. 5		P. O. 42. 5		P. S. 32. 5	
	电耗	热耗	电耗	热耗	电耗	热耗
原料开采	100118		87375		61957	
生料制备	123737		107988		76573	
煤粉制备	13673		11932		8461	
熟料烧成	97691	3146042	85257	2745617	60455	1946889
熟料粉磨	137410		119920.5		85034.3	
矿渣粉磨			20208.5		60393.3	
石膏制备	2600.4		2554.8		2553.2	
合计	475229.4	3146042	435236.8	2745617	355426.8	1946889
每吨水泥		3621271		3180854		2302316

从表 5-4 中可看出，三种水泥的热耗依次分别占总能耗的 86.9%、86.3% 和 84.6%。显然，热耗是造成水泥生产工艺能量消耗巨大的主要原因。因此，要降低水泥的生产能耗就要设法降低水泥的燃煤消耗，即通过降低水泥在熟料烧成阶段的燃煤消耗可大大降低水泥生产工艺中的能耗。从三种水泥的对比分析中不难发现，由于掺入的矿渣可以取代部分熟料，虽然矿渣的制备需要消耗电能，但其消耗的能量小于其取代的熟料在烧成阶段消耗的能量。这样也就间接减少了燃煤的用量。因此如果不考虑水泥的品质，只考虑水泥的能量消耗，则加入矿渣可以显著降低水泥生产工艺过程的能量消耗。

（3）水泥生产阶段环境影响清单

水泥在系统边界内造成的环境影响主要有 CO_2、SO_2、NO_x、CO 等废气，化学需氧量（COD）、悬浮物（SS）和油等废水排放物，另外还有粉尘和噪声污染。其中，SO_2 的排放主要与使用的燃料有关；CO_2 的排放不仅与消耗的能量有关，还与水泥生产本身有关；NO_x 的产生主要与水泥熟料烧成有关。水泥在生产阶段产生的固体废物，基本都可以重新利用，因此只考虑粉尘的影响。

水泥生产阶段环境排放清单，以 1t 水泥为功能单位，通过系统边界内各有关过程和活动的环境排放，以功能单位为基准累加得到。

表 5-5 列示了公用过程的环境排放清单，表 5-6 给出了水泥生产阶段运输过程涉及的用料清单，其中数据为所用原料含水状态时的数据，假设所有原料的运输距离为 100km，运输方式为铁路运输，且不计损失。

表 5-5　公用过程的环境排放清单

排放物/mg	运输/(t·km)		电力生产/MJ	煤生产/MJ
	公 路	铁 路		
CO_2	23770	317200	317000	894.6
SO_2	182	245.8	286.5	8.753
NO_x	764.1	70.57	1449	2.13
CO	2758	96.6	770	1.165
COD			8.636	0.531
SS			54.78	0.762
油			2.77	
粉尘		308.6	2652	3.543

表 5-6　水泥生产阶段用料运输清单　　　　　　　单位：kg/t 水泥

用料＼水泥	P. I. 52. 5	P. O. 42. 5	P. S. 32. 5
石灰石	1230.30	1073.71	761.36
砂岩	79.94	69.77	49.47
铁粉	32.76	28.59	20.27
粉煤灰	112.3	98.02	69.51
石膏	52.04	51.14	51.06
矿渣		137.55	411.54
煤	149.2	130.2	92.3
合计	1656.54	1588.96	1455.51

表 5-7 给出了水泥生产阶段的环境排放清单，其中煤生产的排放数据由表 5-4 的热耗和表 5-5 相应列数据的乘积得到，这样可以避免采用耗煤量而带来的煤含水率波动造成的影响。从表 5-7 可以看出，工艺过程和电力生产是造成 CO_2、SO_2、NO_x 和粉尘排放的主要原因，因此要减少这些方面的环境影响，可以改进水泥生产工艺和提高电力生产效率或使用清洁能源。

表 5-7　水泥生产阶段环境排放清单　　　　　　　单位：g/t 水泥

排放物		CO_2	SO_2	NO_x	CO	COD	SS	油	粉尘
工艺过程	P. I. 52. 5	835550	76	902	2.94	29.6	22.5	0.095	922
	P. O. 42. 5	729200	66.3	787	2.56	25.8	19.6	0.083	804
	P. S. 32. 5	517100	47	558	1.82	18.3	13.9	0.059	571
运输过程	P. I. 52. 5	52545	40.7	11.7	16				51
	P. O. 42. 5	50402	39.1	11.2	15.3				49
	P. S. 32. 5	46169	35.8	10.3	14.1				45
电力生产	P. I. 52. 5	150648	136.2	688.6	366	4.1	26.0	1.3	1260
	P. O. 42. 5	137970	124.7	630.6	335	3.8	23.9	1.2	1154
	P. S. 32. 5	112670	101.8	515	274	3.1	19.5	1.0	942.6
煤生产	P. I. 52. 5	2814	27.5	6.7	3.7	1.7	2.4		11.1
	P. O. 42. 5	2456	24.0	5.8	3.2	1.5	2.1		9.7
	P. S. 32. 5	1741	17.0	4.1	2.3	1.0	1.5		6.9

表 5-8 给出了三种水泥生产阶段环境排放分类汇总数据。

表 5-8　三种水泥生产阶段环境排放分类汇总　　　　单位：g/t 水泥

排放物	CO_2	SO_2	NO_x	CO	COD	SS	油	粉尘
P. I. 52. 5	1041557	280.4	1609	388.6	35.4	50.9	1.4	2244
P. O. 42. 5	920028	254.1	1434.6	356.1	31.1	45.6	1.3	2017
P. S. 32. 5	677685	201.6	1087.4	292.2	22.4	34.9	1.1	1565

3. 水泥生产阶段生命周期环境影响评价

水泥生产阶段生命周期环境影响评价，依据国际标准化组织（ISO）和国际环境毒理学和化学学会（SETAC）建立的框架以及丹麦的工业产品环境设计（EDIP）方法进行。依据以上方法建立了水泥生产阶段生命周期影响评价的公共体系，由分类和特征化、标准化以及加权等步骤组成，如图 5-3 所示。

其中，全球变暖、臭氧层损耗以及不可再生资源消耗为全球环境影响因素，酸化、富营养化和可再生资源消耗为区域性环境影响因素，固体废物和粉尘为局部环境影响因素。对固体废物和粉尘，未按物理和化学性质进行区分，而是根据清单结果统一归为两类。对其他的一些环境影响因素，如噪声、事故等，由于数据的限制，在此不作考虑。

（1）水泥潜在环境影响计算

① 全球变暖（GWP） 根据水泥生产阶段环境排放清单的结果，由 GWPs 特征化因子（100 年）即可计算出每吨水泥生产阶段造成的全球变暖的数值，如表 5-9 所示。

表 5-9 水泥生产阶段全球变暖潜在环境影响 EP_{GWP}

排放物	当量因子/(g/g)	全球变暖潜在环境影响 EP_{GWP}（CO_2 当量）/(g/a)		
		P. I. 52. 5	P. O. 42. 5	P. S. 32. 5
CO_2	1	1041557	920028	677680
CO	2	388.6	356.1	292.2
NO_x	320	1609	1434.6	1087.4
潜在影响		1557214	1379812	1026232

② 酸化（AP） 水泥排放物中造成酸化影响的主要物质是 SO_2 和 NO_x，其酸化潜在影响为其排放物的量与当量因子乘积的和，结果见表 5-10。

表 5-10 水泥酸化潜在环境影响 EP_{AP}

排放物	当量因子/(g/g)	酸化潜在环境影响 EP_{AP}（SO_2 当量）/(g/a)		
		P. I. 52. 5	P. O. 42. 5	P. S. 32. 5
SO_2	1	280.4	254.1	201.6
NO_x	0.7	1609	1434.6	1087.4
潜在影响		1406.6	1258.3	962.8

③ 富营养化（NP） 水泥排放物中造成富营养化的主要原因是 COD 和 NO_x，其潜在影响见表 5-11。

表 5-11 水泥富营养化潜在环境影响 EP_{NP}

排 放 物	当量因子/(g/g)	富营养化潜在环境影响 EP_{NP}（NO_3^- 当量）/(g/a)		
		P. I. 52. 5	P. O. 42. 5	P. S. 32. 5
COD	0.23	35.4	31.1	22.4
NO_x	1.35	1609	1434.6	1087.4
潜在影响		2180	1944	1473

（2）水泥潜在环境影响的标准化

对计算的各类潜在环境影响采用 EDIP 提出的标准化方法进行标准化，以比较它们的相对大小，结果如表 5-12 所示。在几种影响类型中，全球变暖和粉尘是水泥在生产阶段的主要环境影响。以 P. I. 52. 5 为例，其全球变暖和粉尘排放造成的环境负荷占水泥生产总负荷的 45. 5% 和 23. 2%，水泥生产阶段对全球变暖的各个影响因素中的 CO_2 的影响最大，约占总量的 66. 9%。其中，$NEP_{China,90}$ 为以中国 1990 年作为参考年计算的每人潜在环境影响。

表 5-12　标准化后的潜在环境影响

影　响	标准人当量基准	标准化后的潜在环境影响 $NEP_{China,90}$		
		P. I. 52. 5	P. O. 42. 5	P. S. 32. 5
GWP(CO_2 当量)	8700kg/(人·a)	0. 180	0. 159	0. 118
AP(SO_2 当量)	36kg/(人·a)	0. 039	0. 035	0. 027
NP(NO_3^- 当量)	62kg/(人·a)	0. 035	0. 031	0. 024
烟尘和粉尘	18kg/(人·a)	0. 125	0. 112	0. 087

（3）水泥潜在环境影响的加权评估

根据有关计算的权重（见表 5-13），对上述标准化后的潜在环境影响进行加权评估，结果如图 5-8 所示。

表 5-13　环境影响的参考权重

影响类型	GWP	AP	NP	烟尘和粉尘
权重	0. 83	0. 73	0. 73	0. 61

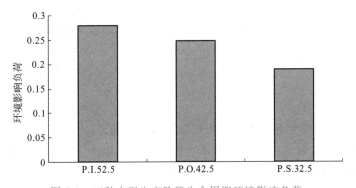

图 5-8　三种水泥生产阶段生命周期环境影响负荷

（4）水泥生产阶段资源耗竭系数

水泥生产阶段消耗的石膏、砂岩等原料可以用某些工业副产品代替，可暂不考虑资源耗竭。因此，水泥生产阶段资源消耗主要考虑石灰石矿资源消耗和煤耗。煤耗由水泥生产阶段的煤耗和能源生产的煤耗两部分组成。对燃煤和电力生产造成的间接资源消耗，由于存在多次循环，在此只考虑一个循环过程消耗的资源。我国每生产 1MJ 煤炭需消耗 0. 00926MJ 的原煤，生产 1MJ 电力需消耗 3. 25MJ 原煤。P. I. 52. 5、P. O. 42. 5、P. S. 32. 5 三种水泥因消耗能源而间接消耗的原煤分别为 67. 53kg、61. 80kg、50. 35kg。我国已初步探明的石灰石储量约 450 亿吨，可开采利用的约 250 亿吨，现在水泥工业每年消耗石灰石资源 5 亿吨。石灰石按照我国参考年（1990 年）的人口（11. 4 亿）计算标准化因子，其结果约为 420kg/(人·a)；煤耗和铁矿资源消耗的标准化因子分别为 574kg/(人·a) 和

103kg/(人·a)。依据水泥消耗的三种资源量分别计算其标准化后的资源消耗，同时依据资源的可供应期，以其倒数作为权重来计算资源耗竭系数。石灰石的权重按我国每年石灰石资源的消耗量除以石灰石的储量，其结果约为 1/90；而煤和铁矿石的权重分别为 1/170 和 1/120。如表 5-14 和图 5-9 所示，其中 $PR_{China,90}$ 为以中国 1990 年作为参考年计算的每人资源消耗。

表 5-14 标准化后的资源消耗

影 响	标准人当量基准	标准化后的资源消耗 $PR_{China,90}$		
		P. I. 52. 5	P. O. 42. 5	P. S. 32. 5
煤	574kg/(人·a)	0.39	0.35	0.26
石灰石	420kg/(人·a)	2.93	2.56	1.81
铁矿石	103kg/(人·a)	0.32	0.28	0.20

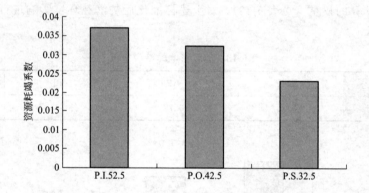

图 5-9 三种水泥的资源耗竭系数

4. 结果解释

通过对水泥生产阶段生命周期的分析可以得出以下结论。

① 在水泥生产阶段所考查的四个基本过程中，水泥生产工艺过程和电力生产产生的环境影响最大。因此，要降低水泥生产阶段的环境影响，可以从提高水泥生产工艺的热效率和改变我国现有的能源生产结构入手。

② 在水泥生产阶段造成的潜在环境影响中，全球变暖和粉尘排放是两种主要的环境影响类型。

③ 在水泥的生产工艺过程中，熟料烧成工艺消耗的能量最大。以 P. I. 52. 5 为例，1 吨水泥的熟料烧成能耗占水泥总能耗的 89.6%，其中热耗占总能耗的 86.9%。因此，降低水泥熟料烧成热耗就成为减少水泥环境影响的关键。我国水泥热耗较发达国家高 50% 以上，降低热耗还有很大空间。

④ P. I. 52. 5、P. O. 42. 5、P. S. 32. 5 三种水泥的环境影响负荷分别为 0.28、0.25、0.19，资源耗竭系数分别为 0.038、0.033、0.024。随着水泥强度的提高，三种水泥的环境影响负荷和资源耗竭系数都增大。这主要是因为三种水泥每吨水泥的熟料消耗量不同，强度等级越高，熟料消耗量也越大。

二、聚氯乙烯生产过程生命周期分析

1. 研究对象与研究方法

（1）研究对象

本案例以我国某大型石化集团聚氯乙烯（PVC）生产过程为研究对象，该公司聚氯乙烯生产能力为 20 万吨/年。该项目拟采用干法乙炔发生工艺，从技术可靠性、经济性考虑，该工艺流程包括：电石干法制乙炔，乙炔氯化加氢制氯乙烯，采用日本 CHISSO 聚合技术实现氯乙烯悬浮法制 PVC，糊树脂制 PVC 采用聚合技术工艺包。

（2）研究方法

根据 ISO 14041 的生命周期评价技术框架，确定本文的研究目标及范围，收集原材料和能源消耗数据，并将收集的数据单位化、标准化及加权化，进而得出生命周期评价的结论。

2. 目标与范围的确定

本文只考虑聚氯乙烯生产过程中的原材料、能源消耗及产生的环境影响负荷，该过程的技术环节包括：电石干法制乙炔、电解食盐水制氯化氢、乙炔和氯化氢加成制氯乙烯、氯乙烯聚合制聚氯乙烯。本系统研究范围如图 5-10 所示。

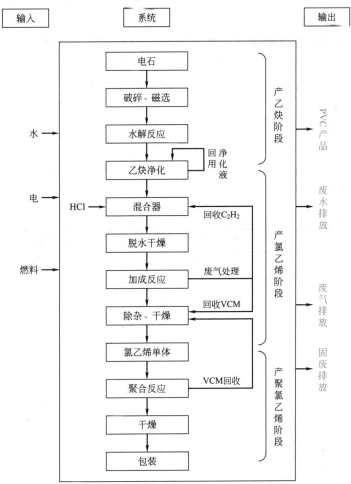

图 5-10　PVC 生产生命周期评价系统研究范围

3. 生命周期清单分析

以聚氯乙烯生产过程为研究对象，功能单位为生产 1t 聚氯乙烯的能源、原材料消耗及环境污染物排放。研究中涉及的数据由该行业清洁生产评价指标体系、该项目环评报告书及相应的参考文献所获得。

（1）能源及原材料消耗分析

对该企业所提供的生产数据进行整理，得到生产单位聚乙烯的能源及原材料消耗指标如表 5-15 所示。

表 5-15　PVC 生产的能源及原材料消耗指标

工序	原材料消耗/(t/t)	电能消耗/(MJ/t)	蒸汽消耗(折煤)/(kg/t)
产乙炔阶段	电石 1.44，水 11.2	160.62	—
产氯乙烯阶段	乙炔 0.44，氯化氢 0.61，水 0.18	236.34	24.29
产聚氯乙烯阶段	氯乙烯 1.01，水 0.4	381.60	215.91
合计	电石 1.44，水 11.78	778.56	240.2

由表 5-15 中的原料分析结果可知，在聚氯乙烯生产过程中，水的消耗量最大为 11.78t/t PVC，能源消耗分析表明，氯乙烯聚合过程所需能耗最高，电能和蒸汽消耗分别占总能耗的 49% 和 90%，其次为产氯乙烯阶段，产乙炔阶段的能耗最少。对表 5-15 所列的能源消耗情况进行进一步计算，得知聚氯乙烯生产过程总能耗为 7818.34MJ 标准煤。

（2）环境排放清单分析

聚氯乙烯生产生命周期评价中，电能和蒸汽的生产过程都会伴随着环境污染物的排放，参照中国生产 1MJ 电力的输入与输出、企业使用燃料过程中的实际排污情况及相关文献，得出其环境排放结果，见表 5-16。

表 5-16　PVC 生产污染物环境排放清单　　　　　　单位：mg/t

污染物		电能生产	蒸汽生产	工艺过程	合计
废气排放	CO_2	$246.67×10^6$	$0.5×10^6$	—	$247.17×10^6$
	CO	$5.99×10^5$	$4.97×10^5$	—	$1.1×10^6$
	NO_x	$1.13×10^6$	$1.39×10^6$	—	$2.52×10^6$
	SO_2	$2.23×10^6$	$1.14×10^6$	—	$3.37×10^6$
	粉尘	$2.06×10^6$	$1.43×10^5$	—	$2.2×10^6$
	CH_4	—	$1.92×10^4$	—	$1.92×10^4$
	HCl	—	—	$4.6×10^3$	$4.6×10^3$
	C_2H_2	—	—	$9.6×10^4$	$9.6×10^4$
	VCM	—	—	$2.74×10^5$	$2.74×10^5$
	PVC	—	—	$4.41×10^5$	$4.41×10^5$

续表

污染物		电能生产	蒸汽生产	工艺过程	合计
排入水体的污染物	COD	6.72×10^3	7.45×10^4	3.73×10^5	4.54×10^5
	Pb^{2+}	20	—	—	20
	VCM	—	—	2.47×10^3	2.47×10^3
	SS	4.26×10^4	—	3.16×10^5	3.59×10^5
	硫化物	—	—	1.47×10^3	1.47×10^3
	石油类	2.16×10^3	—	6.78×10^3	8.94×10^3
	Hg^{2+}/总汞	0.42	—	6.825	7.25
固体废物	电石渣	—	—	综合利用	综合利用
	灰	6.23×10^3	综合利用	—	6.23×10^3
	渣	3.67×10^3	综合利用	—	3.67×10^3
	污泥	—	6.97×10^5	3.48×10^6	4.18×10^6
	危险废物	—	—	5.78×10^5	5.78×10^5

PVC 生产过程中会产生废气、废水和固体废物。由表 5-16 可知，废气污染物中排放量最大的是 CO_2，占废气污染物排放总量的 96.1%，而其中 99.8% 来自电力生产过程；废水污染物中排放量较大的是 COD 和 SS，主要来自 PVC 生产工艺过程中，此外该过程也是固体废物的主要排放源，由于生产过程产生的电石渣及燃煤灰渣能被同期建设的水泥厂综合利用，在此不对其排放量进行考虑。

4. 生命周期影响评价

环境影响负荷的计算旨在识别其中重要的影响因子，并将其转化为比较容易理解、具有可比性、能较好反映对环境潜在影响的指标。

（1）环境影响潜值的计算

产品环境影响潜值指整个产品系统中所有环境排放影响的总和，用公式表示：

$$EP(j) = \sum EP(j)_i = \sum [Q_i \times EF(j)_i]$$

式中，EP (j) 是产品系统对第 j 种潜在环境影响的贡献；EP(j)$_i$ 是第 i 种排放物质对第 j 种潜在环境影响的贡献；Q_i 是第 i 种物质排放量；EF(j)$_i$ 是第 i 种排放物质对第 j 种潜在环境影响的当量因子。

根据聚氯乙烯生产过程环境污染物排放清单（表 5-16）可知，该生产过程可能造成的潜在环境影响包括：全球变暖、酸化、富营养化、光化学臭氧合成和固体废物。计算各种环境影响的潜值，见表 5-17。

表 5-17　PVC 生产环境影响潜值

影响类型	污染物		效应当量因子/(g/g)	环境影响潜值/g	总和/g
	种类	排放量/g			
全球变暖（CO_2 当量）	CO_2	247.17×10^3	1	247.17×10^3	1.06×10^6
	CO	1.10×10^3	2	2.20×10^3	
	NO_x	2.52×10^3	320	8.06×10^5	
	烃	115.2	3	345.6	

影响类型	污染物		效应当量因子/(g/g)	环境影响潜值/g	总和/g
	种类	排放量/g			
酸化（SO_2当量）	NO_x	$2.52×10^3$	0.7	$1.76×10^3$	$5.13×10^3$
	SO_2	$3.37×10^3$	1.0	$3.37×10^3$	
	HCl	4.60	0.88	4.05	
富营养化（NO_3^-当量）	NO_x	$2.52×10^3$	1.35	$3.40×10^3$	$3.50×10^3$
	COD	$4.54×10^2$	0.23	104.42	
光化学臭氧合成（C_2H_2当量）	C_2H_2	96	1	96	129
	CO	$1.10×10^3$	0.03	33	
固体废弃物（固废当量）	烟尘和灰尘	$2.20×10^3$	1	$2.20×10^3$	$2.20×10^3$
	固体废物	$4.18×10^3$	1	$4.18×10^3$	$4.18×10^3$
	危险废物	$5.78×10^2$	1	$5.78×10^2$	$5.78×10^2$

由表 5-17 可知，全球变暖潜值（CO_2当量）为 $1.06×10^6$g，其中 NO_x 的贡献最大，占 76.04%，其次为 CO_2 占 23.3%；酸化影响潜值（SO_2当量）为 $5.13×10^3$g，主要是 SO_2 和 NO_x 的贡献，分别占 65.7% 和 34.3%；富营养化潜值（NO_3^-当量）为 $3.50×10^3$g，主要贡献来自电能和蒸汽生产过程产生的 NO_x，占 97.1%；光化学臭氧合成潜值（C_2H_2当量）为 129g，主要贡献是工艺过程中排放的乙炔，占 74.4%。

（2）环境影响潜值的标准化

环境影响潜值的标准化可为各种环境影响潜值的相对大小提供一个可比较标准，从而比较对各种影响类型的贡献大小，为进一步评估提供依据。

产品系统标准化后的环境影响潜值可用以下公式表示：

$$NEP(j)=\frac{EP(j)}{NR(j)_{90}}$$

$$NR(j)_{90}=\frac{EP(j)_{90}}{POP_{90}}$$

式中，$NR(j)_{90}$ 为 1990 年全球（或中国）人均环境影响潜值；$EP(j)_{90}$ 为 1990 年全球（或中国）总的环境影响潜值；POP_{90} 为 1990 年全球（或中国）人口。

对各种环境影响潜值采用相应的标准化基准进行标准化，结果见表 5-18。

表 5-18　PVC 生产过程环境影响潜值标准化

影响类型	影响潜值	标准化基准	标准化后的影响潜值（$PE_{China,90}$）/标准人当量
全球变暖（CO_2当量）	$1.06×10^6$g	8700kg/(人·a)	0.12
酸化（SO_2当量）	$5.13×10^3$g	36kg/(人·a)	0.14
富营养化（NO_3^-当量）	$3.50×10^3$g	62kg/(人·a)	0.056
光化学臭氧合成（C_2H_2当量）	129g	0.65kg/(人·a)	0.20
烟尘和灰尘	$2.20×10^3$g	18kg/(人·a)	0.12
固体废物	$4.18×10^3$g	251kg/(人·a)	0.016
危险废弃物	578g	38kg/(人·a)	0.015

（3）加权分析及环境影响负荷

由于环境问题本身的特性以及人类社会对其认识和关注程度的不同，各种环境影响的相对重要性也有所不同。本研究依据中科院建立的生命周期环境影响评价模型中各种环境影响的权重，对其进行进一步加权分析，结果列于表 5-19。

表 5-19　PVC 生产环境影响潜值加权化

影响类型	标准化后的影响潜值 $(\mathrm{PE_{China,90}})$	权重因子	加权后的环境影响潜值 $(\mathrm{PE_{China,90}})$/标准人当量
全球变暖	0.12	0.83	0.10
酸化	0.14	0.73	0.102
富营养化	0.056	0.73	0.041
光化学臭氧合成	0.20	0.53	0.106
烟尘和灰尘	0.12	0.61	0.122
固体废物	0.016	0.62	0.01
危险废弃物	0.015	0.45	0.0068
EIL			0.49

经加权后的各种环境影响潜值具有了可比性，而且也反映了其相对重要性，因此可以将其综合为一个简单的指标，称为环境影响负荷（EIL），可表示如下：

$$\mathrm{EIL} = \sum \mathrm{WP}(j) = \sum \mathrm{WF}(j) \cdot \mathrm{NEP}(j)$$

式中，$\mathrm{WP}(j)$ 为加权后的影响潜值；$\mathrm{WF}(j)$ 为环境影响的权重因子；$\mathrm{NEP}(j)$ 为标准化的影响潜值。

由表 5-19 可知，在 PVC 生产生命周期的环境影响负荷为 0.49 标准人当量，主要的环境影响为大气颗粒物污染、光化学臭氧合成、酸化和全球变暖，即对全球、区域和局地均有一定的影响，其中对全球的影响最大。

在 PVC 生产过程中，电能生产过程所产生的环境负荷最大，其次为蒸汽生产过程和工艺过程。其中能源生产过程的环境排放主要引起全球变暖、酸化、富营养化、大气颗粒物污染，环境影响潜值为 $\mathrm{EIL_{energy}} = 0.10 + 0.102 + 0.041 + 0.122 = 0.365$（标准人当量）；PVC 生产工艺过程中的环境排放主要引起光化学臭氧合成、固体废物和危险废物，环境影响潜值为 $\mathrm{EIL_{process}} = 0.106 + 0.012 + 0.0068 = 0.125$（标准人当量）。

5. 结论及建议

① 聚氯乙烯生产的总能耗为 7818.34MJ/t，其中氯乙烯聚合产聚氯乙烯阶段的能耗最大，占总能耗的 85.82%。可以通过提高设备水平，节约此阶段的能源消耗。

② 聚氯乙烯生产生命周期的环境排放，废气排放主要来自电能生产过程，其中 CO_2 占 99.6%，粉尘占 93.6%，SO_2 占 59.8%；水污染物的排放主要是 COD 和 SS，主要来源是聚氯乙烯生产工艺过程，此外此过程也是固体废物的主要来源。因此减少对环境排放的关键在于生产工艺的改进，提高资源和能源的利用率；同时提倡清洁生产，降低聚氯乙烯生产生命周期中污染物的排放。

③ PVC 生产生命周期的环境影响负荷为 0.49 标准人当量，其中能源生产过程的环境影响负荷为 0.365 标准人当量，生产工艺过程的环境影响负荷为 0.125 标准人当量。PVC 生产的主要环境影响为烟尘和灰尘、光化学臭氧合成、酸化和全球变暖。

三、啤酒生产生命周期分析

1. 目标和范围定义

（1）目标定义

啤酒生产过程复杂，工艺链长，设备多，物耗、能耗大，其生命周期的各阶段几乎都有不同程度的污染产生。通过啤酒 LCA 研究，辨识啤酒生产各子系统中对环境影响较明显的单元；评价啤酒生产各阶段对环境的影响；有效支持啤酒清洁生产；为进一步开展食品生命周期评价研究提供经验。

（2）范围定义

以某地区销售的普通 11°P 的 630mL 绿色玻璃瓶装啤酒为例，功能单位为 1kL。一般而言，啤酒生命周期包括原材料生产、酿造、包装、存贮、运输、消费、瓶箱回收及废弃物处理等几个单元。根据目前啤酒企业实际生产布局，本案例研究系统范围如图 5-11 所示。

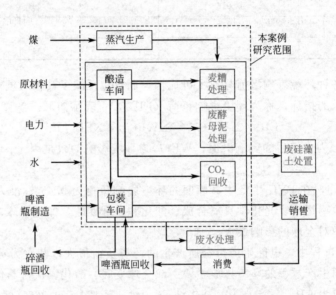

图 5-11　啤酒生产 LCA 评价系统研究范围

2. 清单分析

针对研究范围，将啤酒生命周期分成三个子系统：酿造、包装、蒸汽生产。由于企业内部生产车间相对集中，物料运输所造成的环境影响忽略不计。啤酒生产是一个多输入、多输出系统，生产过程存在着复杂的再循环利用过程，即边角料、副产品或废旧产品的被重新利用。再循环有两种：开环再循环和闭合再循环。酿造子系统中麦糟、废酵母泥干燥处理属于啤酒生产过程中的开环再循环系统；CO_2 回收及包装车间破碎啤酒瓶回收则属于闭合再循环过程，其中开环再循环系统涉及数据分配，采用国际化学与毒理学学会提出的对等分配法进行数据分配，即再循环过程所造成的环境负荷由提供再循环材料的系统和接收再循环材料的系统各负担 50%。

（1）原材料消耗

啤酒生产原材料消耗主要是麦芽、大米、水、酒花、啤酒瓶、瓶盖、标签、胶水及其他一些辅助添加剂和洗涤剂。各子系统主要原材料消耗如表 5-20 所示。

表 5-20　1kL啤酒生产原材料消耗清单　　　　　　　单位：kg/kL

子系统	物料消耗		耗水量
	物料	消耗量	
酿造	麦芽	89.4	4870
	大米	64.90	
	酒花	0.33	
	各种酿造用酶	0.03	
	硅藻土	1.07	
	火碱	0.41	
包装	啤酒瓶	848	4250
	瓶盖	4.01	
	商标	3.2	
	胶水	1.07	
	火碱	1.07	
	洗涤剂	0.20	
蒸汽生产	标准煤	110.65	440

（2）能源消耗

啤酒酿造的糊化、糖化、煮沸及啤酒巴氏灭菌等过程需消耗大量蒸汽；而原材料、半成品及成品输送，设备运行，特别是制冷需消耗大量电能。该企业利用燃煤来生产蒸汽，电力则由外部供应，各子系统能源消耗如表 5-21 所示（将蒸汽消耗折算成标准煤）。

表 5-21　1kL啤酒生产各子系统能源消耗清单

子系统	电能/(kW·h/kL)	蒸汽(标准煤)/(kg/kL)	总计(标准煤)/(kg/kL)
酿造	62.58	37.36	62.46
包装	13.00	41.64	46.85
蒸汽生产	15.60	0	6.26

（3）环境排放

在研究的系统内啤酒生产对环境造成影响的因子主要有化学耗氧量（COD）、悬浮物含量（SS）、CO_2、CO、SO_2、NO_x、NH_3、工业烟尘和粉尘、固体废物，另外还有异味和噪声污染。其中 COD 和 SS 主要与酿造和包装阶段的排放有关；大气污染主要与蒸汽生产消耗大量燃煤及制冷阶段冷媒泄漏有关；固体废物主要是炉渣和废硅藻土。啤酒生产各子系统环境排放见表 5-22。

表 5-22　1kL啤酒生产各子系统环境排放清单　　　　　单位：kg/kL

子系统	大气排放		废水排放		固体废物	
	排放物	排放量	排放物	排放量	排放物	排放量
酿造	粉尘	0.64	COD	22.08	废硅藻土	1.10
	NH_3	0.067	SS	7.36		
包装			COD	6.35	碎玻璃、废商标	0.53
			SS	2.16		
蒸汽生产	CO_2	260.70			炉渣	回收
	CO	0.041				
	SO_2	1.46				
	HCl	0.69				
	CH_4	0.014				
	粉尘	0.045				

注：碎玻璃为啤酒瓶在包装过程中因挤压、碰撞、砸裂等产生的，炉渣全部被当地水泥厂和砖瓦厂收购，因此不考虑由此带来的影响。

3. 影响评价

依据 ISO 和 SETAC 建立的框架以及丹麦的工业产品环境设计（EDIP）方法，将啤酒生产生命周期影响评价划分为分类和特征化、标准化以及加权等步骤。评价体系如图 5-3 所示。

（1）资源耗竭系数

对可更新资源，如麦芽、大米的消耗，不进行影响评价；水资源尽管也属于可更新资源，但由于我国水资源缺乏已成为一个很普遍的问题，因此将其列入不可更新资源进行评价。采取资源消耗稀缺性作为确定权重的方法，不可更新资源采用各种资源消耗量与其蕴藏量的相对比例（可供应期）来表述其稀缺性。

啤酒生产资源耗竭主要考虑煤和水的消耗，该企业电能由火力发电提供，因此将电力消耗也折算成标准煤消耗，如表 5-23 所示。

（2）环境影响负荷

按上述介绍的数据标准化方法进行环境影响潜值计算，不对蒸汽生产阶段产生的环境影响进行分配，由蒸汽生产子系统全部承担，结果见表 5-24。

表 5-23　1kL 啤酒生产标准化后资源耗竭清单

资 源 耗 竭	标准人当量基准	标准化后资源耗竭
水	472m³/（人·a）	0.020
煤	572kg/（人·a）	0.193

表 5-24　1kL 啤酒生产环境影响潜值标准化和加权分析

环境 影响类型	影响潜值	标准化基准 /[kg/（人·a）]	标准化后影响潜值 mNEP$_{China,90}$			总　计
			酿造	包装	蒸汽生产	
全球变暖（CO_2 当量）	481.930g/a	8700			0.055	0.055
酸化（SO_2 当量）	0.831g/a	36	0.003		0.020	0.023
富营养化（NO_3^- 当量）	7.714g/a	61	0.087	0.025	0.015	0.127
工业固体废物	1.63g/a	215	0.005	0.002		0.007
粉尘和烟尘	0.70g/a	18	0.036		0.004	0.039

根据现有的有关研究成果，对各影响类型赋予不同的权重因子：全球变暖，0.83；酸化，0.73；富营养化，0.73；工业固体废物，0.62；粉尘和烟尘，0.61。标准化后的影响潜值加权评估结果如图 5-12 所示。

（3）结果解释

① 从资源消耗清单分析看，该企业水资源的利用和国外相比，还有很大的差距（国外 1kL 啤酒生产平均耗水为 8t 左右），可通过选择合理的清洗方式（如 CIP 清洗系统）来降低水耗。相对于水资源的消耗，啤酒生产对煤的资源耗竭更严重，主要源于酿造和包装阶段消耗大量的蒸汽，可通过添置机械压缩式热泵回收二次蒸汽来提高蒸汽利用率。电力消耗最大的是酿造阶段，主要是发酵过程维持低温环境所需的制冷过程，应减少或避免冷媒泄漏，同时合理选用和配置电机、传输装置、泵等。

② 从图 5-12 可知啤酒生产对环境的潜在影响依次是富营养化、全球变暖、粉尘和烟尘、酸化和工业固体废物。其中，酿造阶段对富营养化、粉尘和烟尘及工业固体废物的影响最大；包装阶段的主要潜在影响是富营养化和工业固体废物；蒸汽生产阶段的主要潜在影响

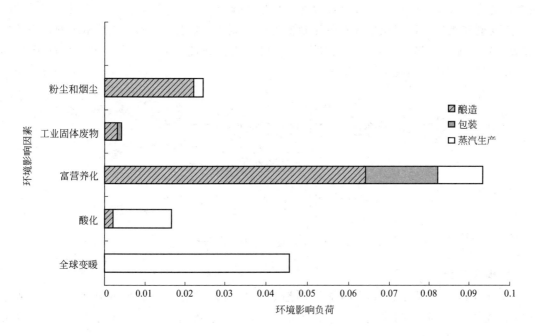

图 5-12 啤酒生产生命周期环境影响负荷

是全球变暖、酸化和富营养化。

③ 酿造阶段和蒸汽生产阶段的环境影响潜值最大。对酿造过程产生的富营养化影响，应建立有效的废水处理设施；酿造阶段粉尘主要产生于原辅料粉碎阶段，该企业采用干法粉碎，除尘装置设计及选用不尽合理，因此应改变粉碎方式（采用湿法粉碎），或增加有效的除尘设备来减少或避免粉尘排放；废硅藻土是酿造阶段产生的主要固体废物，含有废酵母、其他酒液成分等大量有机物，目前普遍采用直接填埋法进行处理，必然造成环境污染，且消耗大量土地资源，可经过回收加工分离为有机物和无机物形式分别加以利用，既降低环境污染，又能为企业带来一定的经济效益。蒸汽生产阶段的环境影响主要是燃煤产生的大量废气，应增加各种除硫、除氮、除尘装置，同时提高煤的利用率，减少排放。

将生命周期评价应用于啤酒生产，考查啤酒生产整个生命周期的原材料、能源消耗及污染物排放，通过定量分析各种环境潜在影响，为企业决策者选择对环境更有益的生产工艺和管理系统提供依据。评价结果显示，对啤酒生产环境影响最大的是大量有机废水和燃煤废气的排放，企业可以加强对酿造过程和蒸汽生产过程的技术改造及相关配套设施的建设，来降低对环境的影响，提高啤酒生产的环境性能。

四、定向刨花板生产过程生命周期评价

本案例采用 GaBi ts 生命周期评价软件对定向刨花板（OSB）生产过程进行 LCA 评价和比较，确定环境负荷最大的生产工序和相应的环境影响类型，分析其原因，提出相应改进措施，以期为企业优化工艺、清洁生产提供参考，从而促进定向刨花板产业的健康可持续发展。

1. 研究对象与系统边界的确定

以国内某定向刨花板企业生产的 $1m^3$ 潮湿条件下使用的结构定向刨花板为功能单位，

该企业的生产规模和生产工艺极具代表性，且生产稳定。

定向刨花板生产过程包括基本单元制备阶段（剥皮、刨片、干燥）、板坯成型热压阶段（施胶、定向铺装、热压成型）及后期加工阶段（毛板处理、砂光、能源中心）进行 LCA 评价和比较，其基本系统边界如图 5-13。

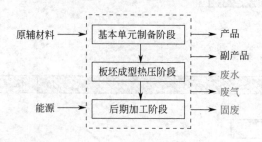

图 5-13　定向刨花板生命周期评价系统边界

2. 清单分析

清单分析主要基于该企业的加工制造、环境排放数据。输入清单项目主要包括原材料和能源等，输出清单主要包括产品、副产品、废水、废气和废渣及其他污染物等。

详细数据来源：①生产用各类原材料及辅料添加剂消耗数据、定向刨花板生产过程中的各工序物质流清单，均来自企业生产数据；②能源和原辅材料生产数据，均来自 Gabi ts 数据库。输入和输出清单，分别列于表 5-25 和表 5-26。

表 5-25　生产 $1m^3$ 定向刨花板的输入清单

原材料	原木（湿材）	异氰酸酯	石蜡	硬纸板	PC塑料包角	钢带	木质垫条	外购木屑	水
消耗量/kg	1993.91	22.96	6.29	0.42	0.04	0.95	10.53	34.23	30.43
能源	电力/(kW·h)		柴油/L						
消耗	195.61		0.83						

表 5-26　生产 $1m^3$ 定向刨花板的输出清单

输出	产品	副产品		
	OSB/kg	树皮/kg	碎料/kg	砂光粉/kg
数量	620.00	258.54	26.61	43.16
输出	水污染物			废气		固废	
	化学需氧量/g	悬浮物/g	氨氮/g	二氧化硫/g	甲醛/g	粉尘/kg	滤渣/kg
数量	148.88	43.81	3.85	0.73	0.25	0.41	21.30

3. 影响评价

（1）分类

要研究定向刨花板生产过程对环境影响，故选取 CML2001-Apr. 2013 中的六个典型分类：非生物性资源耗损（ADP）、酸化效应（AP）、富营养化（EP）、全球气候变暖（GWP 100）、臭氧层损耗（ODP）、光化学臭氧创造潜力（POCP）。

将定向刨花板清单分析阶段获得的各项数据，按荷兰 CML2001-Apr. 2013 的分类方法，以可量化的特定影响表达。各影响类型的特征化因子，列于表 5-27。

表 5-27　CML2001-Apr. 2013 的分类方法各影响类型的特征化因子

影响类型	当量单位	归一化基准值	权重
ADP	kg Sb-Equiv.	1.57×10^{11}	0.67
AP	kg SO_2-Equiv.	2.99×10^{11}	0.50
EP	Kg Phosphate-Equiv.	1.29×10^{11}	0.14
GWP 100	kg CO_2-Equiv.	4.45×10^{13}	0.10
ODP	kg R11-Equiv.	5.15×10^{8}	0.33
POCP	kg Ethene-Equiv.	4.55×10^{10}	0.33

（2）特征化

为更好比较各环境影响类型，将清单分析结果转换成统一单位的环境影响类型参数，采用 CML2001-Apr. 2013 特征化模型，对定向刨花板环境影响进行特征化分析，结果列于表 5-28。

表 5-28　生产 $1m^3$ 定向刨花板环境影响排放特征化值（CML2001-Apr. 2013）

影响类型	总特征化值	基本单元制备阶段	板坯热压成型阶段	后期加工阶段
ADP/10^{-5}	30.74	0.436	25.464	4.844
AP	1.084	0.356	0.503	0.225
EP	0.107	0.025	0.054	0.027
GWP100	322.08	85.44	181.14	55.5
ODP/10^{-10}	370.9	0.29	21.53	346.08
POCP	0.114	0.035	0.055	0.024

（3）归一化

为将不同环境影响类型按不同权重系数综合成一个总的环境影响潜力值，需先对各环境影响类型的特征化分析结果进行归一化，基本算法是各影响类型的特征化值，除以其对应的基准值。

（4）加权

权重系数应根据研究产品确定，要综合考虑社会价值、偏好和相关环境标准的多属性价值。由于我国缺乏定向刨花板相关环境影响类型的权重数据，故采用国外定向刨花板 LCA 研究广泛使用的 CML2001-Apr. 2013 环境影响权重值。基本算法为各环境影响类型的归一化值乘以其对应的权重系数，加权后的环境影响潜值，称为环境影响负荷。$1m^3$ 定向刨花板生产过程生命周期评价加权结果，列于表 5-29。

表 5-29　$1m^3$ 定向刨花板生产过程生命周期评价加权结果

影响类型	总影响加权值	基本单元制备阶段	板坯热压成型阶段	后期加工阶段
ADP/10^{-16}	13.094	0.186	10.846	2.062
AP/10^{-13}	18.11	5.952	8.407	3.75
EP/10^{-13}	1.174	0.28	0.598	0.296
GWP100/10^{-13}	7.236	1.919	4.07	1.247
ODP/10^{-19}	239.983	0.188	15.875	223.92
POCP/10^{-13}	8.26	2.507	4.017	1.736

定向刨花板生产过程的环境影响负荷统计结果，列于表 5-30。

表 5-30　定向刨花板生产过程的环境影响负荷占比

环境影响类型	ADP	AP	EP	GWP	ODP	POCP
占比/%	0	52.1	3.4	20.8	0	23.7

4. 结果解释（改善评价）

由表 5-30 可知，AP 是定向刨花板生产过程最主要的环境影响类型；其次是 POCP、GWP；而 EP、ADP 和 ODP 的占比不足 4%，影响微乎其微。

AP 主要由 SO_2 和 NO_x 综合影响导致，既有生产过程中的直接排放，也有电力生产的间接排放。减少火力发电和能源工厂燃烧时 SO_2 的排放，将极大缓解 OSB 生产过程对环境的累计排放和酸雨发生；POCP 则主要受胶黏剂生产过程中的氮氧化物 NMHC 和碳氢化合物 CH 等影响，提高胶黏剂的清洁生产水平，将极大降低 POCP 的环境影响；GWP100 主要源于 OSB 生产过程中燃烧煤和木屑所排放的 CO_2，提高风电、水电、生物质电力等再生能源在电力中的比例，是减少 CO_2 排放最有效的措施。

思考题 📖

1. 什么是生命周期评价？ 简述生命周期评价思想。
2. 简述生命周期评价的特点、意义及局限性。
3. 简述生命周期评价基本原则及技术框架。
4. 简述产品生命周期的主要阶段。
5. 简述清单分析在生命周期评价中的作用。
6. 试述生命周期评价报告的主要内容。
7. 为什么运输不是产品生命的阶段，但在进行生命周期分析时，又要考虑运输对环境的影响？
8. 联系实际，谈谈生命周期评价在企业清洁生产中的作用。
9. 试举一例进行产品生命周期分析。

第六章
循环经济、低碳经济与生态工业

"循环经济"一词是美国经济学家鲍尔丁在 1966 年提出来的。自 20 世纪 90 年代以来，人类面对资源供需矛盾日益突出、环境压力不断加大、生态环境受到严重破坏的挑战；同时又面对经济全球化、高科技迅猛发展的机遇，认识到必须改变传统的经济发展模式，建立新的经济发展模式，走新型工业化的道路。循环经济发展模式被认为是可以从根本上化解环境与发展之间的尖锐冲突、实现可持续发展战略的途径。

第一节　循环经济

一、循环经济的定义

《中华人民共和国循环经济促进法》对循环经济的定义：循环经济，是指在生产、流通和消费等过程中进行的减量化、再利用、资源化活动的总称。

循环经济是对物质闭环流动型经济的简称。循环经济是在深刻认识资源消耗与环境污染之间关系的基础上，以提高资源与环境效率为目标，以节约资源和物质循环利用为手段，以市场机制为推动力，在满足社会发展需要和经济上可行的前提下，实现资源效率最大化、废弃物排放和环境污染最小化的一种经济发展模式。

循环经济模式是相对于传统经济模式而言的。传统经济模式见图 6-1。在传统工业经济模式下，环境污染随废弃物的大量产生而不断加剧。

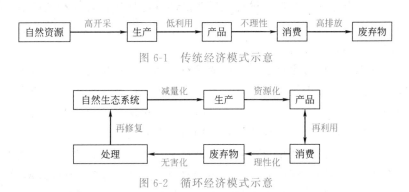

图 6-1　传统经济模式示意

图 6-2　循环经济模式示意

循环经济模式见图 6-2。在循环经济体系里，所有的物质和能源要在这个不断进行的经济循环体中得到合理和持久的利用，以把经济活动对自然环境的影响降低到尽可能小的程度。

比较传统经济模式和循环经济模式，可以将循环经济含义表述如下。

① 资源、能源投入最小化。凡不可再生的资源、能源要尽量少用，最好用再生的以及可再生的。即在经济活动中新投入的不可再生资源和能源尽可能最小化。

② 废弃物排放最小化。实行资源循环，产品在使用后，有的经过修复后可以再使用，有的零件可以直接再使用，有的材料加工后可以再使用，凡符合这些条件的都要回收利用，使在整个物质循环过程中排出的废物尽可能少。

③ 资源能源的使用效率最大化。由于资源的循环，新投入的资源反复使用，因而投入的资源变成废物的时间大大延长，其使用效率大大提高。至于能源的使用效率当然是尽可能高。

④ 环境的改变尽可能小，有些地方可以恢复。

二、"3R" 原则

1. 3R 原则

循环经济的 "3R" 原则指的是：减量化原则、再利用原则和资源化原则。

（1）减量化（reduce）原则

减量化指在生产、流通和消费等过程中减少资源消耗和废物产生。减量化原则要求用较小的原料和能源投入来达到既定的生产目的和消费目的，在经济活动的源头就注意节约资源和减少污染，这是输入端方法。

在生产中，减量化原则常常表现为要求产品包装追求简单朴实而不是豪华浪费，从而达到减少废弃物排放的目的。制造厂可以通过减少每个产品的物质使用量，通过重新设计制造工艺来节约资源和减少排放。

（2）再利用（reuse）原则

再利用是指将废物直接作为产品或者经修复、翻新、再制造后继续作为产品使用，或者将废物的全部或者部分作为其他产品的部件予以使用。再利用原则属于过程性方法，目的是延长产品和服务的时间强度。它要求产品和包装容器能够以初始的形式被多次使用，而不是用过一次就废弃，以抵制当今世界一次性用品的泛滥。

尽可能多次以尽可能多种方式地使用所买的东西，通过再利用，可以防止物品过早成为垃圾。在生产中，使用标准尺寸进行设计能使产品的零部件非常容易和便捷地更换，而不必更换整个产品。

（3）资源化（recycle）原则

资源化指将废物直接作为原料进行利用或者对废物进行再生利用，是输出端方法。通过把废弃物再次变成资源以减少最终处理量。要求生产出来的物品在完成其使用功能后能重新变成可以利用的资源而不是无用的垃圾，人们将物品尽可能多地再生利用或资源化。

资源化的过程有两种：一是原级资源化，即将消费者遗弃的废弃物资源化后形成与原来相同的新产品，例如将废纸生产出再生纸、废玻璃生产玻璃、废钢铁生产钢铁等；二是次级资源化，即废弃物变成不同类型的新产品。原级资源化在形成产品中可以减少 $20\% \sim 90\%$ 的原生材料使用量，而次级资源化减少的原生材料使用量最多只有 25%。

2. 3R 原则的排序

（1）3R 原则在循环经济中的重要性并不是并列的

循环经济不等于废弃物资源化。循环经济的根本目标是要求在经济流程中系统地避免和减少废物，减量化原则是首要原则，而废物再生利用只是减少废物最终处理量的方式之一。

以固体废物为例，这种预防为主的方式在循环经济中有一个分层次的目标：

① 通过预防减少废弃物的产生。

② 尽可能多次使用各种物品。

③ 尽可能地使废弃物资源化和堆肥。

④ 对于无法减少、再使用、再循环或者堆肥的废弃物则焚烧或处理。

⑤ 在前面四个目标满足之后剩下的废弃物在先进的填埋场予以填埋。

（2）人们必须认识到再生利用存在着某些限度

① 再生利用本质上仍然是事后解决问题，而不是一种预防性的措施。

废物再生利用虽然可以减少废弃物最终的处理量，但不一定能够减少经济过程中的物质流动速度以及物质使用规模。如塑料包装物被有效地回收利用，并不能有效地减少塑料废弃物的产生量。

② 以目前方式进行的再生利用本身往往是一种非环境友好的处理活动。运用再生利用技术处理废弃物需要耗费矿物能源，需要耗费水、电及其他许多物质，并将许多新的污染排入环境之中。

③ 如果再生利用资源中的含量太低，收集的成本就会越高，只有高含量的再生利用才有利可图。事实上，经济循环中的效率与其规模关系至为密切。

一般来说，物质循环范围越小，从生态经济效益上说就越合算。

（3）综合运用 3R 原则是资源利用的最优方式

以环境破坏为代价追求经济增长的理念终于被抛弃，由于环境污染的实质是资源浪费，要求进一步从废物治理提升到废物利用（通过再使用和再循环）；人们认识到利用废物仍然只是一种辅助性手段，环境与发展协调的最高目标就应该是实现从利用废物到减少废物产生的质的飞跃。

在人类经济活动中，包含三种不同的资源使用方式，即线性经济与末端治理相结合的传统废物无害化处理方式；让再利用和再循环原则起作用的资源恢复方式；包括整个 3R 原则且强调减少或避免废物产生的低排放和零排放方式。只有第三种资源利用方式才是循环经济所推崇的经济方式。

循环经济的目的，不是仅仅减少待处理的废弃物的体积和重量，更是要从根本上提高资源利用效率，减少资源的耗竭，减少由线性经济引起的废物产生量和排放量，降低环境风险。

三、循环经济的三种循环模式

循环经济具体体现在经济活动的三个重要层面上，分别通过运用 3R 原则实现三个层面的物质闭环流动。

1. 企业层面（小循环）

在企业内，根据生态效率的理念，推行清洁生产，节能降耗，减少产品和服务中物料和能源使用量，实现污染物排放的最小量化。要求企业做到以下几方面。

① 尽量减少产品和服务的物料使用量；

② 减少产品和服务的能源使用量；

③ 减少有害特别是有毒物质的排放；

④ 加强物质的循环使用；

⑤ 最大限度地利用可再生资源；

⑥ 设计和制造耐用性高的产品；

⑦ 提高产品和服务的服务强度。

2. 区域层面（中循环）

一个企业内部循环会有局限，鼓励企业间物质循环，组成共生企业，实现区域层面的循环经济。这种共生的工业生态系统通常以生态产业链组成的生态产业园区的形式出现，把不同的企业联合起来形成共享资源和互换副产品的工业共生组合，使得一家企业的废气、废热、废水、废物等成为另一家企业的原料和能源。如卡伦堡生态工业园区模式——面向共生企业的循环经济。

3. 社会层面（大循环）

在全社会兴起将废物反复利用和再生循环利用，在社会层面上实现循环，可以说是一种大循环。大循环即通过废弃物的再生利用，实现消费过程中和消费过程后物质和能量的循环。

大循环有两个方面的内容，包括政府的宏观政策指引和公众的微观生活行为。依靠政府宏观政策的指引，公众规范微观生活行为。通过废旧物资的再生利用，实现消费过程中和消费过程后物质和能量的循环。

大循环与循环型社会密切相关。循环型社会是社会发展形态的一种新的探索，正引起国际社会广泛兴趣。循环型社会是以人类社会发展与自然和谐统一的生态原理为指导原则，通过实现从国家发展战略、社会的运行机制到社会各层次主体的思想意识、行为方式及社会经济发展模式，全方位地向可持续发展的轨道上的转变，达到以循环经济的运行模式为核心，减少生态破坏、资源耗竭、环境污染，实现社会、经济系统的高效、和谐、物质上的良性循环，达到环境与经济的双赢目的，从而实现社会的可持续发展。向循环经济社会转变的核心内容是建立循环经济的经济运行模式，即将可持续发展战略贯彻到社会、经济、文化各个方面。

如德国双元系统模式。20 世纪 90 年代开始，以德国为代表，发达国家将生活垃圾处理的工作重点从无害化转向减量化和资源化，这实际上是在全社会范围内、在消费过程中和消费过程后的广阔层次上组织物质和能量的循环。

德国的双元系统（DSD）主要针对消费后排放的废物。DSD 是一个专门组织对包装废弃物进行回收利用的非政府组织。它接受企业的委托，组织收运者对他们的包装废弃物进行回收和分类，然后送至相应的资源再生厂家进行循环利用，能直接回用的包装废弃物则送返制造商进行循环利用。DSD 系统的建立大大地促进了德国包装废弃物在整个社会层次上的回收利用。

德国政府曾规定，玻璃、塑料、纸箱等包装物回收利用率为 72%，1997 年已达到 86%；废弃物作为再生材料利用 1994 年为 52 万吨，1997 年达到 359 万吨；包装垃圾已从过去每年 1300 万吨下降到 500 万吨。

四、循环经济与传统经济

从物质流动的方向看，传统经济模式是一种单向流动的线性经济，即"资源—产品—废物"。线性经济的增长，依靠的是高强度地开采和消耗资源，同时高强度地排放废弃物，通过把资源持续不断地变成废物来实现经济的数量型增长，导致了许多自然资源的迅速短缺与枯竭，造成了灾难性环境污染和生态破坏后果。

循环经济是对物质闭环流动型经济的简称。循环经济根据生态规律，倡导的是一种建立在物质不断循环利用基础上的经济发展模式，它要求经济活动按照自然生态系统的模式运行。循环经济的增长模式是"资源—产品—消费—再生资源"封闭式流程，所有的资源在这个不断进行的经济循环中得到最合理的利用。循环经济把生态工业、资源综合利用、生态设计和可持续消费等融为一体，使得整个经济系统以及生产和消费的过程基本上不产生或者只产生很少的废弃物。循环经济的特征是自然资源的低投入、高利用率、高循环率和废弃物的低排放，从而根本上消解长期以来环境与发展之间的尖锐冲突。

在传统经济模式下，人们忽略了生态环境系统中能量和物质的平衡，过分强调扩大生产来创造更多的福利。而循环经济则强调经济系统与生态环境系统之间的和谐，着眼点在于如何通过对有限资源和能量的高效利用、如何通过减少废弃物来获得更多的人类福利。循环经济与传统经济模式的比较如表 6-1。

表 6-1　循环经济与传统经济模式的比较

经济模式	特　　征	物　质　流　动	理论指导
循环经济	对资源的低开采、高利用、污染物的低排放	"资源—产品—再生资源"的物质反复循环流动	生态学规律
传统经济	对资源的高开采、低利用、污染物的高排放	"资源—产品—污染物"的单向流动	机械论规律

五、循环经济与清洁生产

循环经济是将经济活动组织成"资源—生产—消费—二次资源"的闭环过程。减少资源利用和废物排放量，大力实施物料的循环利用，以及努力回收利用废物，所有的物质和能量要在不断进行的经济循环中得到合理和持续的利用，从而把经济活动对自然环境的不利影响降低到尽可能小的程度。

清洁生产着眼于污染预防，全面考虑整个产品生命周期过程对环境的影响，最大限度地减少原料和能源的消耗，降低生产和服务的成本，提高资源和能源的利用效率，使其对环境的污染和危害降到最低。

清洁生产的途径有合理选择原料和能源、产品的生态设计、改造生产工艺、更新生产设备、加强生产管理、优化生产过程控制、减少废物产生和提高废物利用、增强员工素质和提高技能。

清洁生产是实现"3R"原则的基础手段，循环经济是在清洁生产的基础上，综合了生产系统和消费系统，将实施范围扩大到所有经济活动的新的发展模式。

第二节　低碳经济

一、低碳经济的概念及内涵

1. 低碳经济的概念

低碳经济是指在可持续发展理念指导下，通过技术创新、制度创新、产业转型、新能源开发等多种手段，尽可能地减少煤炭、石油等高碳能源消耗，减少温室气体排放，达到经济社会发展与生态环境保护双赢的一种经济发展形态。

2. 低碳经济的内涵

低碳经济是以低排放、低能耗、低污染为标志的绿色生态经济模式。目标是控制碳排放，维持生物圈碳平衡；实质是提高能源利用效率和创建清洁能源结构；核心是技术创新、制度创新和发展观的转变。低碳经济是一场涉及价值观念、国家权益、生产生活方式的全球性革命。

从碳循环角度，低碳经济是一种由高碳能源向低碳能源过渡的经济发展模式，是一种旨在修复地球生态圈碳失衡的人类自救行为，其根本目标是降低经济发展对生态系统碳循环的影响，促进经济发展的碳中性，维持生物圈的碳平衡。

从能源角度，低碳经济重点是高能源利用效率和清洁能源结构问题。低碳能源是低碳经济的基本保证，清洁生产是低碳经济的关键环节。

从技术角度认识，低碳经济是以市场机制为基础，在制度框架和政策措施的作用下，利用提高能效技术、节约能源技术、可再生能源技术和温室气体减排技术等各种低碳技术，促进整个社会经济朝着高能效、低能耗和低碳排放的模式转型。

二、低碳经济的特征

低碳经济作为一种新的经济发展模式，具有低碳化、可持续和技术进步三个主要特征。

1. 低碳化

传统经济具有高排放、高能耗、高污染的特征，对生态环境产生了严重影响。随着能源资源的日益枯竭，高碳经济的发展模式无法继续下去。低碳经济则强调更高的碳生产率，即每单位碳排放所产生的 GDP 或附加值更高。

传统经济特别是工业化时代以来，主要以 GDP 的多少来衡量经济发展程度，对经济发展的质量考虑得较少。低碳经济则强调对碳的排放进行计量，引入了碳排放的指标来衡量经济发展质量。

2. 可持续

在当今的气候环境和能源条件下，低碳所代表的提高能源利用率、开发新能源、调整经济发展结构，符合人类的可持续发展要求。

低碳经济没有因为减排抑制经济发展和降低生活质量，不会导致人们的生活条件和福利水平下降，更不是让人类回到农耕社会。这种经济模式与可持续发展的内在要求相一致。

3. 技术进步

技术进步因素对低碳经济的影响至关重要。技术进步能够从不同角度推动低碳化的进程，包括能源效率、低碳技术水平、管理效率、能源结构等。通过技术进步，在提高能源效率的同时，降低二氧化碳等温室气体的排放强度。

通过技术创新来实现低碳化的目标，将会带动并形成社会各个行业的新技术研发应用的创新。

三、发展低碳经济的主要途径

1. 调整产业结构

发展低碳经济必须借助于产业结构调整，通过产业政策促进产业结构向合理化、高度化演进，降低碳在产业结构中的比重，转变现有的"高消耗、高排放、高污染"的经济体系，用低碳农业替代高碳农业，用低碳工业体系替代高碳工业体系，走"低消耗、低排放、低污染"的经济发展之路。

首先是缩短能源、汽车、钢铁、交通、化工、建材等高碳产业所引申出来的产业链条，把这些产业的上、下游产业"低碳化"。其次是调整高碳产业结构，逐步降低高碳产业特别是"重化工业"在整个国民经济中的比重，推进产业和产品向利润曲线两端延伸：向前端延伸，从生态设计入手形成自主知识产权；向后端延伸，形成品牌与销售网络，提高核心竞争力，最终使产业结构逐步趋向低碳经济的标准。

2. 发展清洁能源，开发新能源

发展低碳经济，需要能源结构的彻底转型，从能源结构上以可再生能源替代化石能源构建新能源经济体系。研究表明，1t 标准煤的可再生能源相当于 1.4t 发电量 5000kcal/kg（1kcal＝4.1868kJ）的普通煤，其中 CO_2 减排 2.56t，烟尘减排 245kg，SO_2 减排 33.6kg，NO_x 减排 5.6kg。可再生能源产业的发展和新能源产业体系建设是实现低碳发展的重要途径。

需要大力发展清洁能源，加速改变能源结构，同时开展新能源的研发，提高水电、太阳能、风能、核能、地热能的使用比例，淘汰小火电、小煤矿、小炼油等落后生产能力，提高资源利用效率和清洁化水平，形成综合利用、清洁利用、多元互补的可再生能源消费结构，降低碳排放强度。

3. 改变消费方式

优化消费结构的目的是将自然生态的可承载力与人类的消费行为有机地结合，实现理性消费、科学消费，统筹人与自然的和谐发展。

"低碳生活"在于提倡与鼓励人们从生活习惯做起，树立"关联型"节能环保意识，控制或者减少个人及设备的碳排量。比如，树立"节约用水，就是节约用电，就是减少二氧化碳排放"的理念；选择购买节约建筑材料、节能节电、建造和使用成本等方面都优于大户型的小户型住房；尽可能地减少用车量，多用电话、电子邮件等即时通信工具；外出和休息时关闭电脑及显示器等。

坚持消费的低碳化和可循环，引导家庭合理消费，鼓励学习型消费；引导个人文明消费，引导企业低碳消费；坚持 5S 消费原则，即简约性消费（saving）、耐久性消费（sustained）、共享性消费（sharing）、无害性消费（safe）、体恤性消费（sympathetic）的原则。

4. 创新低碳技术

发展低碳经济是一项长期的、艰巨的、复杂的系统工程，促进技术进步是发展低碳经济的核心，关键是低碳技术的研发与广泛应用。只有以技术作保障，通过源头控制、过程控制、目标控制相结合，才能从源头控制更多污染物的产生。

发展低碳技术改造传统产业，推动产业结构升级。一方面，低碳技术可以重塑资源环境的内在价值，通过提升传统产品的价值含量并减低其成本，实现对生产要素的集约化利用；另一方面，低碳产品具有的环保理念将影响到消费者的选择偏好，从消费者需求结构的变化逐渐反作用于新的低碳需求，实现传统产业的改造。

5. 建设低碳城市

随着城市发展升级和消费水平的上升，城市生产、生活导致的 CO_2 排放在大幅度增加。

低碳城市指以低碳经济为发展模式和方向、市民以低碳生活为理念和行为特征、政府公务管理层以低碳社会为建设标本和蓝图的城市。低碳城市的特征概括为以下几点：经济性、安全性、系统性、动态性、区域性。

建设低碳城市从以下几个方面。首先，建立低碳城市产业结构体系，实现工业向服务业的转变，减少能源消费。其次，建立低碳城市基础设施体系，做好城市基础设施的总体规划，保证城市基础设施设计的低碳化。最后，建立低碳城市消费体系，改变以往高消费、高浪费的生活方式。

6. 建立碳交易市场

碳排放权交易是利用市场机制引领低碳经济发展的一种有效形式。国际碳交易主要是指两个发达国家之间或多国集团内部的国家之间的碳排放额度的交易。

根据国际经验，碳交易是市场经济框架下解决污染问题一种有效方式。因此借鉴国际经验构建中国的碳交易市场，形成多层次的碳交易市场体系，允许企业从政府环保部门获得碳排放许可并进行交易。一方面，可以使那些环保措施好的企业将碳排放量余额卖给一时无力整改的超排放的企业，使卖方获得碳减排收益，以此作为碳减排投资或技术研发与应用的回报；另一方面，买方可以用购买的减排额度弥补碳减排指标的不足，以作为对生态损失的补偿。

7. 设立碳税

对于碳排放的生产性企业，政府应开征碳产品税，运用税收杠杆促使污染者的外部性成本内在化，以矫正私人成本与社会边际成本之间的差异，实现私人最优与社会最优的统一。

四、低碳经济与清洁生产

1. 清洁生产是实现低碳生产的重要途径

清洁生产通过加强生产的全过程控制，建立完善的环境管理体系，提高资源的利用效率，追求以尽可能小的资源消耗和环境成本，获得尽可能大的经济效益和社会效益。

低碳生产是一种可持续的生产模式，要实现低碳生产，就必须实行清洁生产。

2. 清洁生产是低碳经济的关键环节

低碳能源是低碳经济的基本保证，清洁生产是低碳经济的关键环节。

未来能源发展的方向是清洁、高效、多元、可持续。全球应对气候变化正在引发能源领域的技术创新。温室气体长期减排和经济社会可持续发展，关键在于发展清洁、低碳能源技术，建立低碳经济增长模式和低碳社会消费模式。

第三节　工业生态学

一、工业生态学概念

1. 工业生态学定义

工业生态学（industrial ecology）是一门研究人类工业系统与自然环境之间的相互作用、相互关系的学科。工业生态学以生态学的理论观点考察工业代谢过程，即从取自环境到返回环境的物质转化全过程，研究工业活动与生态环境的相互关系，以研究出调整现在的生态链结构、原则和方法，建立新的物质闭路循环，建立自然生态链和人工生态链结合的生态系统。

工业生态学是模拟生物和自然生态系统代谢功能的一种系统分析方法。与自然生态系统相似，工业生态系统同样包括四个基本组分，即生产者、消费者、再生者、外部循环环境。工业生态学是生态工业的理论基础。

2. 工业生态学基本要素

工业生态学包含三大基本要素。

① 工业生态学是一种关于工业体系的所有组成部分及其同生物圈的关系问题的全面的、一体化的分析视角。

② 工业体系的生物物理基础，亦即与人类活动相关的物质和能量流动与贮存的总体，是工业生态学研究的范围，与目前常见的学说不同，工业生态学的观点主要运用非物质化的价值单位来考察经济。

③ 科技的动力，亦即关键技术种类的长期发展进化，是工业体系的一个决定性（但不是唯一的）因素，有利于从生物系统的循环中获得启示，把现有的工业体系转换为可持续发展的体系。

3. 工业体系的进化过程

（1）一级生态系统

工业生态学概念，是一个类比的概念。关于地球生命进化的知识为人们提供了思考未来工业体系的思想武器。在生命的开始阶段，可能的资源无穷无尽，而有机生物的数量非常少，它们的存在对可利用资源产生的影响几乎可以忽略不计。这是一个线性进化过程。在这个进化过程中，物质流动相互独立地进行。资源看起来是无限的，因而废料也可以无限地产生。

同生物圈一样，工业体系也是一个漫长进化的结果。传统的工业体系，实际上是一些相互不发生关系的线形物质流的叠加。其运行方式，简单地说，就是开采资源，通过生产和使用后再抛弃废料，这就是环境问题的根源。工业生态学理论的主要探索者之一勃拉登·阿伦比提出将这种运行方式命名为一级生态系统，见图 6-3。

无限的资源 ⟶ 生态系统 ⟶ 无限的废料

图 6-3 一级生态系统示意

（2）二级生态系统

在随后的进化过程中，资源变得有限了。在这种情况下，有生命的有机物随之变得相互依赖并组成了复杂的相互作用的网络系统，一如今天在生物群落中所见到的那样。不同组成部分（种群）之间的，也即二级生态系统内部的物质循环变得极为重要，资源和废料的进出量则受到资源数量与环境能接受废料能力的制约，见图 6-4。

与一级生态系统相比，二级生态系统对资源的利用虽然已经达到相当高的效率，但也仍然不能长期维持下去，因为物质、能量流都是单向的，资源减少，而废料不可避免地不断增加。

（3）三级生态系统

为了真正转变成为可持续的形态，生物生态系统进化成以完全循环的方式运行。资源与废料不再能区分，因为对一个有机体来说是废料，但对另一个有机体来说是资源。只有太阳能是来自外部的供给。这就是三级生态系统。在这样的一个生态系统内，众多的循环借助太阳能既以独立的方式，也以互联的方式进行物质交换。这种循环过程在时间长度方面和空间

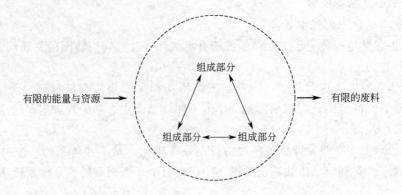

图 6-4   二级生态系统示意

规模方面的差异性相当大。理想的工业社会（包括基础设施和农业），应尽可能接近三级生态系统，见图 6-5。

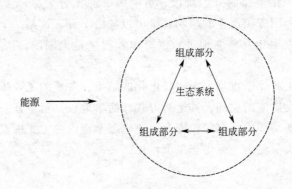

图 6-5   三级生态系统示意

（4）理想工业生态系统

总的来说，一个理想的工业生态系统包括四类主要行为者：资源开采者、处理者（制造者）、消费者和废料处理者。由于集约再循环，各系统内不同行为者之间的物质流远远大于出入生态系统的物质流，见图 6-6。

工业生态学思想的主旨是促使现代工业体系向三级生态系统的转换。转换战略的实施包括四个方面：将废料作为资源重新利用；封闭物质循环系统和尽量减少消耗性材料的使用；工业产品与经济活动的非物质化；能源的脱碳。

二、生态工业与传统工业的对比

根据《国家生态工业示范园区管理办法》，生态工业是指综合运用技术、经济和管理等措施，将生产过程中剩余和产生的能量和物料，传递给其他生产过程使用，形成企业内或企业间的能量和物料高效传输与利用的协作链网，从而在总体上提高整个生产过程的资源和能源利用效率、降低废物和污染物产生量的工业生产组织方式和发展模式。

生态工业是按照生态经济原理和知识经济规律组织起来的基于生态系统承载能力、具有高效的经济过程以及和谐的生态功能的网络型产业。它通过两个或两个以上的生产体系或环节之间的系统耦合，使得物质、能量能多级利用、高效产出，资源、环境能系统开发和持续

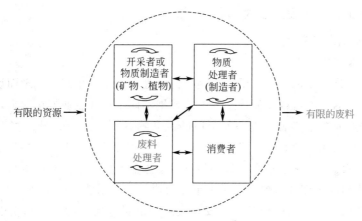

图 6-6　理想工业生态系统示意

利用。企业发展的多样性和优势度、开放度与自由度、力度与柔度、速度与稳度达到有机结合，污染负效益能变为经济正效益。生态产业与传统产业在目标、结构、功能导向、稳定性、社会效益等方面存在差异性，如表 6-2 所示。

表 6-2　生态工业与传统工业的比较

类　　别	传　统　工　业	生　态　工　业
目标	单一利润、产业导向	综合效益、功能导向
结构	链式、刚性	网状、自适性
规模化趋势	产业单一化、大型化	产业多样化、网络化
传统耦合关系	纵向、部门经济	横向、复合型生态经济
功能导向	产品经济	产品＋社会服务＋生态服务＋能力建设
责任	对产品销售市场负责	对产品生命周期全过程负责
经济效益	局部利益高、整体利益低	综合效益高、整体效益大
废弃物	向环境排放、负效益	系统内资源化、正效益
调节机制	外部控制、正反馈为主	内部调节、正负反馈平衡
环境保护	末端治理、高投入、无回报	过程控制、低投入、正回报
社会效益	减少就业机会	增加就业机会
行为生态	被动、分工专门化、行为机械化	主动、一专多能、行为人格化
自然生态	厂内生产与厂外环境分离、负影响	与厂外相关环境构成复合生态体、正影响
稳定性	对外部依赖性高	抗外部干扰能力强
进化策略	更新换代难、代价大	协同进化快、代价小
可持续能力	低	高
决策管理机制	人治，自我调节能力弱	生态控制，自我调节能力强
研究开发能力	低，封闭	高，开放
工业景观	灰色、破碎、反差大	绿色、和谐

三、生态工业园区的发展模式

1. 生态工业园区内涵

（1）生态工业园区定义

生态工业园区是依据清洁生产要求、循环经济理念和工业生态学原理而设计建立的一种新型工业园区。它通过物流或能流传递等方式，把不同工厂或企业连接起来，形成共享资源和互换副产品的产业共生组合，使一家工厂的废弃物或副产品成为另一家工厂的原料或能源，模拟自然系统，在产业系统中建立"生产者—消费者—分解者"的循环途径，寻求物质闭环循环、能量多级利用和废物产生最小化。生态工业园区通常具有以下特征。

① 生态工业园区研究的对象是由多个单元组成的工业系统，而不是一个工业企业。

② 通过园区内各单元间的副产物和废物交换、能量和废水的梯级利用以及基础设施的共享，实现资源利用的最大化和废物排放的最小化。

③ 通过现代化管理手段、政策手段以及新技术的采用，保证园区的稳定和持续发展。

④ 通过园区环境基础设施的建设、运行，企业、园区和整个社区的环境状况得到持续改进。

（2）生态工业园区的特点

① 强调相互合作与整体利益　生态工业园区是制造业和服务业组成的社区，通过他们的合作可以取得环境、经济和社会效益的同时实现。

② 强调系统思想的重要性　通过对能流、物流、信息流的系统集成从而改善园区的运作效率，实现基础设施的共享。

③ 强调工业生产的生态化和环境友好性　按照自然生态的机理来规划和设计整个工业生产过程，使得工业生产能有机地融入整个自然系统之中，与环境更加和谐。

④ 强调可持续性　生态工业园区通过资源的循环运作和能源的梯级流动实现资源使用的最小化和环境保护的最大化，因此它是一种可持续发展的模式。

2. 生态工业园区类型

（1）美国生态工业园区

美国可持续发展总统委员会专家组对生态工业园区提出了与以上不同的类别概念，从园区运作目标和方式的角度着眼，认为生态工业园区大致可分为以下三种模式。

① 零排放的生态工业园区（zero-emissions，EIP）　所有的企业都在同一地方，组成的共同体向自然生态系统的排放为零。

② 虚拟生态工业园区（virtual，EIP）　由不同地域的企业构成松散的联系，或由有关地域的公司构成网络。虚拟型园区不严格要求其成员在同一地区，它是利用现代信息技术，通过园区信息系统，在计算机上建立成员间的物、能交换联系，然后在现实中加以实施，这样园区内企业可以和园区外企业发生联系。虚拟型园区可以省去一般建园所需的昂贵的购地费用。

③ 生态发展（eco-development）　非产业公司应用工业生态学的原理，这种模式可通过团体、地方政府和非营利组织或公司推动。

（2）我国生态工业园区

国家环境保护总局根据我国实际情况，从具体操作层面将生态工业园区分为三种类型。

① 行业类生态工业园区　行业类生态工业园区是以某一类工业行业的一个或几个企业

为核心，通过物质和能量的集成，在更多同类企业或相关行业企业间建立共生关系。如广西贵港国家生态工业（糖业）示范园区，以甘蔗制糖和蔗渣造纸为核心延伸出酒精制造、复合肥等相关产业，与蔗农之间建立共生关系。

②　综合类生态工业园区　综合类生态工业园区是由不同工业行业的企业组成的工业园区，主要指在高新技术产业开发区、经济技术开发区等工业园区基础上改造而成的生态工业园区。如天津泰达经济技术开发区国家生态工业示范园区，以电子信息业、生物制药业、汽车制造业和食品饮料业四个支柱产业为载体，通过构建产品链、废物链在各产业之间建立生态联系，形成生态产业链网。

③　静脉产业类生态工业园区　静脉产业是以废物资源回收、循环利用为主的一类经济活动。静脉产业类生态工业园区是以从事静脉产业生产的企业为主体建设的一类生态工业园区。它是静脉产业的实践形式。

该类园区是以减量化、再利用、资源化为指导原则，运用先进的技术，将生产和消费过程中产生的废物资源化，以实现节约资源、减少废物排放、降低环境污染负荷为目标的新型工业园区。该类工业园区是在环境安全的前提下，以减少自然资源的消耗为出发点，以技术先进、发展有序为特点，以资源利用最大化为目标，使园区建设与周边地区动脉产业协调发展的新型园区。建设静脉产业类生态工业园区既可以提升静脉产业的规模和科技含量，也有利于静脉产业的污染防治和环境管理。园区对各类废物的回收、拆解和资源化企业进行统一规划、集中建设，使静脉产业向正规化、产业化、规模化和标准化方向发展。

3. 生态工业园区国外进展

（1）国外进展

自 20 世纪 90 年代以来，生态工业园区开始成为世界工业园区发展领域的主题。如今，生态工业园区正在成为许多国家工业园区改造和完善的方向。一些发达国家，如丹麦、美国、加拿大等工业园区环境管理先进的国家，很早就开始规划建设生态工业示范区；其他国家，如泰国、印度尼西亚、菲律宾、纳米比亚和南非等发展中国家正积极兴建生态工业园区。

①　加拿大　自 1995 年以来，生态工业园区项目在加拿大多伦多的 Portland 工业区逐步展开。这一工业园区汇集了有废物和能量交换潜力的多种制造和服务行业。加拿大约 40 个生态工业园区中被认为具备很强的生态工业性质的工业组合主要有蒸汽发生器、造纸厂、包装业的组合，化学工业、发电、苯乙烯、聚氯乙烯、生物燃料的组合，发电厂、钢铁厂、造纸厂、刨花板厂的组合，热电站、石油提炼工厂、水泥厂、石油冶炼、合成橡胶厂、石化工厂、蒸汽发电站的组合等。

②　美国　20 世纪 70 年代以来，在美国环保局（EPA）和可持续发展总统委员会（PCSD）的支持下，美国的一些生态工业园区项目应运而生。涉及生物能源的开发、废物处理、清洁工业、固体和液体废物的再循环等多个方面。特别是从 1993 年开始，生态工业园区在美国发展迅速。美国政府在总统可持续发展委员会下还专门设立一个生态工业园区特别工作组。目前，美国已有近 20 个生态工业园区，并各具特色。如改造型的 Chattanooga 生态工业园区。田纳西州小城Chattanooga 曾经是一个以污染严重闻名全美的制造业中心。在该园区，以杜邦公司的尼龙线头回收为核心推行企业零排放改革，不仅减少了污染，而且还带动了环保产业的发展，在老工业园区发展了新的产业空间。其突出特征是通过重新利用老工业企业的工业废弃物，以减少污染和增进效益。如今，旧钢铁铸造车间已变成一个用太阳能处理废水的生态车间，而旁边是利用循环废水

的肥皂厂，紧临的是急需肥皂厂副产物做原料的另一家工厂，这种革新方式对老工业区改造很有借鉴意义，并且更能适应老工业企业密集的城市。

③ 日本　日本生态工业园区是以建设资源循环型社会为目标，在发挥地区产业优势的基础上，大力培育和引进环保产业，严格控制废物排放，强化循环再生。

20 世纪 90 年代以来，一些发达国家开始建设以静脉产业为主的生态工业园区。其中日本经过近 10 年的发展，现已基本成熟，其园区建设处于世界领先水平。1997 年在零排放工业园的基础上，日本政府开始规划和建设静脉产业类生态工业园区。根据地方政府的申请和生态工业园区（eco-town）规划、地区产生废物的种类和数量、运送距离以及当地环境状况，日本环境省会同经济产业省已经批准了 26 个县、市、镇开展以静脉产业为主体的生态工业园区建设。日本生态工业园区的主要特点如下。

a. 以静脉产业为主体是日本生态工业园区建设的最大特点。现有的 26 个生态工业园区都以废弃物再生利用为主要内容，相关设施有 40 多个，所回收、循环利用的废弃物多达几十种。这些废弃物中包括了量大面广的一般废弃物和产业废弃物，如 PET 瓶、废木材、废塑料、废旧家电、办公设备、报废汽车、荧光灯管、废旧纸张、废轮胎和橡胶、建筑混合废物、泡沫聚苯乙烯等。

b. 生态工业园区内利用的废弃物大部分属于个别再生法规定的范围。正是由于有了相关法律的支持，日本生态工业园区的废弃物再生利用产业才能够有序、规范地发展。如一般废弃物中的废弃家电、废旧汽车、废容器等，分别被家电再利用法、汽车再利用法和容器包装再利用法所覆盖。建筑混合废物等产业废弃物的再生利用则是建筑再利用法等相关法律所规定的。

c. 在园区内开辟专门的实验研究区域，产、学、政府部门共同研究废弃物处理技术、再利用技术和环境污染物质合理控制技术，为企业开展废弃物再生、循环利用提供了技术支持。如北九州生态工业园区中，具体的实验项目包括废纸再利用、填埋再生系统的开发、封闭型最终处理场、完全无排放型最终处理场、最终处理场早期稳定化技术开发、废弃物无毒化处理系统，以及豆腐渣等食品化技术、食品垃圾生物质塑料化等多项实验研究。

d. 生态工业园区建设重点突出、特色分明。从总体上讲，日本生态工业园区内的产业活动是以废弃物再生利用为主的，但是从所利用的废弃物种类看，园区之间还是存在差别的，即各个园区都有自己的主体方向。另外，同一类型的废弃物再生事业也可能在不同的生态工业园区实施。

e. 生态工业园区是一个多功能载体，除了进行常规的产业活动外，还是一个地区环境事业的窗口。如北九州生态工业园区内除了各项废弃物再生利用设施外，还具备以下功能：举办以市民为主的环境学习，举办与环境相关的研修、讲座，接待考察团，支援实验研究活动，园区综合环境管理，展示环境、再生使用技术和再生产品，展示、介绍市内环境产业。

（2）国内进展

我国的工业园区经历了两个阶段的发展，即第一代的经济技术开发区和第二代的高新技术开发区。第一代园区内主要以劳动密集型的"三来一补"型企业为主，技术含量低，环境污染严重；第二代园区内的企业以高新技术应用为特征。这种变化充分反映出当今知识经济时代的特点。随着全球绿色经济浪潮的到来，第三代工业园区即生态工业园区应运而生。这种新兴的工业园区克服了前两代园区的一个共同缺点，即园区内的企业彼此独立经营，缺乏资源和能源在企业之间的有效流动和企业之间的相互合作机制，资源利用效率低下而且环境污染严重。

建设生态工业示范园区是我国推进循环经济的重要手段。我国自 1999 年开始启动生态工业示范园区建设试点工作，建立了第一个国家级生态工业园区——贵港国家生态工业（制糖）示范区。自 1999 年国家环境保护总局先后在企业相对集中的地区如广西贵港、山东鲁北、鞍钢、抚顺、包头等工业区规划建设了生态工业园区，对传统的工业区进行生态化改造。2003年以来，在国家经济技术开发区、高新技术开发区等开展循环经济试点，相继有天津、烟台、大连、苏州等国家重点开发区开展建设生态工业园区工作。

在生态工业园区规划建设过程中，各园区都十分注重培育和扶持主导产业，并以已形成的主导产业为龙头和核心，发展与之配套的接续产业，不断调整、优化产业结构和产品结构，延伸产品链，形成了横向耦合、纵向闭合的复合型生态产业共生体。

根据《国家生态工业示范园区标准》（HJ 274—2015），国家生态工业示范园区评价指标见表6-3。

表 6-3　国家生态工业示范园区评价指标

分类	序号	指标	单位	要求	备注
经济发展	1	高新技术企业工业总产值占园区工业总产值比例	%	≥30	4 项指标至少选择 1 项达标
	2	人均工业增加值	万元/人	≥15	
	3	园区工业增加值三年年均增长率	%	≥15	
	4	资源再生利用产业增加值占园区工业增加值比例	%	≥30	
产业共生	5	建设规划实施后新增构建生态工业链项目数量	个	≥6	必选
	6	工业固体废物综合利用率[①]	%	≥70	2 项指标至少选择 1 项达标
	7	再生资源循环利用率[②]	%	≥80	
资源节约	8	单位工业用地面积工业增加值	亿元/平方公里	≥9	2 项指标至少选择 1 项达标
	9	单位工业用地面积工业增加值三年年均增长率	%	≥6	
	10	综合能耗弹性系数	—	当园区工业增加值建设期年均增长率>0，≤0.6；当园区工业增加值建设期年均增长率<0	必选
资源节约	11	单位工业增加值综合能耗[①]	吨标煤/万元	≤0.5	2 项指标至少选择 1 项达标
	12	可再生能源使用比例	%	≥9	
	13	新鲜水耗弹性系数	—	园区工业增加值建设期年均增长率>0，≤0.55；当园区工业增加值建设期年均增长率<0，≥0.55	必选
	14	单位工业增加值新鲜水耗[①]	立方米/万元	≤8	3 项指标至少选择 1 项达标
	15	工业用水重复利用率	%	≥75	
	16	再生水(中水)回用率	%	缺水城市达到 20% 以上；京津冀区域达到 30% 以上；其他地区达到 10% 以上	

续表

分类	序号	指标	单位	要求	备注
环境保护	17	业园区重点污染源稳定排放达标情况	%	达标	必选
	18	工业园区国家重点污染物排放总量控制指标及地方特征污染物排放总量控制指标完成情况	—	全部完成	必选
	19	工业园区内企事业单位发生特别重大、重大突发环境事件数量	—	0	必选
	20	环境管理能力完善度	%	100	必选
	21	工业园区重点企业清洁生产审核实施率	%	100	必选
	22	污水集中处理设施	—	具备	必选
	23	园区环境风险防控体系建设完善度	%	100	必选
	24	工业固体废物(含危险废物)处置利用率	%	100	必选
	25	主要污染物排放弹性系数	—	当园区工业增加值建设期年均增长率>0,≤0.3;当园区工业增加值建设期年均增长率<0,≥0.3	必选
环境保护	26	单位工业增加值二氧化碳排放量年均削减率[①]	%	≥3	必选
	27	单位工业增加值废水排放量[①]	吨/万元	≤7	2 项指标至少选择 1 项达标
	28	单位工业增加值固废产生量[①]	吨/万元	≤0.1	
	29	绿化覆盖率	%	≥15	必选
信息公开	30	重点企业环境信息公开率	%	100	必选
	31	生态工业信息平台完善程度	%	100	必选
	32	生态工业主题宣传活动	次/年	≥2	必选

① 园区中某一工业行业产值占园区工业总产值比例大于 70%时,该指标的指标值为达到该行业清洁生产评价指标体系一级水平或公认国际先进水平。

② 第 4 项指标无法达标的园区不选择此项指标作为考核指标。

综合能耗弹性系数=园区工业综合能耗总量建设期年均增长率(%)/园区工业增加值建设期年均增长率(%);

新鲜水耗弹性系数=园区工业用新鲜水耗量建设期年均增长率(%)/园区工业增加值建设期年均增长率(%);

某种污染物排放弹性系数=某种污染物排放量建设期年均增长率(%)/园区工业增加值建设期年均增长率(%);

主要污染物排放弹性系数= $\sum_1^n$ 某种污染物排放弹性系数/n。

四、生态工业与清洁生产

生态工业是按生态经济原理和知识经济规律组织起来的基于生态系统承载能力、具有高效的经济过程及和谐的生态功能的网络型进化型工业,通过两个或两个以上的生产体系或环节之间的系统耦合使物质和能量多级利用、高效产出或持续利用,注重闭路循环和产业链的构建。

清洁生产作为一种综合性、预防性的环境管理战略,强调源头削减、全过程控制。企业清洁生产,是单个企业通过清洁生产审核、环境管理体系、生态设计、生命周期评价、环境标志、环境会计等工具,针对企业自身的生产过程、产品和服务,使得企业对环境的影响最小化，实现企业的生存和发展。

生态工业，是特定区域内多种类型企业的集合，园区企业形成空间关系，并通过副产品和废物交换、能量梯级利用构成生态工业链（网）结构。园区核心企业和其他成员间交易具有一定刚性，但多样性较差，系统较脆弱。园区具有更大的清洁生产潜力和更高的生态效率。

清洁生产和生态工业都关注提高资源能源利用率，实现废物零排放，以实现可持续发展为目标；清洁生产是生态工业的前提和基础。

第四节　生态工业实践——生态工业园区

一、卡伦堡生态工业园（共生体系）

1. 卡伦堡生态工业园概况

卡伦堡工业园区位于卡伦堡小镇西南方向，面积约 $12km^2$，区域内企业有 20 余家，是目前较为成功的工业园区。

（1）产生背景

卡伦堡生态工业园的产生是在丹麦的法制约束下、在卡伦堡地区的资源背景下、在特定的企业技术经济关系下造成的，在这些条件下发展循环经济本身具有经济效益和社会效益，而不是刻意创造的经济模式。卡伦堡生态工业园是当地企业在追求共同利益和遵守生态道德共识下自发建立并发展起来的。

（2）参与企业简况

卡伦堡园区是在不同的独立商业伙伴之间的合作协议基础上于 1987 年建立起来的，由 5 家企业的 6 家工厂和卡伦堡市政公司的两家工厂共 8 个实体组成。

卡伦堡园区建立的指导思想是：一个公司的副产品将成为其他公司的重要资源，其结果是可以减少资源消耗并减少对环境的影响。合作企业按照商业原则分别订立单独的合作协议，以达到共赢。

参与的各企业如下。

① 阿斯耐斯瓦尔盖（Asnaesvaerket）发电厂　丹麦最大的电厂，装机容量 100 万千瓦。以煤为燃料（从中国、印度等国进口），为西兰岛高庄电网供电，发电量约占西兰岛发电量的 1/3；同时为卡伦堡提供热力，是卡伦堡生态链最主要也是历史最悠久的核心企业。雇员约 300 人。厂内厂房高大宽敞，设备自动控制程度高。

② 斯塔朵尔（Statoil）炼油厂　丹麦最大的炼油厂，建于 20 世纪 60 年代，主要生产汽油和其他石油产品，产量约为每年 $5.5×10^6t$ 汽油。公司发展迅速，不断新建工厂以满足市场需求，从 2002 年开始开发更为环保的、达到 EU2005 标准的发动机燃料。同时，该公司也是目前世界上唯一一家把脱硫的副产品生产为液体肥料的工厂。雇员约 300 人。

③ 挪伏·挪尔迪斯克（Novo Nordisk）公司　丹麦最大的生物工程公司，是世界上最大的工业酶和胰岛素生产厂家之一，设在卡伦堡的工厂是该公司最大的工厂，员工达 1200 人。

④ 吉普洛克（Gyproc）石膏材料公司　这是一家瑞典公司，主要为建筑行业提供建材，雇员约 200 人，每年平均生产 $1.4×10^7km^2$ 的石膏墙板。

⑤ 生物技术土壤修复（Bioteknisk Soilrem）公司　1986 年成立，是一家对污染土壤进行生物技术修复的公司，雇员 75 人。

⑥ 卡伦堡市政公司废水综合处理厂（Nove-renI/S）　卡伦堡市政公司目前主要负责市政给排水和能源供应（包括电、采暖热水和生活热水等）、淤泥输送等，此外还包括深水海港的开发等。

在卡伦堡地区，每年可处理 12.5 万吨生活废水和工业废水，88％实现循环利用并且用于能源生产或热回收。

⑦ 卡伦堡市政公司垃圾处理厂　垃圾处理厂每年回收 1.3 万吨纸板、0.7 万吨碎石、1.5 万吨街道园林垃圾、0.4 万吨金属垃圾和 0.18 万吨玻璃垃圾。很显然，这些热电、炼油、建材和医药厂都是高耗水、耗能、消耗原材料和高排污企业，不但给地区带来资源压力，而且给地区带来环境压力。共生体以如图 6-7 所示的原理构成了如图 6-8 所示的工业布局。

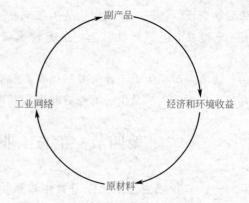

图 6-7　生态工业园区原理示意

（3）发展历程

自 20 世纪 70 年代以来，对于节约水资源和处理废物的需求越来越大，卡伦堡园区逐步形成并开发了数十个围绕生态循环与经济发展的项目，其中包括 7 个水循环项目、6 个提高能源转换效率的项目、6 个废物循环利用项目、17 个内部循环共生项目、4 个外部循环共生项目。

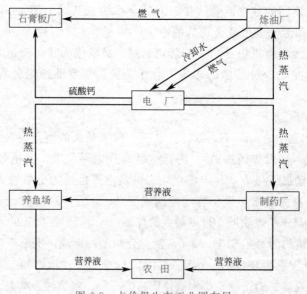

图 6-8　卡伦堡生态工业园布局

卡伦堡生态工业园区的发展总体分为三个阶段，即 20 世纪 70 年代中期以前、80 年代和 90 年代后三个阶段。

图 6-9 说明了园区自 1970 年以来实施项目的情况，图 6-10 给出的是 1976 年以前项目的执行情况。可以看出，当时的项目主要是为了解决电厂和炼油厂等工业用水的问题，即通过

对梯索湖（Tisso）的地表水进行处理后送到工厂使用，来替代抽取地下水。生态循环的模式还没有开始。

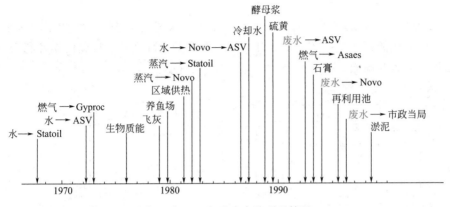

图 6-9　1970 年以来实施项目情况

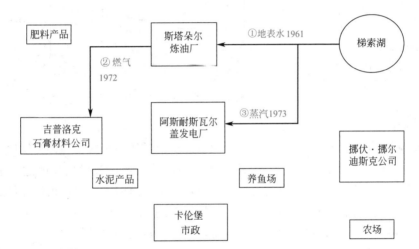

图 6-10　1976 年以前项目的执行情况

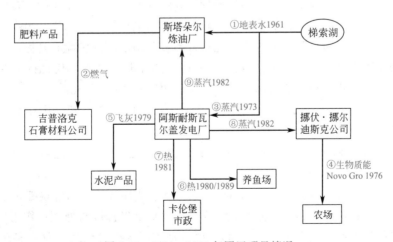

图 6-11　1981～1989 年园区项目情况

图 6-11 给出的是 20 世纪 80 年代的情况。从图 6-11 可以看出，在 20 世纪 80 年代，卡

伦堡工业园区主要的项目除了继续地表水的高效循环利用之外,重点开展了包括电厂产生的蒸汽、冷却水、粉尘的综合利用。挪伏集团正式加入循环链之中,开始为农场提供生物质原料。

图 6-12 为全面发展起来的循环链,至此共有 8 家企业参与到卡伦堡生态工业园区的循环链之中。循环链的组成包括了水的循环利用、能源的循环利用、废物的循环利用等,资源循环利用更为完善和高效。

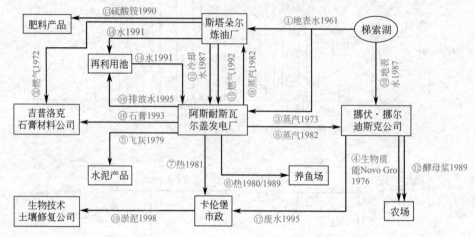

图 6-12　卡伦堡工业园区的发展及资源循环项目情况

(4) 工业共生体使各企业受益

① 阿斯耐斯瓦尔盖(Asonaesvaerket)发电厂从消耗地下水转变为部分使用湖水和处理过的废水;电厂向斯塔朵尔炼油厂和挪伏·挪尔迪斯克制药厂等供应发电过程中产生的蒸汽,使炼油厂和制药厂获得生产所需的热能;通过地下管道向卡伦堡全镇居民供热,由此关闭了镇上 3500 座燃烧油渣的炉子,减少了大量的烟尘排放;供应中低温的循环热水,用于大棚生产绿色蔬菜;余热放到水池中用于养鱼,实现了热能的多级使用。

② 斯塔朵尔(Statoil)炼油厂用部分电厂热能替代自行制热;炼油厂产生的火焰气通过管道供石膏厂用于石膏板生产的干燥,减少了火焰气的排放;一座车间进行酸气脱硫产生的稀硫酸供给附近一家硫酸厂;炼油厂的脱硫气则供给电厂燃烧。同样,粉煤灰提供给土壤修复公司用于生产水泥和筑路,而吉普洛克石膏墙板厂用电厂的脱硫石膏做原料造石膏板。

③ 挪伏·挪尔迪斯克(Novo Nordisk)公司用部分电厂热能取代自行制热,提供酵母浆作为饲料成分,以其发酵工艺的副产品开发了农用肥料 Novo Gro。

④ 吉普洛克(Gyproc)石膏材料公司获得电厂提供的人造石膏,用作生产建筑用石膏板,部分替代进口。

⑤ 生物技术土壤修复(Bioteknisk Soilrem)公司根据自己的工艺需要利用废水处理厂的淤泥。

⑥卡伦堡市政公司废水综合处理厂(Noeren I/S)从社区发展和环境建设出发,综合考虑产业、水资源、企业间互利协作等问题,作为网络成员发挥废水处理厂作用,促进部分企业减少地下水用量,保持地表水(梯索湖)、地下水和废水循环使用这样一种资源均衡的局面。同时,进行了垃圾无害化处理。

⑦ 卡伦堡市政公司垃圾处理厂回收处理垃圾,部分用来发电,确保环境质量。

卡伦堡工业园区通过以上循环经济的实践，使得工业污染降低了，水污染减少了，浪费减少了，但利润却得到了提高。据报道，过去20年间卡伦堡总共投资16个废料交换工程，总投资额约为7000万美元。到2002年为止，节约的经济效益已达2亿美元，投资平均折旧时间短于5年，取得了巨大的环境效益和经济效益。

2002年，卡伦堡生态工业园区实现了地下水210万立方米/年、地表水120万立方米/年，总计330万立方米/年的节水能力，占地区水资源量的约1/5强，占其原用水量的约1/3，也就是说以原来2/3的水耗支持了现在还在增长的经济发展，成绩斐然。同时，形成石油节约能力2万吨/年，如果丹麦都以这种水平节约，相当于年节约360万吨，相当于丹麦年用量的1/3。此外，每年节约生石膏20万吨，环境效益十分突出。

其他主要收益如下。

① 实现节水30%，每年可节约190万立方米的地下水和100万立方米的地表水。

② 每年节约用油2万吨，减少了380t二氧化硫的排放。

③ 每年可减少8万吨阿斯耐斯瓦尔盖发电厂燃烧煤等产生的粉尘，并将粉尘用于水泥生产及镍、钒的回收中。

④ 每年可节省20万吨天然石膏，并用于建筑外墙用石膏板的生产。

⑤ 每年为2万公顷的农场提供肥料等产品。

⑥ 全部的市政废水和绝大多数的工业废水排放达标，并得到深度处理。

⑦ 淤泥全部用于污染土壤的生物修复工程。

⑧ 卡伦堡市政公司垃圾处理厂每年回收并处理13000t的纸板、7000t的碎石和混凝土（用于不同的建筑工程）、15000t的公园垃圾、4000t的钢铁和其他金属、1800t的玻璃和瓶子，几乎全部固体废物得到有效处理。

总的看来，卡伦堡生态工业园区通过不同企业之间资源循环利用的先进循环经济思想，实现了废弃物的循环利用，使一个公司的废弃物成为其他公司的重要资源；减少了资源的消耗，包括水、煤、油、石膏、肥料和混凝土等；减少了对环境的不利影响，减少了二氧化碳和二氧化硫的排放，减少了废水、废物的排放，减少了对大气、水和土地资源的污染等；在能源生产过程中提高了能源的综合利用效率。

2. 卡伦堡企业循环链分析

卡伦堡园区内实现了物质流、能量流、信息流和经济流四个方面的循环，如图6-12、图6-13所示。图6-14表示丹麦卡伦堡生态工业园区目前的废物交换和利用情况。

（1）水循环

阿斯耐斯瓦尔盖发电厂采用梯索湖的地表水取代地下水，减少地下水用量约90%。为减少地下水消耗，市政府通过协作网络做出努力，促使电厂用水从完全依靠地下水改变为部分使用梯索湖水，部分使用石油提炼厂处理过的生产废水。斯塔朵尔炼油厂的废水经过生物净化处理，通过管道向电厂输送，年输送电厂70万立方米的冷却水，整个工业园区由于进行水的循环使用，每年减少25%的需水量。酶制剂厂也是用水大户，卡伦堡市政公司还把梯索湖湖水水质处理到饮用水水质标准供居民使用，每年减少100万立方米地下水用量。节水优先，如阿斯耐斯瓦尔盖发电厂通过循环利用减少了总消耗水量的60%。废水统一输送到卡伦堡废水处理厂，再被引到循环处理水库中，以减少梯索湖湖水消耗。循环水水库容量为22万立方米。

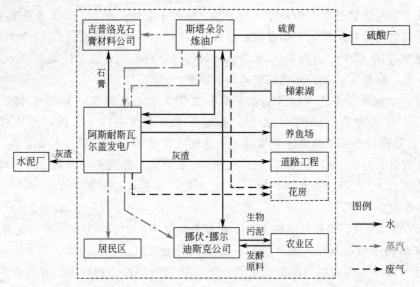

图 6-13　卡伦堡生态工业园区废物循环利用

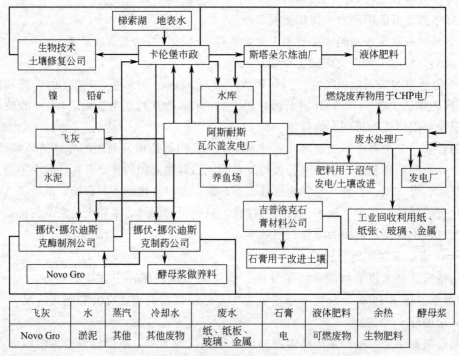

图 6-14　卡伦堡生态工业园区循环链流程

（2）物质流

① 石膏　阿斯耐斯瓦尔盖发电厂的脱硫车间把二氧化硫从烟气中脱除出来，用于石膏的生产，产量可达到每年 20 万吨。石膏将销售给吉普洛克（Gyproc）石膏材料公司，用于生产建筑外墙用石膏板。

② 粉尘　阿斯耐斯瓦尔盖发电厂将从烟气中脱除的粉尘，销售到英国进行回收处理以提取镍和钒，或提供给丹麦奥尔堡的波特兰公司作为水泥工业原材料。

③ 肥料　挪伏·挪尔迪斯克（Novo Nordisk）公司在酶生产过程中产生的 15 万立方米

的固体物质和大约 9 万立方米的液体物质，通过生物和消毒处理后，作为肥料用于西兰岛约600 个农场中，同时还有氮、磷、石灰等副产品。

斯塔朵尔炼油厂的除硫车间从精炼气里脱除硫黄，大量减少了二氧化硫的排放，其副产品是氨脲，每年可生产 2 万吨的液体肥料。

④ 饲料　挪伏·挪尔迪斯克公司在胰岛素生产过程中产生的酵母浆残留物用于喂猪。

⑤ 淤泥　淤泥是卡伦堡市政公司废水处理的主要残余物。目前则用于生物技术土壤修复公司的生物土壤修复流程中。

（3）能量流

斯塔朵尔炼油厂把剩余天然气先进行内部消化，剩余天然气通过管道被送到了吉普洛克石膏材料公司以及阿斯耐斯瓦尔盖发电厂，用于生产。

阿斯耐斯瓦尔盖发电厂为斯塔朵尔炼油厂、挪伏·挪尔迪斯克公司提供蒸汽和用水，其中提供给炼油厂的蒸汽占炼油厂蒸汽用量的 15%；为大约 4500 户卡伦堡居民提供区域供热。这种热电联产方式与分散的发电和产热模式相比，可提高 30% 的能源利用效率。

卡伦堡市政公司废水综合处理厂每年大约可处理 56000t 可燃废物，并把产生的热能和电力回送到 6500 户居民中。

3. 卡伦堡工业园区形成及运行机制分析

卡伦堡工业园区是生态工业园区的典型代表。该工业园区的主体企业是电厂、炼油厂、制药厂和石膏板生产厂，以这四个企业为核心，通过贸易方式利用对方生产过程中产生的废弃物或副产品，作为自己生产中的原料，建立工业共生和代谢生态链关系，不仅减少了废物的产生量和处理费用，而且产生了很好的经济效益，形成了经济发展和环境保护的良性循环。

（1）公众的可持续发展意识

公众对于可持续发展理念的高度认同、接受和实行是卡伦堡园区内企业走上循环经济道路的基本条件。镇上居民都自觉自愿地将垃圾分类，送到收集处。

（2）法律规范企业发展方向

以《中华人民共和国环境保护法》为中心，建立了《中华人民共和国水资源法》《工业空气污染控制指南》和《中华人民共和国海洋环境法》等一系列法规，使得企业的发展只能沿着节约资源、保护环境和循环经济的道路前进。

（3）企业是实施循环经济的主体

卡伦堡工业园区是企业自发、自愿组织的，是一个企业的共生联合体。自愿参与有两个同等重要的前提，一是获得经济利益，二是遵守国家法律，二者缺一不可。

（4）政府的作用是严格执法和利益协调

在卡伦堡工业园区中政府的作用就是严格执法，没有政府的严格执法，排污就不用达标，因此也就不用给污染物找出路，也就不会有生态共生存形成。

园区实行企业组成委员会共同协商解决问题的制度，但是在不履行合同和有争议的情况下，政府还在园区的运行中起了不可替代的协调作用。

（5）"断链"问题

所谓"断链"问题就是在园区内的循环中，如果一个结点也就是一个企业，由于迅速发展或不景气等原因产生提供的废料的大量增加或减少对于下一结点和整个循环产生影响的问题。

这种影响主要从以下几方面消除。

① 在企业间签订长期商业协议，使提供废料受法律保护。

② 在循环中主要吸收经营好的大企业，增强抗波动干扰的能力。

③ 建立替代机制。

但最主要的是所有再循环企业都经营良好、处于发展状态，"断链"就不会发生。

二、贵港国家生态工业园区

贵港国家生态工业（制糖）示范园规划为核心园区、虚拟园区，总规划面积 34.44km²，其中核心园区主要是贵糖集团所属区域，面积 1.55km²；虚拟园区包括热电循环经济产业园区和西江产业园区，热电循环经济产业园区主要是贵港电厂附近区域，面积 10.89km²；西江产业园区主要是北环路和西环路交汇处、南环路西南面，面积 22km²。

贵港国家生态园区按照"项目集中园区、产业集群发展、资源集约利用、功能集成建设"的要求，抓好生态工业园区建设和项目建设，已形成以贵糖集团、贵港电厂为代表的制糖、食糖深加工、酒精、造纸产业链，培育糖纸产业集群和能源、造纸、生物化工等各类产业集群 16 个。

1. 生态工业系统总体框架

贵港制糖生态工业系统总体结构如图 6-15 所示。

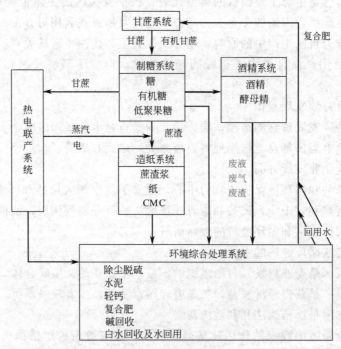

图 6-15　贵港生态工业系统总体结构

贵港制糖生态工业系统由六个系统（或称为单元）组成，这六个系统如下。

（1）蔗田系统

建成现代化甘蔗园，通过优良品种、优良种植方法和农田水利建设，负责向园区提供高产、安全、稳定的甘蔗（包括有机甘蔗），保障园区生产系统有充足的原料供应。

（2）制糖系统

通过制糖新工艺改造、低聚果糖技改，生产普通精炼糖以及高附加值的有机糖、低聚果糖。

（3）酒精系统

通过能源酒精工程和酵母精工程，有效利用甘蔗制糖的副产品——糖蜜，能制造能源酒精和高附加值的酵母精。

（4）造纸系统

通过绿色制浆工程改造、扩大制浆造纸规模（含高效碱回收）及 CMC 工程，充分利用甘蔗制糖的副产品——蔗渣，生产高质量的生活用纸和文化用纸及高附加值的 CMC（羧甲基纤维素钠）。

（5）热电联产系统

通过使用甘蔗制糖的副产品——蔗髓替代部分燃料煤，热电联产，向制糖系统、酒精系统、造纸系统以及其他辅助系统供应其生产所必需的电力和蒸汽，保障园区生产系统的动力供应。

（6）环境综合处理系统

通过除尘脱硫、回用水工程以及其他综合利用项目，为园区制造系统提供环境服务，包括处理废气、废水，生产水泥、轻钙等副产品，进一步利用酒精系统的副产品——酒精废液制造甘蔗专用复合肥，并向园区制造系统提供回用水以节约水资源。

2. 园区生态工业链关系

在贵港国家生态工业（制糖）示范园区中，各组成单元间存在着输入、输出的相互依赖关系，在很大程度上实现了横向耦合、纵向闭合以及区域整合。该园区的生态工业链关系分析如下。

（1）作为"源"和"汇"的甘蔗园

现代化甘蔗园是制糖工业生态系统的发端。它输入肥料、水分、空气和阳光，输出制糖和造纸用的甘蔗。同时，酒精厂复合肥车间生产的甘蔗专用复合肥和热电厂锅炉部分煤灰（用于沉淀池的吸附剂后）则作为蔗田肥料回用于甘蔗园里。

现代化甘蔗园与以下各条生态工业链的有效运行，在一定程度上体现了生态工业从源到汇再到源的纵向闭合，园区内的这一良性循环将有力地促进贵港市制糖工业的持续、高效发展。

（2）甘蔗—制糖—蔗渣造纸生态工业链

如果说，一个安全的甘蔗园是贵港国家生态工业（制糖）示范园区的基础，那么制糖和造纸则是其赖以存在的根本，也是目前为止贵港市糖业最具有经济意义的生态工业链。制糖厂压榨车间输出的蔗渣，作为制浆厂主要原料输入进行综合利用。这是我国糖厂典型的产业链。

（3）制糖—糖蜜制酒精—酒精废液制复合肥生态工业链

制糖工艺输出的废糖蜜，被酒精厂酒精车间作为资源输入，进行能源酒精或食用酒精的生产。酒精车间产生的酒精废液经过浓缩、干燥和补充必要养分后，制成复合肥。此生态工业链不但可以综合利用制糖过程产生的废糖蜜，消除环境污染，而且可以获得能源酒精或食用酒精，其关键技术是酒精废液的处理。随着我国能源酒精的政策出台，此链有望成为贵港市新的经济增长点，并对我国制糖工业的结构调整具有重大意义。

（4）有机糖—低聚果糖生态工业链

低聚果糖的价格高，技术含量也高，被誉为第三代保健食品的功能因子，是今后贵港市糖业的一个重要增长点。低聚果糖的生产，利用普通制糖工艺生产的蔗糖或赤砂糖、糖蜜、酒精废液、糖浆及清汁等中间产品作原料，通过固相酶发酵法经浓缩、提纯、灭菌后得到成品。

有机糖是真正无污染、纯天然、高品质的有机产品，产品附加值高。有机糖和低聚果糖两者相互依存，形成特殊的工业链，其中前者是基础，后者是糖厂品质的提高。

（5）甘蔗—制糖—造纸—热电厂联合体

热电厂在生态工业园区中的位置非常特别和关键。它与甘蔗—制糖—造纸工业链以及园区内其他生产单元之间的关系是非常密切的。热电厂是各工业生产单元蒸汽和电力的供应者。热电厂锅炉的含硫烟气（酸性）与造纸中段废水（碱性）通过除尘脱硫塔进行中和反应，减少污染物的排放。

（6）水的供给、使用、循环使用、排放

糖厂是水循环回用潜力较大的企业。应采取清浊分流（回收冷凝水、凝结水）、干湿分离（先分离滤泥、炉渣灰、污泥等干物质）、封闭运行（将污染源治理限制范围）等措施，促进水的重复利用。制糖工艺回收的冷凝水、凝结水可以经过冷却、曝气等处理后进行回用。

该系统对造纸系统中脉冲白水进行回收，经处理后回用到有关生产单元，是有效的清洁生产措施。

（7）滤泥、白泥、废渣综合利用及副产品生产

该园区各单元过程产生的固体废物包括各种滤泥、白泥、废渣等。这些固体废物都能通过适当的工艺处理后进行使用，并可生产副产品。如制糖厂炼制车间产生的滤泥（经过堆存）和造纸制浆产生的白泥均可用于生产水泥，造纸制浆产生的白泥可用于生产轻质碳酸钙，传统碳酸法工艺设备改造产生的浮渣可送入酒精厂复合肥车间，热电厂锅炉产生的煤灰可用作污水处理的吸附剂，污水处理产生的煤灰和污泥均可用作蔗田肥料等。

（8）废水、废气的处理和排放

示范园区各单元过程产生的废水，主要为造纸中段废水和白水，这些废水可通过建设污水深度处理设施，进行处理后可回用或达标排放。

园区的废气主要来源于热电厂含硫含尘烟气、水泥厂和轻钙厂工业粉尘的排放。由于考虑了除尘和脱硫措施，大气污染物排放水平较低，不构成大的环境问题。

贵港国家生态工业示范园区通过区域的全面整合以及和区域外界的物流交换，做到最大限度地利用废物作为资源，使资源有效利用最大化；通过清污分流和清水回用做到水资源利用效率最大化；通过热电厂的运行做到能源生产和利用的优化；通过废物利用和环保工程的建设做到环境污染最小化；通过高产高糖甘蔗园的建设保障示范园区系统的安全性，因而符合生态工业园区建设的基本原则和要求。

根据相关目标与政策，贵港园区近期将重点发展如下建设项目，如图6-16所示。

这些项目包括：现代化甘蔗园建设工程、能源酒精技术改造工程、有机糖技术改造工程、低聚果糖生物工程、绿色制浆技术改造工程、蔗髓热电联产技术改造工程、制糖新工艺改造工程、酵母精生物工程。

3. 园区循环产业的基本特点

（1）横向耦合性

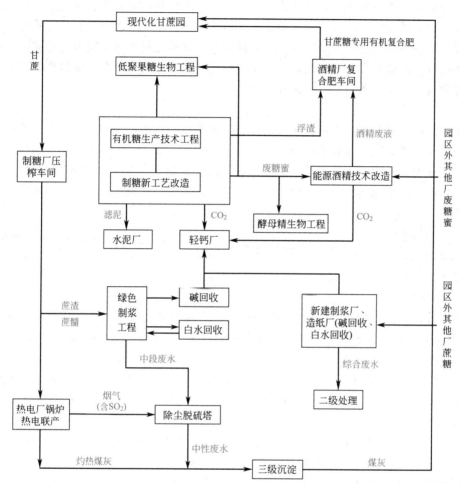

图 6-16　贵港国家生态工业（制糖）示范园区工程项目

　　整个系统呈现一个网格结构，同时形成三条核心生态产业链，分别为"甘蔗—制糖""蔗渣制造纸浆—造纸""废糖蜜制酒—酒精废液制造复合肥"，以及制糖系统的车间滤泥造水泥的副生态链，呈现横向耦合性，各环节积极进行资源共享，形成了"资源—产品—再资源"的循环发展模式，将系统中的废弃物变成生产原料，实现重复利用，将经济效益和生态效益有机结合在了一起。

　　（2）纵向闭合性

　　甘蔗系统既是整个系统的开端也是整个系统的终端，实现了整个系统的纵向闭合，实现了"源"与"汇"的交合。甘蔗系统作为整个系统的开端为系统提供源源不断的甘蔗，是整个系统的原料支持，整个系统实现由甘蔗到糖到酒精到生活用纸产品的生产，同时，环境综合处理系统实现了废弃物的加工处理，处理后的回收水、回收碱，以及复合肥又变成了肥料回到了甘蔗系统中，实现了整个系统的纵向闭合，如此既提高了资源利用效率，实现了资源的重复利用和固体废弃物的回收再利用；又使得相关产业链得以延长，从而促进了经济效益的进一步增长。

（3）区域整合性

区域整合性主要体现在园区内的结构性污染的降低。在整个系统的燃料中，蔗髓占主导地位，这样就减少了对矿物燃料的使用，减少了环境污染和资源浪费。园区生产所用的水资源中一大部分来源于回收水，减少了地下水、河流水的抽取。造纸主要利用上游制糖产生的蔗渣，制酒主要利用制糖产生的废糖蜜，甘蔗园的一部分肥料来源于院内环境综合处理系统提供的回收碱、回收水以及复合肥，减少了肥料的使用，实现了整个区域的整合，取得了良好的环境效益，实现了清洁生产、循环发展，推动了生态文明建设。

（4）动态适应性

整个园区的结构虽然呈现一种闭合的网状，但是整个系统的产业结构、生产规模都对外界的环境以及市场状况有很好的配合，不再与市场脱节，紧紧地依赖市场，与市场相依存，使得整个园区的抗风险能力增强，抗风险系数提高，呈现了较高的市场适应性结构。正是这种动态适应性保持了贵港生态工业园区的发展活力，可以根据市场调节自身的发展轨迹。

4. 投资与效益

（1）建设投资

据初步估算，示范园区工程建设总投资为 364794.7 万元，其中建设资金 276046.3 万元，占总投资的 75.7%；流动资金 88748.4 万元，占总投资的 24.3%。

（2）经济效益

贵港市新增甘蔗产值 4.59 亿元，蔗农收入水平将大大提高。制糖行业新增产品销售收入 55.7 亿元，新增利润近 9.2 亿元，新增各项税金近 7.5 亿元，为地方财政做出重大贡献。

（3）环境效益

① 化废为宝，节约资源 20 万吨，燃料酒精生产每年可节约 60 万吨玉米，20 万吨蔗渣造纸每年可避免 60 万～66 万立方米木材的消耗，造纸脉冲水的回用每年可减少 1584 万吨新鲜水的消耗。

② 大大减少污染物排放数量，极大程度地解决区域结构性环境污染问题。该示范园区集中了广西全区 93% 左右的废糖蜜进行能源酒精的集中生产，使广西境内 93% 左右的制糖废液不再向外界环境排放。据初步估算，每年将直接减少 13.4 万吨有机物对水体的污染。对贵港市而言，每年将直接减排 COD 2.2 万～3.0 万吨，这对当地主要河流水质的根本改善将起到至关重要的作用。

③ 发展生态农业，实现甘蔗种植的可持续发展。现代化甘蔗园的建设必将使当地传统的农业生产方式向生态的、有机的生产方式转换，减少不可再生资源的消耗，控制和减轻农村面源污染，保护和恢复农业生态环境，促进甘蔗种植的可持续发展。

（4）社会效益

社会效益主要表现在以下四个方面。

① 为全国制糖工业发展探索绿色经济发展道路。

② 提高贵港市在广西乃至全国的科技和经济地位。

③ 促进贵港市社会经济的全面发展和人民生活水平的提高。

④ 为国家能源安全危机提供缓解之道。

三、苏州工业园区

1. 苏州工业园区概况

苏州工业园区于 1994 年 2 月经国务院批准设立，是中国和新加坡两国政府间的重要合作项目，为全国首批"国家生态工业示范园区"，在国家级经济技术开发区的综合考评中，多次位居全国第一。园区先后获评国家生态工业示范园区、国家循环经济试点园区、低碳工业园区试点、绿色园区示范和能源互联网示范园区，环境保护与生态建设评价指标在国家级经济开发区综合考评中连续多年位列第一。

园区借鉴新加坡的发展模式，基础设施建设确立了"三高一低"的建设原则，即"高起点规划、高强度投入、高标准建设和最大限度地降低对环境不良影响"的原则，做到五个"100％"，即：全区域污水管网100％覆盖、污水100％收集、污水100％处理、尾水100％达标排放、污水处理中产生的污泥100％进行无害化、减量化和资源化处置。同时，园区充分发挥产业协同优势，整合污水处理、污泥处置、热电联产等产业链协同效应，完善园区循环经济产业系统。

2. 循环型基础设施

苏州工业园区的基础设施建设前期，通过规划将污水处理厂、污泥处置厂和热电厂的地址规划到一起，既降低了中水以及污泥的运输成本，也为循环型基础设施建设奠定了基础。

（1）超前规划

园区在1994年开发之初，政府在基础设施规划中确立了"环保优先、生态立区"的理念，规划上充分考虑到公用事业发展需要，编制了污水处理、热电等各项公用事业专项规划，并纳入园区城市总体规划，为公用事业基础设施预留了项目用地；在规划布局上将污水处理、污泥处置和热电联产三个公用事业基础设施项目紧密相邻，为污水处理、污泥处置及热电能源产业资源共享，实现循环经济奠定了基础。

（2）构建循环产业链条

在园区政府的主导下，构建了"变废为宝、资源循环利用"的产业链，实现了污水处理、污泥干化、热电联产三者产业协同，最大限度上实现了物质的减量、循环和再利用。

热电厂产生的余热蒸汽，通过管道输送至附近的污泥干化厂，干化厂利用蒸汽将污水厂产生的水处理污泥烘干，从而具有一定热值，再返回给热电厂作为燃料用来发电和产生余热蒸汽。周边的污水厂在将污泥输送给干化厂处理的同时，还将产生的中水通过管道输送给干化厂和热电厂，作为冷却水使用，最大限度上实现了物质的减量、循环和再利用（见图6-17）。

① 污水处理循环产业链　园区第二污水处理厂建有每日2万吨规模的中水回用系统，将污水厂出水经紫外线消毒后，通过全自动过滤器过滤后进入中水回用管道，输送给相关用户。

污水处理厂将污水处理过程中产生的湿污泥送至污泥干化厂进行干化，并将污水处理后的尾水深度处理成中水，送至污泥干化厂作为设备冷却用水，实现水资源循环利用。

② 污泥干化循环产业链　污泥干化厂利用热电厂的蒸汽加热，将含固率20％的湿污泥干化至含固率70％～90％的干污泥，将其作为燃料送至热电厂；热电厂将干化后的污泥以30％～40％（最高可达50％）的比例掺和在煤中进行焚烧，充分回收利用干化污泥中的热值；污泥焚烧后的灰渣可作为建筑材料；污泥焚烧后可实现减量化、无害化和资源化循环利用。

园区污泥干化厂由法国苏伊士集团和园区中新公用集团有限公司共同投资建设，设计总规模为日处理900吨湿污泥，其中一期工程设计规模为日处理300吨湿污泥，已于2011年5月正式建成投入运行，项目总投资约2亿元人民币。

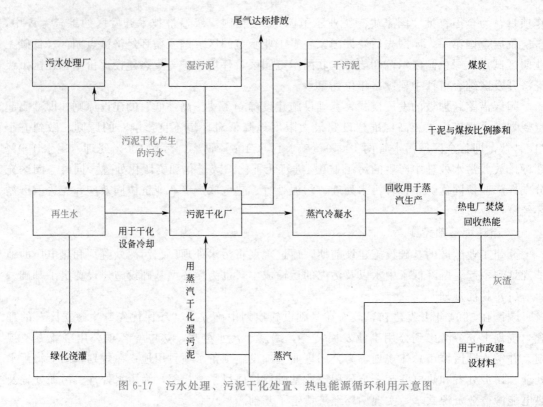

图 6-17　污水处理、污泥干化处置、热电能源循环利用示意图

项目采用国际上最先进的"薄层蒸发加带机干化"二段式干化工艺，将含固率 20％的湿污泥用卡车运至污泥干化厂污泥料仓，泵入第一段薄层蒸发器，蒸汽间接加热将污泥干化至含固率 45％，经切碎机成型后进入第二段带式干化机，干化至含固率为 70％～90％的干污泥，第二段干化所用热能大部分来自第一段干化用的蒸汽中回收的余热。

③蒸汽生产循环产业链　热电厂生产的蒸汽送至污泥干化厂干化污泥；干化后的污泥送回电厂作为燃料送入锅炉焚烧，回收热能、生产蒸汽；污泥干化厂将用于干化污泥后仍有较高余温的蒸汽冷凝水送回热电厂，热电厂将其送回锅炉生产蒸汽。既回收蒸汽用水，节约制水成本，也回收了其热能。

3. 基础设施运营

(1) 规范的运营监管

园区政府通过授予企业公用事业特许经营权以明确企业的公用事业运营职责和政府行业监管权限。通过中新苏州工业园区市政公用发展集团有限公司（国有投资主体）对下属公用事业企业实施股权管理和业务归口管理，直接或间接地对公用事业企业运营实施监管，确保公用事业企业的基础设施规划、投资、制订产品价格、服务标准、基础设施安全稳定运行、兑现服务承诺、企业股权变动等涉及公众利益的重大事项处于政府的严格监管之下，使政府追求的公共利益目标得以实现。

(2) 统一运营

在园区政府的主导下，将园区污水处理、污泥处置和热电联产等公用事业项目统一纳入中新公用发展集团有限公司进行管理和协调，污水处理和污泥干化项目分别由作为实施主体的下属子公司清源华衍和中法环境进行投资、建设与运营，这种模式有利于充分发挥产业协同效应，实现高效运营。

（3）多方合作

为了引进国际先进的公用事业管理理念和方法，园区政府选择香港中华煤气公司、法国苏伊士环境集团等国际一流的公用事业企业分别与中新公用发展集团有限公司战略合作，共同投资建设和运营园区第二污水处理厂和污泥干化处置等项目；这些战略合作者给园区公用事业企业带来了先进的技术和管理经验，促使园区污水处理和污泥干化处置工程的建设及运营管理向国际一流水平靠齐。

（4）市场参与

园区政府在确保公共利益目标得以实现的前提下，授予公用事业企业污水处理基础设施特许经营权，在不失政府对公用事业有效监管的前提下，借助市场力量破解污水处理基础设施长期投资和可持续健康发展的难题。为解决污水费中的污泥处置费不足以消化污泥处置成本的矛盾，园区通过政府审计支付的方式解决污泥处置费用缺口问题。

4. 资源循环利用的经济效益

项目投产后，通过污水处理和污泥干化处置，每年通过废弃物资源化循环利用产生的经济效益约为1879万元。

① 干化后的污泥作为燃料与煤炭进行混合焚烧，每年回收的热能相当于1.1万吨5000大卡煤，产生经济效益约715万元/年；

② 在污泥干化工艺中采用了污水处理厂的中水，年节约水资源390万吨，产生经济效益约78万元/年；

③ 通过回收蒸汽冷凝水及冷凝水热能，冷凝水回送至东吴热电厂重新利用，每年可节约蒸汽生产水约9万吨，节约制水成本约24万元/年；节约加热成本约88万元/年，相当于节约5000kcal（1kcal＝4.1868kJ）煤1350吨；

④ 污泥干化处置使用"二段法"工艺，蒸汽消耗量比非"二段法"工艺减少约30%，每年节约蒸汽约4.3万吨，产生经济效益918万元；

⑤ 污泥焚烧的灰渣约1万吨/年，可以成为优良的建筑材料，产生经济效益56万元/年。

思考题

1. 什么是循环经济？试述循环经济的模式。

2. 试述循环经济的3R原则及其应用。

3. 举例说明循环经济和传统经济的区别。

4. 简述循环经济与清洁生产的关系。

5. 什么是低碳经济？简述低碳经济的特征。

6. 简述低碳转型途径及与清洁生产的关系。

7. 什么是生态工业学？简述生态工业学基本要素。

8. 比较一级、二级、三级工业生态系统，谈谈建立理想工业生态系统的内容。

9. 简述生态工业与清洁生产。

10. 试述我国生态工业园区的类型、发展。

11. 试述生态工业园区在实践生态工业中的作用及局限性。

12. 简述生态工业原理，谈谈如何构建生态工业园区。

附　录

附录一　清洁生产审核工作用表

使用说明

1. 本附录的工作用表是为清洁生产审核人员的工作方便而专门设计的。基本上涵盖了审核过程中所需调查的数据、材料以及工作内容。

2. 工作用表与清洁生产审核的七个阶段相对应，按各阶段的序号排列，共由 41 张表组成，其中第一阶段 2 张表，第二阶段 13 张表，第三阶段 5 张表，第四阶段 6 张表，第五阶段 4 张表，第六阶段 9 张表，第七阶段 2 张表。

3. 工作表为一般企业设计的通用的工作表，审核人员可根据不同企业的实际情况进行复制、修改和补充。

附录一工作表 1-1　审核小组成员表

姓名	审核小组职务	来自部门及职务职称	专业	职责	应投入时间

制表_____　　审核_____　　第___页　共___页

注：若仅设立一个审核小组，则依次填写即可，若分别设立了审核领导小组和工作小组，则可分成两表或在一表内隔开填写。

附录一工作表 1-2　审核工作计划表

阶　段	工作内容	完成时间	责任部门及负责人	考核部门及人员	产出
1. 筹划和组织					
2. 预审核					
3. 审核					

阶　　段	工作内容	完成时间	责任部门及负责人	考核部门及人员	产出
4. 方案产生和筛选					
5. 可行性分析					
6. 方案实施					
7. 持续清洁生产					

制表＿＿＿＿＿　　审核＿＿＿＿＿　　第＿＿＿页　共＿＿＿页

附录一工作表 2-1　企业简述

企业名称：＿＿＿＿＿＿＿＿＿＿　　所属行业：＿＿＿＿＿＿＿＿＿＿

企业类型：＿＿＿＿＿＿＿＿＿＿　　法人代表：＿＿＿＿＿＿＿＿＿＿

地址及邮政编码：＿＿＿＿＿＿＿＿＿＿＿＿＿＿＿＿＿＿＿

电话及传真：＿＿＿＿＿＿＿＿＿＿　　联系人：＿＿＿＿＿＿＿＿＿＿

主要产品、生产能力及工艺：

关键设备：

年末职工总数：＿＿＿＿＿＿＿＿＿＿　　技术人员总数：＿＿＿＿＿＿＿＿＿＿

企业固定资产总值：＿＿＿＿＿＿＿＿＿＿＿＿＿＿＿＿＿＿＿

企业年总产值：＿＿＿＿＿＿＿＿＿＿　　年总利税：＿＿＿＿＿＿＿＿＿＿

建厂日期：＿＿＿＿＿＿＿＿＿＿　　投产日期：＿＿＿＿＿＿＿＿＿＿

其他：

制表＿＿＿＿＿　　审核＿＿＿＿＿　　第＿＿＿页　共＿＿＿页

附录一工作表 2-2　资料收集目录

序号	内容	可否获得	来源	获取方法	备注
1	平面布置图				
2	组织机构图				

续表

序号	内容	可否获得	来源	获取方法	备注
3	工艺流程图				
4	物料平衡图				
5	水平衡图				
6	能源衡算资料				
7	产品质量记录				
8	原辅材料消耗及成本				
9	水、燃料、电力消耗及成本				
10	企业环境方面资料				
11	企业设备及管线资料				
12	生产管理资料				

制表_____　审核_____　第___页　共___页

附录一工作表 2-3　环保设施状况表

设施名称_____　处理废弃物种类_____　建成时间_____　折旧年限_____

建设投资_____　设计处理量_____　实际处理量_____　年运行费_____

年耗电量_____　运行天数_____（天/年）_____（天/月）监测频率_____（次/月）

设施运行效果

污染物名称	实际处理量		入口浓度			出口浓度			污染物去除量	说明
	平均值	最大值	平均值	最高值	最低值	平均值	最高值	最低值		

处理方法及工艺流程简图

制表_____　审核_____　第___页　共___页

注：环保设施包括废水、废气、固废、噪声处理设施以及综合利用设施。

附录一工作表 2-4　企业环保达标及污染事故调查表

一、环保达标情况

1. 采用的标准

2. 达标情况

3. 排污费

4. 罚款与赔偿

二、重大污染事故

1. 简述

2. 原因分析

3. 处理与善后措施

制表＿＿＿＿＿＿＿　审核＿＿＿＿＿＿＿　第＿＿页　共＿＿页

附录一工作表 2-5　工段生产情况表

工段名称＿＿＿＿＿＿＿＿＿＿＿＿＿＿＿＿＿＿＿＿＿＿＿＿＿＿＿＿＿＿＿＿＿＿

工段简述：

工段生产类型：

连续

间歇加工

批量生产

其他：＿＿＿＿＿＿

制表＿＿＿＿＿＿＿　审核＿＿＿＿＿＿＿　第＿＿页　共＿＿页

附录一工作表 2-6　产品设计信息

产品名称＿＿＿＿＿＿＿＿＿＿＿＿

问　题	描　述
1. 产品能满足哪些功能？	
2. 产品是否进行转变或功能改进？	
3. 其功能能否更符合保护环境的要求？	
4. 使用哪些物料（包括新的物料）？	
5. 现用物料对环境有何影响？	
6. 今后需用的物料对环境有何影响？	
7. 产品（产品设计）是否便于拆卸和维修？	
8. 包括多少组件？	
9. 拆卸需多少时间？	
10. 不拆卸对废弃物处理有什么后果？	
11. 使用期限有多长？	
12. 哪些组件决定其使用期限？	
13. 哪些决定使用期限的组件是否易于更换？	
14. 产品/物料使用后有多大的回用可能性？	
15. 产品组件或物料有多大的回用可能性？	
16. 如何提高产品/物料回用的可能性？	
17. 提高产品/物料回用存在的问题有哪些？	
18. 能否减少或消除这些问题？	
19. 能否通过贴标签增强对物料的识别？需要什么样的机会？	
20. 这样做对环境和能源方面有什么影响？	

制表＿＿＿＿＿＿＿　　审核＿＿＿＿＿＿＿　　第＿＿＿页　共＿＿＿页

附录一工作表 2-7　输入物料汇总表

工段名称＿＿＿＿＿＿＿＿＿＿＿＿

项　目		物　料		
		物料号	物料号	物料号
物料种类				
名称				
物料功能				
有害成分及特性				
活性成分及特性				
有害成分浓度				
年消耗量	总计			
	有害成分			
单位价格				
年总成本				
输送方法				
包装方法				

续表

项　　目		物　　料		
		物料号	物料号	物料号
储存方法				
内部运输方法				
包装材料管理				
库存管理				
储存期限				
供应商是否回收	到储存期限的物料			
	包装材料			
可能的替代材料				
可能选择的供应商				
其他资料				

制表＿＿＿＿＿＿　审核＿＿＿＿＿＿　第＿＿页　共＿＿页

注：1. 按工段分别填写；

2. "输入物料"指生产中使用的所有物料，其中有些未包含在最终产品中，如清洁剂、润滑油脂等；

3. 物料号应尽量与工艺流程图上的号一致；

4. "物料功能"指原料、产品、清洁剂、包装材料等；

5. "输送方式"指管线、槽车、卡车等；

6. "包装方式"指 200 升容器、纸袋、罐等；

7. "储存方式"指有掩盖、仓库、无掩盖、地上等；

8. "内部运输方式"指用泵、叉车、气动运输、输送带等；

9. "包装材料管理"指排放、清洁后重复使用、退回供应商、押金系统等；

10. "库存管理"指先进先出或后进先出。

附录一工作表 2-8　产品汇总

工段名称＿＿＿＿＿＿＿＿＿＿＿＿＿

项　　目		物　　料		
		物料号	物料号	物料号
产品种类				
名称				
物料功能				
有害成分及特性				
年产量	总计			
	有害成分			
输送方法				
包装方法				
就地储存方法				
包装能否回收(是/否)				
储存期限				
客户是否准备	接受其他规格产品			
	接受其他包装方式			
其他资料				

制表＿＿＿＿＿＿　审核＿＿＿＿＿＿　第＿＿页　共＿＿页

注：这些产品号应尽量与工艺流程图上的号一致。

附录一工作表 2-9   废弃物特性

工段名称_____

---

1. 废弃物名称_____

2. 废弃物特性_____

化学和物理性质简介

有害成分

有害成分浓度

有害成分及废弃物所执行的环境标准/法规

有害成分及废弃物所造成的问题

3. 排放种类

　　连续

　　不连续

　　　　　类型　　　　　周期性_____　　周期时间_____

　　　　　偶尔发生(无规律)

4. 产生量

5. 排放量

最大_____　平均_____

6. 处理处置方式

7. 发生源

8. 发生形式

9. 是否分流

　　是

　　否,与何种废物合流

制表_____　　审核_____　　第___页　共___页

附录一工作表 2-10   企业历年原辅料和能源消耗表

主要原辅料和能源	单位	使用部位	近三年年消耗量		近三年单位产品消耗量			备注
					实耗		定额	

制表_____　　审核_____　　第___页　共___页

注：备注栏中填写国内外同类先进企业的对比情况。

附录一工作表 2-11　企业历年产品情况表

产品名称	生产工段	近三年年产量			近三年年产值			占总产值比例			备注

制表＿＿＿＿＿　　审核＿＿＿＿＿　　第＿＿页　共＿＿页

附录一工作表 2-12　企业历年废物流情况表

类别	名称	近三年年排放量			近三年单位产品排放量				备注
					实耗			定额	
废水	废水量								
废气	废气量								
固废	总废渣量								
	炉渣								
	垃圾								
其他									

制表＿＿＿＿＿　　审核＿＿＿＿＿　　第＿＿页　共＿＿页

注：1. 备注栏中填写国内外同类先进企业的对比情况。

2. 其他栏中可填写物料流失情况。

附录一工作表 2-13　企业废弃物产生原因分析表

主要废弃物产生源	原因分析							
	原辅材料和能源	技术工艺	设备	过程控制	产品	废弃物特性	管理	员工

制表＿＿＿＿＿　　审核＿＿＿＿＿　　第＿＿页　共＿＿页

附录一工作表 3-1 审核重点资料收集名录

序号	内　容	可否获得	来源	获取方法	备注
1	平面布置图				
2	组织机构图				
3	工艺流程图				
4	各单元操作工艺流程图				
5	工艺设备流程图				
6	输入物料汇总				
7	产品汇总				
8	废弃物特性				
9	历年原辅材料和能源消耗表				
10	历年产品情况表				
11	历年废弃物流情况表				

制表＿＿＿＿＿＿　　审核＿＿＿＿＿＿　　第＿＿页　共＿＿页

注：审核重点的许多工作表形式与预审核阶段各工段的工作表（如附录一工作表 2-7～附录一工作表 2-12）的形式完全一样，只是把内容由"工段"细化为审核重点的"单元操作"即可。

附录一工作表 3-2　审核重点单元操作功能说明表

单元操作名称	功能

制表＿＿＿＿＿＿　　审核＿＿＿＿＿＿　　第＿＿页　共＿＿页

附录一工作表 3-3　审核重点物流实测准备表

序号	监测点位置及名称	监测项目及频率								备注
		项目	频率	项目	频率	项目	频率	项目	频率	

制表＿＿＿＿＿＿　　审核＿＿＿＿＿＿　　第＿＿页　共＿＿页

附录一工作表 3-4　审核重点物流实测数据表

序号	监测点名称	取样时间	实测结果				备注

制表_____　　审核_____　　　　第____页　共____页

附录一工作表 3-5　审核重点废弃物产生原因分析表

废弃物产生部位	废弃物名称	影响因素							
		原辅材料和能源	技术工艺	设备	过程控制	产品	废弃物特性	管理	员工

制表_____　　审核_____　　　　第____页　共____页

附录一工作表 4-1　清洁生产合理化建议表

姓名_____　部门_____　联系电话_____

建议的主要内容：

可能产生的效益估算：

所需的投入估算：

制表_____　　审核_____　　　　第____页　共____页

附录一工作表 4-2　方案汇总表

类型	编号	方案名称	方案简介	预计投资	预计效果	
					环境效益	经济效益
原材料和能源替代						
技术工艺改造						
设备维护和更新						
过程优化控制						
产品更换或改进						
废弃物回收利用和循环使用						
加强管理						
员工素质的提高及积极性的激励						
其他						

制表_____　审核_____　第___页　共___页

附录一工作表 4-3　方案的权重总和计分排序表

权重因素	权重值 (W)	得分								
		方案 1		方案 2		方案 3		...	方案 n	
		R	RW	R	RW	R	RW		R	RW
环境效果										
经济可行性										
技术可行性										
可实施性										
总分 ΣRW										
排序										

制表_____　审核_____　第___页　共___页

附录一工作表 4-4　方案筛选结果汇总表

方案情况	方案编号	方案名称
可行性无费方案		
可行性低费方案		
可行性中费方案		
可行性高费方案		
不可行方案		

制表_____　审核_____　第___页　共___页

附录一工作表 4-5　方案说明表

方案编号及名称	
要点	
主要设备	
主要技术经济指标（包括费用及效益）	
可能的环境影响	

制表_____　　审核_____　　第____页　共____页

附录一工作表 4-6　无/低费方案实施效果的核定与汇总表

方案编号	方案名称	实施时间	投资	运行费	经济效益	环境效果			

制表_____　　审核_____　　第____页　共____页

附录一工作表 5-1 投资费用统计表

可行性分析方案名称：_____

1. 基建投资	_____
(1)固定资产投资	_____
①设备购置	_____
②物料和场地准备	_____
③与公共设施连接费(配套工程)	_____
(2)无形资产投资	_____
①专利或技术转让费	_____
②土地使用费	_____
③增容费	_____
(3)开办费	_____
①项目前期费用	_____
②筹建管理费	_____
③人员培训费	_____
④试车和验收费用	_____
(4)不可预见费用	_____
2. 建设期利息	_____
3. 项目流动资金	_____
(1)原材料,燃料占用资金的增加	_____
(2)在制品占用资金的增加	_____
(3)产成品占用资金的增加	_____
(4)库存先进的增加	_____
(5)应收账款的增加	_____
(6)应付账款的增加	_____
总投资汇总 1+2+3	_____
4. 补贴	_____
总投资费用 1+2+3-4	_____

制表_____ 审核_____ 第___页 共___页

附录一工作表 5-2 运行费用和收益统计表

可行性分析方案名称：_____

1. 年运行费用总节省金额(P)	_____
$P=(1)+(2)$	_____
(1)收入增加额	_____
①由于产量增加的收入	_____
②由于质量提高,价格提高的收入增加	_____
③专项财政收益	_____
④其他收入增加额	_____
(2)总运行费用的减少额	_____
①原材料消耗的减少	_____
②动力和燃料费用的减少	_____
③工资和维修费用的减少	_____
④其他运行费用的减少	_____
⑤废物处理/处置费用的减少	_____
⑥销售费用的减少	_____
2. 新增设备年折旧费(D)	_____
3. 应税利润(T)$=P-D$	_____
4. 净利润=应税利润-各项应纳税金	_____
①增值税	_____
②所得税	_____
③城建税和教育附加税	_____
④资源税	_____
⑤消费税	_____

制表_____ 审核_____ 第___页 共___页

附录一工作表 5-3　方案经济评估指标汇总表

经济评价指标	方案一	方案二	方案三
1. 总投资费用(I)			
2. 年运行费用总节省金额(P)			
3. 新增设备年折旧费			
4. 应税利润			
5. 净利润			
6. 年增加现金流量(F)			
7. 投资偿还期(N)			
8. 净现值(NPV)			
9. 净现值率($NPVR$)			
10. 内部收益率(IRR)			

制表＿＿＿＿＿＿　　审核＿＿＿＿＿＿　　第＿＿页　共＿＿页

附录一工作表 5-4　方案简述及可行性分析结果表

方案名称/类型＿＿＿＿＿＿＿＿＿＿＿＿＿＿＿＿＿＿＿＿＿＿＿＿＿＿＿＿＿＿

方案的基本原理：

方案简述：

获得何种效益＿＿＿＿＿＿＿＿＿＿＿＿＿＿＿＿＿＿＿＿＿＿＿＿＿＿＿＿＿＿

国内外同行业水平＿＿＿＿＿＿＿＿＿＿＿＿＿＿＿＿＿＿＿＿＿＿＿＿＿＿＿＿

方案投资＿＿＿＿＿＿＿＿＿＿＿＿＿＿＿＿＿＿＿＿＿＿＿＿＿＿＿＿＿＿＿＿

影响下列废弃物＿＿＿＿＿＿＿＿＿＿＿＿＿＿＿＿＿＿＿＿＿＿＿＿＿＿＿＿＿

影响下列原料和添加剂＿＿＿＿＿＿＿＿＿＿＿＿＿＿＿＿＿＿＿＿＿＿＿＿＿＿

影响下列产品＿＿＿＿＿＿＿＿＿＿＿＿＿＿＿＿＿＿＿＿＿＿＿＿＿＿＿＿＿＿

技术评估结果简述：

环境评估结果简述：

经济评估结果简述：

制表＿＿＿＿＿＿　　审核＿＿＿＿＿＿　　第＿＿页　共＿＿页

附录一工作表 6-1 方案实施进度表（甘特图）

方案名称：

编号	任务	期限	时标	负责部门和负责人

制表_____ 审核_____ 第___页 共___页

附录一工作表 6-2 已实施的无/低费方案环境效果对比一览表

编号	方案名称	比较项目	资源消耗				废物产生		
			物耗	水耗	能耗		废水量	废气量	固体废物量
		实施前							
		实施后							
		削减量							
		实施前							
		实施后							
		削减量							
		实施前							
		实施后							
		削减量							
		实施前							
		实施后							
		削减量							

制表_____ 审核_____ 第___页 共___页

附录一工作表 6-3 已实施的无/低费方案经济效益对比一览表

编号	方案名称	比较项目	产值	原材料费用	能源费用	公共设施费用	水费	污染控制费用	污染排放费用	维修费	税金	其他支出	净利润
		实施前											
		实施后											
		经济效益											
		实施前											
		实施后											
		经济效益											

续表

编号	方案名称／比较项目		产值	原材料费用	能源费用	公共设施费用	水费	污染控制费用	污染排放费用	维修费	税金	其他支出	净利润
		实施前											
		实施后											
		经济效益											
		实施前											
		实施后											
		经济效益											

制表＿＿＿＿＿　审核＿＿＿＿＿　第＿＿页　共＿＿页

附录一工作表 6-4　已实施的中/高费方案环境效果对比一览表

编号	方案名称	项目	资源消耗				废物产生		
			物耗	水耗	能耗		废水量	废气量	固体废物量
		方案实施前 A							
		设计的方案 B							
		方案实施后 C							
		方案实施前后之差 $A-C$							
		方案设计与实际之差 $B-C$							
		方案实施前 A							
		设计的方案 B							
		方案实施后 C							
		方案实施前后之差 $A-C$							
		方案设计与实际之差 $B-C$							

制表＿＿＿＿＿　审核＿＿＿＿＿　第＿＿页　共＿＿页

附录一工作表 6-5　已实施的中/高费方案经济效果对比一览表

编号	方案名称	项目	产值	原材料费用	能源费用	公共设施费用	水费	污染控制费用	污染排放费用	维修费	税金	其他支出	净利润
		方案实施前 A											
		设计的方案 B											
		方案实施后 C											
		方案实施前后之差 $A-C$											
		方案设计与实际之差 $B-C$											
		方案实施前 A											
		设计的方案 B											
		方案实施后 C											
		方案实施前后之差 $A-C$											
		方案设计与实际之差 $B-C$											

制表＿＿＿＿＿　审核＿＿＿＿＿　第＿＿页　共＿＿页

附录一工作表 6-6   已实施的清洁生产方案环境效果汇总表

类型	编号	项目 名称	资源消耗				废物产生		
			物耗	水耗	能耗		废水量	废气量	固体废物量
无/低费 方案									
小计		削减量							
		削减率							
中/高费 方案									
小计		削减量							
		削减率							
总计		削减量							
		削减率							

制表_____   审核_____   第___页   共___页

附录一工作表 6-7   已实施清洁生产方案经济效益汇总表

类型	编号	名称	产值	原材料 费用	能源 费用	公共设 施费用	水费	污染控 制费用	污染排 放费用	维修 费	税金	其他 支出	净利 润
无/低费 方案													
小计													
中/高费 方案													
小计													
总计													

制表_____   审核_____   第___页   共___页

附录一工作表 6-8　已实施清洁生产方案实施效果的核定与汇总

方案类型	方案编号	方案名称	实施时间	投资	运行费	经济效益	环境效果		
无/低费方案									
小计									
中/高费方案									
小计									
合计									

制表_____　审核_____　第___页　共___页

附录一工作表 6-9　审核前后企业各项单位产品指标对比表

单位产品指标	审核前	审核后	差值	国内先进水平	国外先进水平
单位产品原料消耗					
单位产品耗水					
单位产品耗煤					
单位产品耗能折标煤					
单位产品耗汽					
单位产品排水量					

制表_____　审核_____　第___页　共___页

附录一工作表 7-1　清洁生产的组织机构

组织机构名称	
行政归属	
主要任务及职责	

制表＿＿＿＿＿＿　　审核＿＿＿＿＿＿　　第＿＿页　共＿＿页

附录一工作表 7-2　持续清洁生产计划

计划分类	主要内容	开始时间	结束时间	负责部门
下一轮清洁生产审核工作计划				
本轮审核清洁生产方案的实施计划				
清洁生产新技术的研究与开发计划				
企业职工的清洁生产培训计划				

制表＿＿＿＿＿＿　　审核＿＿＿＿＿＿　　第＿＿页　共＿＿页

附录二　年贴现值系数表

年度	贴现率/%									
	1	2	3	4	5	6	7	8	9	10
1	0.9901	0.9804	0.9709	0.9615	0.9524	0.9434	0.9346	0.9259	0.9174	0.9091
2	1.9704	1.9416	1.9135	1.8861	1.8594	1.8334	1.8080	1.7833	1.7591	1.7355
3	2.9410	2.8839	2.8286	2.7751	2.7232	2.6730	2.6243	2.5771	2.5313	2.4869
4	3.9020	3.8077	3.7171	3.6299	3.5460	3.4651	3.3872	3.3121	3.2397	3.1699
5	4.8534	4.7135	4.5797	4.4518	4.3295	4.2124	4.1002	3.9927	3.8897	3.7908
6	5.7955	5.6014	5.4172	5.2421	5.0757	4.9173	4.7665	4.6229	4.4859	4.3553
7	6.7282	6.4720	6.2303	6.0021	5.7864	5.5824	5.3893	5.2064	5.0330	4.8684
8	7.6517	7.3255	7.0197	6.7327	6.4632	6.2098	5.9713	5.7466	5.5348	5.3349
9	8.5660	8.1622	7.7861	7.4353	7.1078	6.8017	6.5152	6.2469	5.9952	5.7590
10	9.4713	8.9826	8.5302	8.1109	7.7217	7.3601	7.0236	6.7101	6.4177	6.1446
11	10.3676	9.7868	9.2526	8.7605	8.3064	7.8869	7.4987	7.1390	6.8052	6.4951
12	11.2551	10.5753	9.9540	9.3851	8.8633	8.3838	7.9427	7.5361	7.1607	6.8137
13	12.1337	11.3484	10.6350	9.9856	9.3936	8.8527	8.3577	7.9038	7.4869	7.1034
14	13.0037	12.1062	11.2961	10.5631	9.8986	9.2950	8.7455	8.2442	7.7862	7.3667
15	13.8651	12.8493	11.9379	11.1184	10.3797	9.7122	9.1079	8.5595	8.0607	7.6061
16	14.7179	13.5777	12.5611	11.6523	10.8378	10.1059	9.4466	8.8514	8.3126	7.8237
17	15.5623	14.2919	13.1661	12.1657	11.2741	10.4773	9.7632	9.1216	8.5436	8.0216
18	16.3983	14.9920	13.7535	12.6593	11.6896	10.8276	10.0591	9.3719	8.7556	8.2014

续表

年度	贴现率/%									
	1	2	3	4	5	6	7	8	9	10
19	17.2260	15.6785	14.3238	13.1339	12.0853	11.1581	10.3356	9.6036	8.9501	8.3649
20	18.0456	16.3514	14.8775	13.5903	12.4622	11.4699	10.5940	9.8181	9.1285	8.5136

年度	贴现率/%									
	11	12	13	14	15	16	17	18	19	20
1	0.9009	0.8929	0.8850	0.8772	0.8696	0.8612	0.8547	0.8475	0.8403	0.8333
2	1.7125	1.6901	1.6681	1.6467	1.6257	1.6052	1.5852	1.5656	1.5465	1.5278
3	2.4437	2.4018	2.3612	2.3216	2.2832	2.2459	2.2096	2.1743	2.1399	2.1065
4	3.1024	3.0373	2.9745	2.9137	2.8550	2.7982	2.7432	2.6901	2.6386	2.5887
5	3.6959	3.6048	3.5172	3.4331	3.3522	3.2743	3.1993	3.1272	3.0576	2.9906
6	4.2305	4.1114	3.9975	3.8887	3.7845	3.6847	3.5892	3.4976	3.4098	3.3255
7	4.7122	4.5638	4.4226	4.2883	4.1604	4.0386	3.9224	3.8115	3.7057	3.6046
8	5.1461	4.9676	4.7988	4.6389	4.4873	4.3436	4.2072	4.0776	3.9544	3.8372
9	5.5370	5.3282	5.1317	4.9464	4.7716	4.6065	4.4506	4.3030	4.1633	4.0310
10	5.8892	5.6502	5.4262	5.2161	5.0188	4.8332	4.6586	4.4941	4.3389	4.1925
11	6.2065	5.9377	5.6869	5.4527	5.2337	5.0286	4.8364	4.6560	4.4865	4.3271
12	6.4924	6.1944	5.9176	5.6603	5.4206	5.1971	4.9884	4.7932	4.6105	4.4392
13	6.7499	6.4235	6.1218	5.8424	5.5831	5.3423	5.1183	4.9095	4.7147	4.5327
14	6.9819	6.6282	6.3025	6.0021	5.7245	5.4675	5.2293	5.0081	4.8023	4.6106
15	7.1909	6.8109	6.4624	6.1422	5.8474	5.5755	5.3242	5.0916	4.8759	4.6755
16	7.3792	6.9740	6.6039	6.2651	5.9542	5.6685	5.4053	5.1624	4.9377	4.7296
17	7.5488	7.1196	6.7291	6.3729	6.0472	5.7487	5.4746	5.2223	4.9897	4.7746
18	7.7016	7.2497	6.8399	6.4674	6.1280	5.8178	5.5339	5.2732	5.0333	4.8122
19	7.8393	7.3658	6.9380	6.5504	6.1982	5.8775	5.5845	5.3162	5.0700	4.8435
20	7.9633	7.4694	7.0248	6.6231	6.2593	5.9288	5.6278	5.3527	5.1009	4.8696

年度	贴现率/%									
	21	22	23	24	25	26	27	28	29	30
1	0.8264	0.8197	0.8130	0.8065	0.8000	0.7937	0.7874	0.7813	0.7752	0.7692
2	1.5095	1.4915	1.4740	1.4568	1.4400	1.4235	1.4074	1.3916	1.3761	1.3609
3	2.0739	2.0422	2.0114	1.9813	1.9520	1.9234	1.8956	1.8684	1.8420	1.8161
4	2.5404	2.4936	2.4483	2.4043	2.3616	2.3202	2.2800	2.2410	2.2031	2.1662
5	2.9260	2.8636	2.8035	2.7454	2.6893	2.6351	2.5827	2.5320	2.4830	2.4356
6	3.2446	3.1669	3.0923	3.0205	2.9514	2.8850	2.8210	2.7594	2.7000	2.6427
7	3.5079	3.4155	3.3270	3.2423	3.1611	3.0833	3.0087	2.9370	2.8682	2.8021
8	3.7256	3.6193	3.5179	3.4212	3.3289	3.2407	3.1564	3.0758	2.9986	2.9247
9	3.9054	3.7863	3.6731	3.5655	3.4631	3.3657	3.2728	3.1842	3.0997	3.0190
10	4.0541	3.9232	3.7993	3.6819	3.5705	3.4648	3.3644	3.2689	3.1781	3.0915

续表

年度	贴现率/%									
	21	22	23	24	25	26	27	28	29	30
11	4.1769	4.0354	3.9018	3.7757	3.6564	3.5435	3.4365	3.3351	3.2388	3.1473
12	4.2784	4.1274	3.9852	3.8514	3.7251	3.6059	3.4933	3.3868	3.2859	3.1903
13	4.3624	4.2028	4.0530	3.9124	3.7801	3.6555	3.5381	3.4272	3.3224	3.2233
14	4.4317	4.2646	4.1082	3.9616	3.8241	3.6949	3.5733	3.4587	3.3507	3.2487
15	4.4890	4.3152	4.1530	4.0013	3.8593	3.7261	3.6010	3.4834	3.3726	3.2682
16	4.5364	4.3567	4.1894	4.0333	3.8874	3.7509	3.6228	3.5026	3.3896	3.2832
17	4.5755	4.3908	4.2190	4.0591	3.9099	3.7705	3.6400	3.5177	3.4028	3.2948
18	4.6079	4.4187	4.2431	4.0799	3.9279	3.7861	3.6536	3.5294	3.4130	3.3037
19	4.6346	4.4415	4.2627	4.0967	3.9424	3.7985	3.6642	3.5386	3.4210	3.3105
20	4.6567	4.4603	4.2786	4.1103	3.9539	3.8083	3.6726	3.5458	3.4271	3.3158

年度	贴现率/%									
	31	32	33	34	35	36	37	38	39	40
1	0.7634	0.7576	0.7519	0.7463	0.7407	0.7353	0.7299	0.7246	0.7194	0.7143
2	1.3461	1.3315	1.3172	1.3032	1.2894	1.2760	1.2627	1.2497	1.2370	1.2245
3	1.7909	1.7663	1.7423	1.7188	1.6959	1.6735	1.6516	1.6302	1.6093	1.5889
4	2.1305	2.0957	2.0618	2.0290	1.9969	1.9658	1.9355	1.9060	1.8772	1.8492
5	2.3897	2.3452	2.3021	2.2604	2.2200	2.1807	2.1427	2.1058	2.0699	2.0352
6	2.5875	2.5342	2.4828	2.4331	2.3852	2.3388	2.2939	2.2506	2.2086	2.1680
7	2.7386	2.6775	2.6187	2.5620	2.5075	2.4550	2.4043	2.3555	2.3083	2.2628
8	2.8539	2.7860	2.7208	2.6582	2.5982	2.5404	2.4849	2.4315	2.3801	2.3306
9	2.9419	2.8681	2.7976	2.7300	2.6653	2.6033	2.5437	2.4866	2.4317	2.3790
10	3.0091	2.9304	2.8553	2.7836	2.7150	2.6495	2.5867	2.5265	2.4689	2.4136
11	3.0604	2.9776	2.8987	2.8236	2.7519	2.6834	2.6180	2.5555	2.4956	2.4383
12	3.0995	3.0133	2.9314	2.8534	2.7792	2.7084	2.6409	2.5764	2.5148	2.4559
13	3.1294	3.0404	2.9559	2.8757	2.7994	2.7268	2.6576	2.5916	2.5286	2.4685
14	3.1522	3.0609	2.9744	2.8923	2.8144	2.7403	2.6698	2.6026	2.5386	2.4775
15	3.1696	3.0764	2.9883	2.9047	2.8255	2.7502	2.6787	2.6106	2.5457	2.4839
16	3.1829	3.0882	2.9987	2.9140	2.8337	2.7575	2.6852	2.6164	2.5509	2.4885
17	3.1931	3.0971	3.0065	2.9209	2.8398	2.7629	2.6899	2.6206	2.5546	2.4918
18	3.2008	3.1039	3.0124	2.9260	2.8443	2.7668	2.6934	2.6236	2.5573	2.4941
19	3.2067	3.1090	3.0169	2.9299	2.8476	2.7697	2.6959	2.6258	2.5592	2.4958
20	3.2112	3.1129	3.0202	2.9327	2.8501	2.7718	2.6977	2.6274	2.5606	2.4970

附录三　电镀行业清洁生产评价指标体系

1　适用范围

本指标体系规定了电镀和阳极氧化企业（车间）清洁生产的一般要求。本指标体系将清洁生产指标分为六类，即生产工艺及装备指标、资源和能源消耗指标、资源综合利用指标、污染物产生指标、产品特征指标和清洁生产管理指标。

本指标体系适用于电镀和阳极氧化企业（车间）清洁生产审核、清洁生产潜力与机会的判断、清洁生产绩效评定和清洁生产绩效公告，环境影响评价、排污许可证、环境领跑者等管理制度。

2　规范性引用文件

本指标体系内容引用了下列文件中的条款。凡不注明日期的引用文件，其有效版本适用于指标体系。凡是不注日期的引用文件，其最新版本（包括所有的修改单）适用于本文件。

GB 21900　电镀污染物排放标准

GB 17167　用能单位能源计量器具配备和管理通则

GB 18597　危险废物贮存污染控制标准

GB/T 24001　环境管理体系 规范及使用指南

AQ 5202　电镀生产安全操作规程

AQ 5203　电镀生产装置安全技术条件

GB/T 21543—2008　工业用水节水 术语

《危险化学品安全管理条例》（中华人民共和国国务院令 第591号）

《清洁生产评价指标体系编制通则》（试行稿）（国家发展改革委、环境保护部、工业和信息化部2013年第33号公告）

国家发展和改革委关于修改《产业结构调整指导目录（2011年本）》有关条款的决定国家发展和改革委员会令2013年2月27日第21号

国家发展改革委关于暂缓执行2014年年底淘汰氰化金钾电镀金及氰化亚金钾镀金工艺规定的通知（发改产业〔2013〕1850号）

3　术语和定义

GB 21900、GB 17167、GB 18597、GB/T 21543—2008、GB/T 24001、AQ 5201、AQ 5203、《清洁生产评价指标体系编制通则》（试行稿）所确立的以及下列术语和定义适用于本指标体系。

3.1　清洁生产

采取改进设计、使用清洁的能源和原料、采用先进的工艺技术与设备、改善管理、综合利用等措施，从源头削减污染，提高资源利用效率，减少或者避免生产、服务和产品使用过程中污染物的产生和排放，以减轻或者消除对人类健康和环境的危害。

3.2　清洁生产评价指标体系

由相互联系、相对独立、互相补充的系列清洁生产水平评价指标所组成的，用于评价清洁生产水平的指标集合。

3.3　生产工艺及装备指标

产品生产中采用的生产工艺和装备的种类、自动化水平、生产规模等方面的指标。

3.4　资源能源消耗指标

在生产过程中，生产单位产品所需的资源与能源量等反映资源与能源利用效率的指标。

3.5　资源综合利用指标

生产过程中所产生废物可回收利用特征及回收利用情况的指标。

3.6　污染物产生指标

单位产品生产（或加工）过程中，产生污染物的量（末端处理前）。

3.7　产品特征指标

影响污染物种类和数量的产品性能、种类和包装，以及反映产品贮存、运输、使用和废弃后可能造成的环境影响等指标。

3.8　清洁生产管理指标

对企业所制定和实施的各类清洁生产管理相关规章、制度和措施的要求，包括执行环保法规情况、企业生产过程管理、环境管理、清洁生产审核、相关环境管理等方面。

3.9　指标基准值

为评价清洁生产水平所确定的指标对照值。

3.10　指标权重

衡量各评价指标在清洁生产评价指标体系中的重要程度。

3.11　指标分级

根据现实需要，对评价生产评价指标所划分的级别。

3.12　清洁生产综合评价指数

根据一定的方法和步骤，对清洁生产评价指标进行综合计算得到的数值。

3.13　取水量

工业企业直接取自地表水、地下水和城镇供水工程以及企业从市场购得的其他水或水的产品的总量。

3.14　用水量

在确定的用水单元或系统内，使用的各种水量的总和，即新水量和重复利用水量之和。

3.15　重复利用水量

在确定的用水单元或系统内，使用的所有未经处理和处理后重复使用的水量的总和，即串联水量和循环水量的总和。

3.16　水重复利用率

指在一定的计量时间内，生产过程中使用的重复利用水量（包括循环利用的水量和直接或经处理后回收再利用的水量）与总用水量之比。

3.17　金属综合利用率

指衡量金属原料在电镀产品的利用和金属废料转化资源的综合指标。

3.18　直流母线压降

指电镀整流器输出端的电压与电镀槽极杠之间电压差。

3.19　自动化电镀生产线

自动电镀生产线是按一定电镀工艺过程要求将有关镀槽、镀件提升转运装置、电器控制装置、电源设备、过滤设备、检测仪器、加热与冷却装置、滚筒驱动装置、空气搅拌设备及线上污染控制设施等组合为一体的总称。

3.20　半自动化电镀生产线

　　半自动电镀生产线是在生产线上设导轨，行车在导轨上运行从而输送镀件在镀槽中进行加工，工人手控行车电钮进行操作，称为半自动化电镀生产线。

3.21　阳极氧化

　　金属制件作为阳极在一定的电解液中进行电解，使其表面形成一层具有某种功能（如防护性、装饰性或其他功能）的氧化膜的过程。

4　评价指标体系

4.1　指标选取说明

　　根据清洁生产的原则要求和指标的可度量性，进行本评价指标体系的指标选取。根据评价指标的性质，分为定量指标和定性指标两类。

　　定量指标选取了有代表性的、能反映"节能""降耗""减污"和"增效"等有关清洁生产最终目标的指标，综合考评企业实施清洁生产的状况和企业清洁生产程度。定性指标根据国家有关推行清洁生产的产业发展和技术进步政策、资源环境保护政策规定以及行业发展规划等选取，用于考核企业对有关政策法规的符合性及其清洁生产工作实施情况。

4.2　指标基准值及其说明

　　各指标的评价基准值是衡量该项指标是否符合清洁生产基本要求的评价基准。

　　在定量评价指标中，各指标的评价基准值是衡量该项指标是否符合清洁生产基本要求的评价基准。本评价指标体系确定各定量评价指标的评价基准值的依据，是我国电镀行业发展实际情况，多年来已经实施清洁生产审核企业的审核报告。在定性评价指标体系中，衡量该项指标是否贯彻执行国家有关政策、法规的情况，是否采用电镀行业污染防治措施，按"是"或"否"两种选择来评定。

4.3　指标体系

　　电镀企业清洁生产评价指标体系的各评价指标、评价基准值和权重值见附录三表1、表2。

附录三表1　综合电镀清洁生产评价指标项目、权重及基准值

序号	一级指标	一级指标权重	二级指标	单位	二级指标权重	Ⅰ级基准值	Ⅱ级基准值	Ⅲ级基准值
1	生产工艺及装备指标⑧	0.33	采用清洁生产工艺①		0.15	1. 民用产品采用低铬⑨或三价铬钝化 2. 民用产品采用无氰镀锌 3. 使用金属回收工艺 4. 电子元件采用无铅镀层替代铅锡合金	1. 民用产品采用低铬⑨或三价铬钝化 2. 民用产品采用无氰镀锌 3. 使用金属回收工艺	
2			清洁生产过程控制		0.15	1. 镀镍、锌溶液连续过滤 2. 及时补加和调整溶液 3. 定期去除溶液中的杂质	1. 镀镍溶液连续过滤 2. 及时补加和调整溶液 3. 定期去除溶液中的杂质	
3			电镀生产线要求		0.4	电镀生产线采用节能措施②，70%生产线实现自动化或半自动化⑦	电镀生产线采用节能措施②，50%生产线实现半自动化⑦	电镀生产线采用节能措施②

序号	一级指标	一级指标权重	二级指标	单位	二级指标权重	Ⅰ级基准值	Ⅱ级基准值	Ⅲ级基准值
4	生产工艺及装备指标⑧	0.33	有节水设施		0.3	根据工艺选择逆流漂洗、淋洗、喷洗,电镀无单槽清洗等节水方式,有用水计量装置,有在线水回收设施		根据工艺选择逆流漂洗、喷淋等,电镀无单槽清洗等节水方式,有用水计量装置
5	资源消耗指标	0.10	*单位产品每次清洗取水量③	L/m²	1	≤8	≤24	≤40
6	资源综合利用指标	0.18	锌利用率④	%	0.8/n	≥82	≥80	≥75
7			铜利用率④	%	0.8/n	≥90	≥80	≥75
8			镍利用率④	%	0.8/n	≥95	≥85	≥80
9			装饰铬利用率④	%	0.8/n	≥60	≥24	≥20
10			硬铬利用率④	%	0.8/n	≥90	≥80	≥70
11			金利用率④	%	0.8/n	≥98	≥95	≥90
12			银利用率④(含氰镀银)	%	0.8/n	≥98	≥95	≥90
13		0.18	电镀用水重复利用率	%	0.2	≥60	≥40	≥30
14	污染物产生指标	0.16	*电镀废水处理率⑩	%	0.5	100		
15			*有减少重金属污染物污染预防措施⑤		0.2	使用四项以上(含四项)减少镀液带出措施		至少使用三项减少镀液带出措施
			*危险废物污染预防措施		0.3	电镀污泥和废液在企业内回收或送到有资质单位回收重金属,交外单位转移须提供危险废物转移		
16	产品特征指标	0.07	产品合格率保障措施⑥		1	有镀液成分和杂质定量检测措施、有记录;产品质量检测设备和产品检测记录		有镀液成分定量检测措施、有记录;有产品质量检测设备和产品检测记录
17	管理指标	0.16	*环境法律法规标准执行情况		0.2	废水、废气、噪声等污染物排放符合国家和地方排放标准;主要污染物排放应达到国家和地方污染物排放总量控制指标		
18			*产业政策执行情况		0.2	生产规模和工艺符合国家和地方相关产业政策		
19			环境管理体系制度及清洁生产审核情况		0.1	按照 GB/T 24001 建立并运行环境管理体系,环境管理程序文件及作业文件齐备;按照国家和地方要求,开展清洁生产审核		拥有健全的环境管理体系和完备的管理文件;按照国家和地方要求,开展清洁生产审核

序号	一级指标	一级指标权重	二级指标	单位	二级指标权重	Ⅰ级基准值	Ⅱ级基准值	Ⅲ级基准值
20			*危险化学品管理		0.1	符合《危险化学品安全管理条例》相关要求		
21	管理指标	0.16	废水、废气处理设施运行管理		0.1	非电镀车间废水不得混入电镀废水处理系统；建有废水处理设施运行中控系统，包括自动加药装置等；出水口有 pH 自动监测装置，建立治污设施运行台账；对有害气体有良好净化装置，并定期检测	非电镀车间废水不得混入电镀废水处理系统；建立治污设施运行台账，有自动加药装置，出水口有 pH 自动监测装置；对有害气体有良好净化装置，并定期检测	非电镀车间废水不得混入电镀废水处理系统；建立治污设施运行台账，出水口有 pH 自动监测装置，对有害气体有良好净化装置，并定期检测
22			*危险废物处理处置		0.1	危险废物按照 GB 18597 等相关规定执行		
23			能源计量器具配备情况		0.1	能源计量器具配备率符合 GB 17167 标准		
24			*环境应急预案		0.1	编制系统的环境应急预案并开展环境应急演练		

① 使用金属回收工艺可以选用镀液回收槽、离子交换法回收、膜处理回收、电镀污泥交有资质单位回收金属等方法。

② 电镀生产线节能措施包括使用高频开关电源和/或可控硅整流器和/或脉冲电源，其直流母线压降不超过 10% 并且极杠清洁、导电良好、淘汰高耗能设备、使用清洁燃料。

③ "每次清洗取水量"是指按操作规程每次清洗所耗用水量，多级逆流漂洗按级数计算清洗次数。

④ 镀锌、铜、镍、装饰铬、硬铬、镀金和含氰镀银为七个常规镀种，计算金属利用率时 n 为被审核镀种数；镀锡、无氰镀银等其他镀种可以参照"铜利用率"计算。

⑤ 减少单位产品重金属污染物产生量的措施包括：镀件缓慢出槽以延长镀液滴流时间（影响产品质量的除外）、挂具浸塑、科学装挂镀件、增加镀液回收槽、镀槽间装导流板，槽上喷雾清洗或淋洗（非加热镀槽除外）、在线或离线回收重金属等。

⑥ 提高电镀产品合格率是最有效减少污染物产生的措施，"有镀液成分和杂质定量检测措施、有记录"是指使用仪器定量检测镀液成分和主要杂质并有日常运行记录或委外检测报告。

⑦ 自动生产线所占百分比以产能计算；多品种、小批量生产的电镀企业（车间）对生产线自动化没有要求。

⑧ 生产车间基本要求：设备和管道无跑、冒、滴、漏，有可靠的防范泄漏措施，生产作业地面、输送废水管道、废水处理系统有防腐防渗措施，有酸雾、氰化氢、氟化物、颗粒物等废气净化设施，有运行记录。

⑨ 低铬钝化指钝化液中铬酸酐含量低于 5g/L。

⑩ 电镀废水处理量应≥电镀车间（生产线）总用水量的 85%（高温处理槽为主的生产线除外）。非电镀车间废水：电镀车间废水包括电镀车间生产、现场洗手、洗工服、洗澡、化验室等产生的废水。其他无关车间并不含重金属的废水为"非电镀车间废水"。

注：带"*"号的指标为限定性指标。

附录三表 2 阳极氧化清洁生产评价指标项目、权重及基准值

序号	一级指标	一级指标权重	二级指标	单位	二级指标权重	Ⅰ级基准值	Ⅱ级基准值	Ⅲ级基准值
1	生产工艺及装备指标⑤	0.4	采用清洁生产工艺		0.2	1. 除油使用水基清洗剂；2. 碱浸蚀液加铝离子络合剂以延长寿命；3. 阳极氧化液加入添加剂以延长寿命；4. 阳极氧化液部分更换老化槽液以延长寿命；5. 低温封闭	1. 除油使用水基清洗剂；2. 碱浸蚀液加铝离子络合剂；3. 硫酸阳极氧化液添加具有 α 活性羟基羧酸类物质	1. 除油使用水基清洗剂；2. 硫酸阳极氧化液添加具有 α 活性羟基羧酸类物质

序号	一级指标	一级指标权重	二级指标	单位	二级指标权重	Ⅰ级基准值	Ⅱ级基准值	Ⅲ级基准值
2	生产工艺及装备指标⑤	0.4	清洁生产过程控制		0.1	1. 适当延长零件出槽停留时间,以减少槽液带出量; 2. 使用过滤机,延长槽液寿命	适当延长零件出槽停留时间,以减少槽液带出量	
3			阳极氧化生产线要求		0.4	生产线采用节能措施①,70%生产线实现自动化或半自动化④	生产线采用节能措施①,50%生产线实现自动化或半自动化④	阳极氧化生产线采用节能措施①
4			有节水设施		0.3	根据工艺选择逆流漂洗、淋洗、喷洗,阳极氧化无单槽清洗等节水方式,有用水计量装置,有在线水回收设施	根据工艺选择逆流漂洗、喷淋等,阳极氧化无单槽清洗等节水方式,有用水计量装置	
5	资源消耗指标	0.15	* 单位产品每次清洗取水量②	L/m²	1	≤8	≤24	≤40
6	资源综合利用指标	0.1	阳极氧化用水重复利用率	%	1	≥50	≥30	≥30
7	污染物产生指标	0.15	* 阳极氧化废水处理率	%	0.5	100		
8			* 重金属污染物污染预防措施③		0.2	使用四项以上(含四项)减少槽液带出措施③	使用四项以上(含四项)减少槽液带出措施③	至少使用三项减少槽液带出措施③
			* 危险废物污染预防措施		0.3	阳极氧化污泥和废液在企业内回收或送到有资质单位回收重金属,电镀污泥和废液在企业内回收或送到有资质单位回收重金属,交外单位转移须提供危险废物转移联单		
9	产品特征指标	0.07	产品合格率保障措施		0.5	有槽液成分和杂质定量检测措施、有记录;产品质量检测设备和产品检测记录	有槽液成分定量检测措施、有记录;有产品质量检测设备和产品检测记录	
10			产品合格率	%	0.5	98	94	90
11	清洁生产管理指标	0.13	* 环境法律法规标准执行情况		0.2	符合国家和地方有关环境法律、法规,废水、废气、噪声等污染物排放符合国家和地方排放标准;主要污染物排放应达到国家和地方污染物排放总量控制指标		
12			* 产业政策执行情况		0.2	生产规模和工艺符合国家和地方相关产业政策		
13			环境管理体系制度及清洁生产审核情况		0.1	按照 GB/T 24001 建立并运行环境管理体系,环境管理程序文件及作业文件齐备;按照国家和地方要求,开展清洁生产审核	拥有健全的环境管理体系和完备的管理文件;按照国家和地方要求,开展清洁生产审核;符合《危险化学品安全管理条例》相关要求	

续表

序号	一级指标	一级指标权重	二级指标	单位	二级指标权重	Ⅰ级基准值	Ⅱ级基准值	Ⅲ级基准值
14			* 危险化学品管理		0.1	符合《危险化学品安全管理条例》相关要求		
15	清洁生产管理指标	0.13	废水、废气处理设施运行管理		0.1	非阳极氧化车间废水不得混入阳极氧化废水处理系统；建有废水处理设施运行中控系统，包括自动加药装置等；出水口有 pH 自动监测装置，建立治污设施运行台账；对有害气体有良好净化装置，并定期检测	非阳极氧化车间废水不得混入阳极氧化废水处理系统；建立治污设施运行台账，有自动加药装置，出水口有 pH 自动监测装置；对有害气体有良好净化装置，并定期检测	非阳极氧化车间废水不得混入阳极氧化废水处理系统；建立治污设施运行台账，出水口有 pH 自动监测装置，对有害气体有良好净化装置，并定期检测
16			* 危险废物处理处置		0.1	危险废物按照 GB 18597 等相关规定执行		
17			能源计量器具配备情况		0.1	能源计量器具配备率符合 GB 17167 标准		
18			* 环境应急预案		0.1	编制系统的环境应急预案并开展环境应急演练		

① 阳极氧化生产线节能措施包括使用高频开关电源和/或可控硅整流器和/或脉冲电源，其直流母线压降不超过10%并且极清洁、导电良好、淘汰高耗能设备、使用清洁燃料。

② "每次清洗取水量"是指按操作规程每次清洗所耗用水量，多级逆流漂洗按级数计算清洗次数。

③ 减少单位产品酸、碱和重金属污染物产生量的措施包括：零件缓慢出槽以延长镀液滴流时间（影响氧化层质量的除外），挂具浸塑，科学装挂零件，增加氧化液回收槽、氧化槽和其他槽间装导流板，槽上喷雾清洗或淋洗（非加热氧化槽除外），在线或离线回收酸、碱等。

④ 自动生产线所占百分比以产能计算；对多品种、小批量生产的电镀企业（车间）生产线自动化没有要求。

⑤ 生产车间基本要求：设备和管道无跑、冒、滴、漏，有可靠的防范泄漏措施，生产作业地面、输送废水管道、废水处理系统有防腐防渗措施，有酸雾、氟化物、颗粒物等废气净化设施，有运行记录。

注：带 * 的指标为限定性指标。

5 评价方法

5.1 指标无量纲化

不同清洁生产指标由于量纲不同，不能直接比较，需要建立原始指标的函数。

$$Y_{gk}(x_{ij}) = \begin{cases} 100, x_{ij} \in g_k \\ 0, x_{ij} \notin g_k \end{cases} \tag{1}$$

式中，x_{ij} 表示第 i 个一级指标下的第 j 个二级指标；g_k 表示二级指标基准值，其中 g_1，为Ⅰ级水平，g_2 为Ⅱ级水平，g_3 为Ⅲ级水平；$Y_{gk}(x_{ij})$ 为二级指标 x_{ij} 对于级别 g_k 的函数。

如式(1)所示，若指标 x_{ij} 属于级别 g_k，则函数的值为 100，否则为 0。

5.2 综合评价指数计算

通过加权平均、逐层收敛可得到评价对象在不同级别 g_k 的得分 Y_{gk}，如式(2)所示。

$$Y_{gk} = \sum_{i=1}^{m} \left(w_i \sum_{j=1}^{n_i} \omega_{ij} Y_{gk}(x_{ij}) \right) \tag{2}$$

式中，w_i 为第 i 个一级指标的权重；ω_{ij} 为第 i 个一级指标下的第 j 个二级指标的权重，其中 $\sum\limits_{i=1}^{m} w_i = 1$，$\sum\limits_{j=1}^{n_i} \omega_{ij} = 1$，$m$ 为一级指标的个数；n_i 为第 i 个一级指标下二级指标的个数。另外，Y_{g1} 等同于 Y，Y_{g2} 等同于 Y，Y_{g3} 等同于 Y。

5.3　电镀行业清洁生产企业等级评定

本评价指标体系采用限定性指标评价和指标分级加权评价相结合的方法。在限定性指标达到Ⅲ级水平的基础上，采用指标分级加权评价方法，计算行业清洁生产综合评价指数。根据综合评价指数，确定清洁生产水平等级。

对电镀企业清洁生产水平的评价，是以其清洁生产综合评价指数为依据的，对达到一定综合评价指数的企业，分别评定为清洁生产领先企业、清洁生产先进企业或清洁生产一般企业。

根据目前我国电镀行业的实际情况，不同等级的清洁生产企业的综合评价指数列于附录三表 3。

附录三表 3　电镀行业不同等级清洁生产企业综合评价指数

企业清洁生产水平	评定条件
Ⅰ级（国际清洁生产领先水平）	同时满足： $Y_Ⅰ \geqslant 85$；限定性指标全部满足Ⅰ级基准值要求
Ⅱ级（国内清洁生产先进水平）	同时满足： $Y_Ⅱ \geqslant 85$；限定性指标全部满足Ⅱ级基准值要求及以上
Ⅲ级（国内清洁生产基本水平）	满足：$Y_Ⅲ = 100$

6　指标解释与数据来源

6.1　指标解释

6.1.1　单位产品每次清洗取水量

企业在一定计量时间内生产单位产品需要从各种水源所取得的水量。电镀生产取水量，包括取自城镇供水工程、地下水，以及企业从市场购得的其他水或水的产品（如蒸汽、热水、地热水等），不包括循环用水和企业外供给市场的水的产品（如蒸汽、热水、地热水等）而取用的水量。

单位产品每清洗一次取水量是指单位面积（包括进入镀液而无镀层的面积）镀件在电镀生产全过程中每次清洗用水量。

空调用水和冷却用水不包括在取水量指标之内，但是应有循环利用的措施；冷却用水如用作电镀清洗水等用途则计入取水量。

6.1.2　金属综合利用率

金属利用率按公式（3）计算：

$$U(\%) = \sum_{i=1}^{n} \frac{T_i S_i d}{M - m_1 - m_2} \times 100\% \tag{3}$$

式中　U——金属综合利用率；

　　　n——考核期内镀件批次；

　　　T_i——第 i 批镀件镀层金属平均厚度，μm；

　　　S_i——第 i 批镀件镀层面积，m^2；

d——镀层金属密度，g/cm^3；

M——金属原料（消耗的阳极和镀液中金属离子）消耗量，g；

m_1——阳极残料回收量，g；

m_2——其他方式回收的金属量（包括电镀污泥回收金属量），g。

"金属"意指用于电镀生产的金属阳极、金属盐或氧化物所含的金属元素。

对于合金镀层，只计算主金属的利用率。

6.1.3 水的重复利用率

水的重复利用率，指电镀生产线用水的重复利用率，不包括空调用水。按公式(4)计算：

$$R = \frac{V_r}{V_i + V_r} \times 100\% \tag{4}$$

式中 R——水的重复利用率，%；

V_r——在一定计量时间内重复利用水量（包括循环用水量和串联使用水量），m^3；

V_i——在一定计量时间内产品生产取水量，m^3。

6.2 数据来源

6.2.1 统计

企业的新鲜水的消耗量、重复用水量、产品产量、各种资源的综合利用量等，以年报或考核周期报表为准。

6.2.2 实测

如果统计数据严重短缺，资源综合利用特征指标也可以在考核周期内用实测方法取得，对间歇性生产的企业，实测三个周期；对连续生产的企业，应连续监测72小时。

6.2.3 采样和监测

本指标污染物产生指标的采样和监测按照相关技术规范执行，并采用国家或行业标准监测分析方法，详见《电镀污染物排放标准》。

附录四 清洁生产审核评估与验收指南

第一章 总 则

第一条 为科学规范推进清洁生产审核工作，保障清洁生产审核质量，指导清洁生产审核评估与验收工作，根据《中华人民共和国清洁生产促进法》和《清洁生产审核办法》（国家发展和改革委员会、环境保护部令第38号），制定本指南。

第二条 本指南所称清洁生产审核评估是指企业基本完成清洁生产无/低费方案，在清洁生产中/高费方案可行性分析后和中/高费方案实施前的时间节点，对企业清洁生产审核报告的规范性、清洁生产审核过程的真实性、清洁生产中/高费方案及实施计划的合理性和可行性进行技术审查的过程。

本指南所称清洁生产审核验收是指按照一定程序，在企业实施完成清洁生产中/高费方案后，对已实施清洁生产方案的绩效、清洁生产目标的实现情况及企业清洁生产水平进行综合性评定，并做出结论性意见的过程。

第三条 本指南适用于《清洁生产审核办法》第二十条规定的"国家考核的规划、行动计划中明确指出需要开展强制性清洁生产审核工作的企业"和"申请各级清洁生产、节能减排等财政资金的企业"以及从事清洁生产管理活动的部门,其他需要开展清洁生产审核评估与验收的企业可参照本指南执行。

第四条　清洁生产审核评估与验收应坚持科学、公正、规范、客观的原则。

第五条　地方各级环境保护主管部门或节能主管部门组织清洁生产专家或委托相关单位,负责职责范围内的清洁生产审核评估与验收工作。

第二章　清洁生产审核评估

第六条　地市级(县级)环境保护主管部门或节能主管部门按照职责范围提出年度需开展清洁生产审核评估的企业名单及工作进度安排,逐级上报省级环境保护主管部门或节能主管部门确认后书面通知企业。

第七条　需开展清洁生产审核评估的企业应向本地具有管辖权限的环境保护主管部门或节能主管部门提交以下材料:

(一)《清洁生产审核报告》及相应的技术佐证材料;

(二)委托咨询服务机构开展清洁生产审核的企业,应提交《清洁生产审核办法》第十六条中咨询服务机构需具备条件的证明材料;自行开展清洁生产审核的企业应按照《清洁生产审核办法》第十五条、第十六条的要求提供相应技术能力证明材料。

第八条　清洁生产审核评估应包括但不限于以下内容:

(一)清洁生产审核过程是否真实,方法是否合理;清洁生产审核报告是否能如实客观反映企业开展清洁生产审核的基本情况等。

(二)对企业污染物产生水平、排放浓度和总量,能耗、物耗水平,有毒有害物质的使用和排放情况是否进行客观、科学的评价;清洁生产审核重点的选择是否反映了能源、资源消耗、废物产生和污染物排放方面存在的主要问题;清洁生产目标设置是否合理、科学、规范;企业清洁生产管理水平是否得到改善。

(三)提出的清洁生产中/高费方案是否科学、有效,可行性是否论证全面,选定的清洁生产方案是否能支撑清洁生产目标的实现。对"双超"和"高耗能"企业通过实施清洁生产方案的效果进行论证,说明能否使企业在规定的期限内实现污染物减排目标和节能目标;对"双有"企业实施清洁生产方案的效果进行论证,说明其能否替代或削减其有毒有害原辅材料的使用和有毒有害污染物的排放。

第九条　本地具有管辖权限的环境保护主管部门或节能主管部门组织专家或委托相关单位成立评估专家组,各专家可采取电话函件征询、现场考察、质询等方式审阅企业提交的有关材料,最后专家组召开集体会议,参照《清洁生产审核评估评分表》(见附表1)打分界定评估结果并出具技术审查意见。

第十条　清洁生产审核评估结果实施分级管理,总分低于70分的企业视为审核技术质量不符合要求,应重新开展清洁生产审核工作;总分为70~90分的企业,需按专家意见补充审核工作,完善审核报告,上报主管部门审查后,方可继续实施中/高费方案;总分高于90分的企业,可依据方案实施计划推进中/高费方案的实施。

技术审查意见参照《清洁生产审核评估技术审查意见样表》(见附表3)内容进行评述,提出清洁生产审核中尚存的问题,对清洁生产中/高费方案的可行性给出意见。

第十一条　本地具有管辖权限的环境保护主管部门或节能主管部门负责将评估结果及技术审查意见反馈给企业,企业需在清洁生产审核过程中予以落实。

第三章　清洁生产审核验收

第十二条　地方各级环境保护主管部门或节能主管部门应督促企业实施完成清洁生产中/高费方案并及时开展清洁生产审核验收工作。

第十三条　需开展清洁生产审核验收的企业应将验收材料提交至负责验收的环境保护主管部门或节能主管部门，主要包括：

（一）《清洁生产审核评估技术审查意见》；

（二）《清洁生产审核验收报告》；

（三）清洁生产方案实施前、后企业自行监测或委托有相关资质的监测机构提供的污染物排放、能源消耗等监测报告。

第十四条　《清洁生产审核验收报告》应由企业或委托咨询服务机构完成，其内容应当包括但不限于以下方面：（1）企业基本情况；（2）《清洁生产审核评估技术审查意见》的落实情况；（3）清洁生产中/高费方案完成情况及环境、经济效益汇总；（4）清洁生产目标实现情况及所达到的清洁生产水平；（5）持续开展清洁生产工作机制建设及运行情况。

第十五条　负责清洁生产审核验收的环境保护主管部门或节能主管部门组织专家或委托相关单位成立验收专家组，开展现场验收。现场验收程序包括听取汇报、材料审查、现场核实、质询交流、形成验收意见等。

第十六条　清洁生产审核验收内容包括但不限于以下内容：

（一）核实清洁生产绩效：企业实施清洁生产方案后，对是否实现清洁生产审核时设定的预期污染物减排目标和节能目标，是否落实有毒有害物质减量、减排指标进行评估；查证清洁生产中/高费方案的实际运行效果及对企业实施清洁生产方案前后的环境、经济效益进行评估。

（二）确定清洁生产水平：已经发布清洁生产评价指标体系的行业，利用评价指标体系评定企业在行业内的清洁生产水平；未发布清洁生产评价指标体系的行业，可以参照行业统计数据评定企业在行业内的清洁生产水平定位或根据企业近三年历史数据进行纵向对比说明企业清洁生产水平改进情况。

第十七条　清洁生产审核验收结果分为"合格"和"不合格"两种。依据《清洁生产审核验收评分表》（见附表2）综合得分达到60分及以上的企业，其验收结果为"合格"。存在但不限于下列情况之一的，清洁生产审核验收不合格：

（一）企业在方案实施过程中存在弄虚作假行为；

（二）企业污染物排放未达标或污染物排放总量、单位产品能耗超过规定限额的；

（三）企业不符合国家或地方制定的生产工艺、设备以及产品的产业政策要求；

（四）达不到相关行业清洁生产评价指标体系三级水平（国内清洁生产一般水平）或同行业基本水平的；

（五）企业在清洁生产审核开始至验收期间，发生节能环保违法违规行为或未完成限期整改任务；

（六）其他地方规定的相关否定内容。

第十八条　地市级（县级）环境保护主管部门或节能主管部门应及时将验收"合格"与"不合格"企业名单报送省级主管部门，由省级主管部门以文件形式或在其官方网站向社会公布，对于验收"不合格"的企业，要求其重新开展清洁生产审核。

第四章　监督和管理

第十九条　生态环境部、国家发展改革委负责对全国的清洁生产审核评估与验收工作进行监督管理，并委托相关技术支持单位定期对全国清洁生产审核评估与验收工作情况及评估验收机构进行抽查。

第二十条　省级环境保护主管部门、节能主管部门每年按要求将本行政区域开展清洁生产审核评估与验收工作情况报送生态环境部、国家发展改革委。

第二十一条　清洁生产审核评估与验收工作经费及培训经费由组织评估与验收的部门提出年度经费安排，报请地方财政部门纳入预算予以保障，承担评估与验收工作的部门或者专家不得向被评估与验收企业及咨询服务机构收取费用。

第二十二条　评估与验收的专家组成员应从国家或地方清洁生产专家库中选取，由熟悉行业、清洁生产及节能环保的专家组成，且具有高级职称或十年以上从业经验的中级职称，专家组成员不得少于3人。参加评估或验收的专家如与企业或清洁生产审核咨询服务机构存在利益关系的，应当主动回避。

第二十三条　评估与验收组织部门应定期对专家进行培训，统一清洁生产审核评估与验收尺度，承担评估与验收工作的部门及专家应对评估或验收结论负责。

第五章　附　则

第二十四条　本指南引用的有关文件，如有修订，按最新文件执行。

第二十五条　各省、自治区、直辖市、计划单列市及新疆生产建设兵团有关主管部门可以依照本指南制定适合本区域的实施细则。

第二十六条　本指南由生态环境部、国家发展改革委负责解释，自印发之日起施行。

附表1　清洁生产审核评估评分表
附表2　清洁生产审核验收评分表
附表3　清洁生产审核评估技术审查意见样表
附表4　清洁生产审核验收意见样表

附录四附表1　清洁生产审核评估评分表

企业名称：　　　　　　　　　　　　　　　　年　　月　　日

序号	指标内容	要　求	分值	得分
一、清洁生产审核报告规范性评估				
1	报告内容框架符合性	清洁生产审核报告符合《清洁生产审核指南 制订技术导则》中附录E的规定	3	
2	报告编写逻辑性	体现了清洁生产审核发现问题、分析问题、解决问题的思路和逻辑性	7	
二、清洁生产审核过程真实性评估				
1	审核准备	企业高层领导支持并参与	2	
		建立了清洁生产审核小组，制定了审核计划	1	
		广泛宣传教育，实现全员参与	1	
2	现状调查情况	企业概况、生产状况、工艺设备、资源能源、环境保护状况、管理状况等情况内容齐全，数据翔实	4	
		工艺流程图能够体现主要原辅物料、水、能源及废物的流入、流出和去向，并进行了全面合理的介绍和分析	3	
		对主要原辅材料、水和能源的总耗和单耗进行了分析，并根据清洁生产评价指标体系或同行业水平进行客观评价	4	

续表

序号	指标内容	要　　求	分值	得分
3	企业问题分析情况	能够从原辅材料(含能源)、技术工艺、设备、过程控制、管理、员工、产品、废物八个方面全面合理地分析和评价企业的产排污现状、水平和存在的问题	3	
		客观说明纳入强制性审核的原因,污染物超标或超总量情况,有毒有害物质的使用和排放情况	2	
		能够分析并发现企业现存的主要问题和清洁生产潜力	3	
4	审核重点设置情况	能够将污染物超标、能耗超标或有毒有害物质使用或排放环节作为必要考虑因素	4	
		能够着重考虑消耗大、公众压力大和有明显清洁生产潜力的环节	2	
5	清洁生产目标设置情况	能够针对审核重点,具有定量化、可操作性,时限明确	4	
		如是"双超"企业,其清洁生产目标设置能使企业在规定的期限内达到国家或地方污染物排放标准、核定的主要污染物总量控制指标、污染物减排指标;如是"高耗能"企业,其清洁生产目标设置能使企业在规定的期限内达到单位产品能源消耗限额标准;如是"双有"企业,其清洁生产目标设置能体现企业有毒有害物质减量或减排要求	4	
		对于生产工艺与装备、资源能源利用指标、产品指标、污染物产生指标、废物回收利用指标及环境管理要求指标设置至少达到行业清洁生产评价指标三级基准值的目标	3	
6	审核重点资料的准备情况	能涵盖审核重点的工艺资料、原材料和产品及生产管理资料、废弃物资料、同行业资料和现场调查数据等	3	
		审核重点的详细工艺流程图或工艺设备流程图符合实际流程	3	
7	审核重点输入输出物流实测情况	准备工作完善,监测项目、监测点、监测时间和周期等明确,监测方法符合相关要求;监测数据翔实可信	4	
8	审核重点物料平衡分析情况	准确建立了重点物料、能源、水和污染因子等平衡图,针对平衡结果进行了系统的追踪分析,阐述清晰	6	
9	审核重点废弃物产生原因分析情况	结合企业的实际情况,能从影响生产过程的八个方面深入分析,找出审核重点物料流失或资源、能源浪费、污染物产生的环节,分析物料流失和资源浪费原因,提出解决方案	6	
三、清洁生产方案可行性的评估				
1	无/低费方案的实施	无/低费方案能够遵循边审核边产生边实施原则基本完成,并能够现场举证,如落实措施、制度、照片、资金使用账目等可查证资料	3	
		对实施的无/低费方案进行了全面、有效的经济和环境效益的统计	3	
2	中/高费方案的产生	中/高费方案针对性强,与清洁生产目标一致,能解决企业清洁生产审核的关键问题	6	
3	中/高费方案的可行性分析	中/高费方案具备翔实的环境、技术、经济分析	6	
		所有量化数据有统计依据和计算过程,数据真实可靠	6	
4	中/高费方案的实施计划	有详细合理的统筹规划,实施进度明确,落实到部门	2	
		具有切实的资金筹措计划,并能确保资金到位	2	
总　　分			100	

专家签名：　　　　　　　　　时间：　　　　　　　　　　　年　月　日

附录四附表2　清洁生产审核验收评分表

企业名称：　　　　　　　　　　　　　　　　年　月　日

清洁生产审核验收关键指标			
序号	内容	是	否
1	企业在方案实施过程中无弄虚作假行为		
2	企业稳定达到国家或地方要求的污染物排放标准,实现核定的主要污染物总量控制指标或污染物减排指标要求		
3	企业单位产品能源消耗符合限额标准要求		

序号	内容	是	否
4	已达到相关行业清洁生产评价指标体系三级水平(国内清洁生产一般水平)或同行业基本水平		
5	符合国家或地方制定的生产工艺、设备以及产品的产业政策要求		
6	清洁生产审核开始至验收期间,未发生节能环保违法违规行为或已完成违法违规的限期整改任务		
7	无其他地方规定的相关否定内容		

清洁生产审核与实施方案评价		分值	得分
清洁生产验收报告	提交的验收资料齐全、真实	3	
	报告编制规范,内容全面,附件齐全	3	
	如实反映审核评估后企业推进清洁生产和中/高费方案实施情况	4	
方案实施及相关证明材料	本轮清洁生产方案基本实施	5	
	清洁生产无/低费方案已纳入企业正常的生产过程和管理过程	4	
	中/高费方案实施绩效达到预期目标	4	
	中/高费方案未达到预期目标时,进行了原因分析,并采取了相应对策	4	
	未实施的中/高费方案理由充足,或有相应的替代方案	5	
	方案实施前后企业物料消耗、能源消耗变化等资料符合企业生产实际	4	
	方案实施后特征污染物环境监测数据或能耗监测数据达标	4	
	设备购销合同、财务台账或设备领用单等信息与企业实施方案一致	4	
	生产记录、财务数据、环境监测结果支持方案实施的绩效结果	5	
	经济和环境绩效进行了翔实统计和测算,绩效的统计有可靠充足的依据	8	
企业清洁生产水平评估	方案实施后能耗、物耗、污染因子等指标认定和等级定位(与国内外同行业先进指标对比),以及企业清洁生产水平评估正确	6	
清洁生产绩效	按照行业清洁生产评价指标要求对生产工艺与装备、资源能源利用、产品、污染物产生、废物回收利用、环境管理等指标进行清洁生产审核前后的测算、对比,评估绩效	10	
现场考察	企业生产现场不存在明显的跑冒滴漏现象	3	
	中/高费方案实施现场与提供资料内容相符合	6	
	中/高费方案运行正常	6	
	无/低费方案持续运行	6	
持续清洁生产情况	企业审核临时工作机构转化为企业长期持续推进清洁生产的常设机构,并有企业相关文件给予证明	2	
	健全了企业清洁生产管理制度,相关方案落实到管理规程、操作规程、作业文件、工艺卡片中,融入企业现有管理体系	2	
	制定了持续清洁生产计划,有针对性,并切实可行	2	
总分		100	

验收结论:合格(　　　)　　　不合格(　　　　)

注:关键指标7条否决指标中任何1条为"否"时,则验收不合格。

专家签名:　　　　　　　　　　　　时间:　　　　　　　　年　月　日

附录四附表3　清洁生产审核评估技术审查意见样表

企业名称			
企业联系人		联系电话	
评估时间			
组织单位			
清洁生产咨询服务机构			
评估技术审查意见			

一、总体评价

1. 企业概况(企业领导重视程度、培训教育工作机制、企业合规性及清洁生产潜力分析是否到位)

续表

2. 对审核重点、目标确定结果及审核重点物料平衡分析的技术评估结果 3. 对无/低费方案质量、数量、实施情况及绩效的核查结果 4. 从方案的科学合理和针对性角度对拟实施中/高费方案进行评估("双超"企业达标性方案、"高耗能"企业节能方案和"双有"企业的减量或替代方案) 5. 对本次审核过程的规范性、针对性、有效性给出技术评估结果 二、对企业规范审核过程,不断深化审核,完善清洁生产审核报告以及进行整改的技术意见	
专家组组长(签名): 年　月　日	

附录四附表 4　清洁生产审核验收意见样表

企业名称			
企业联系人		联系电话	
验收时间			
组织单位			
验收意见			
一、清洁生产审核验收总体评价 1. 对企业提交审核验收资料规范性评价 2. 对审核评估后进行的清洁生产完善工作的核查结果 3. 现场核查情况 4. 无/低费方案是否纳入正常生产管理 5. 中/高费方案实施情况及绩效(已实施的方案数,企业投入以及产生环境效益、经济效益以及其他方面的成效等) 6. 对照清洁生产评价指标体系评价企业达到清洁生产的等级和水平 7. 对企业本次审核的验收结论 二、强化企业清洁生产监督,持续清洁生产的管理意见 专家组组长(签名): 年　月　日			

附录五　环境管理体系　要求及使用指南

(GB/T 24001—2016 idt ISO 14001：2015)

引言

0.1　背景

为了既满足当代人的需求，又不损害后代人满足其需求的能力，必须实现环境、社会和经济三者之间的平衡。通过平衡这"三大支柱"的可持续性，以实现可持续发展目标。

随着法律法规的日趋严格，以及因污染、资源的低效使用、废物管理不当、气候变化、生态系统退化、生物多样性减少等给环境造成的压力不断增大，社会对可持续发展、透明度和责任的期望值已发生了变化。

因此，各组织通过实施环境管理体系，采用系统的方法进行环境管理，以期为"环境支柱"的可持续性做出贡献。

0.2　环境管理体系的目的

本标准旨在为各组织提供框架，以保护环境，响应变化的环境状况，同时与社会经济需求保持平衡。

本标准规定了环境管理体系的要求，使组织能够实现其设定的环境管理体系的预期结果。

环境管理的系统方法可向最高管理者提供信息，通过下列途径以获得长期成功，并为促进可持续发展创建可选方案：

——预防或减轻不利环境影响以保护环境；

——减轻环境状况对组织的潜在不利影响；

——帮助组织履行合规义务；

——提升环境绩效；

——运用生命周期观点，控制或影响组织的产品和服务的设计、制造、交付、消费和处置的方式，能够防止环境影响被无意地转移到生命周期的其他阶段；

——实施环境友好的、且可巩固组织市场地位的可选方案，以获得财务和运营收益；

——与有关的相关方沟通环境信息。

本标准不拟增加或改变对组织的法律法规要求。

0.3　成功因素

环境管理体系的成功实施取决于最高管理者领导下的组织各层次和职能的承诺。

组织可利用机遇，尤其是那些具有战略和竞争意义的机遇，预防或减轻不利的环境影响，增强有益的环境影响。

通过将环境管理融入组织的业务过程、战略方向和决策制定过程，与其他业务的优先项相协调，并将环境管理纳入组织的全面管理体系中，最高管理者就能够有效地应对其风险和机遇。成功实施本标准可使相关方确信组织已建立了有效的环境管理体系。

然而，采用本标准本身并不保证能够获得最佳环境结果。本标准的应用可因组织所处环境的不同而存在差异。

两个组织可能从事类似的活动，但是可能拥有不同的合规义务、环境方针承诺，使用不同的环境技术，并有不同的环境绩效目标，然而它们均可能满足本标准的要求。

环境管理体系的详略和复杂程度将取决于组织所处的环境、其环境管理体系的范围、其合规义务，及其活动、产品和服务的性质，包括其环境因素和相关的环境影响。

0.4　策划-实施-检查-改进模式

构成环境管理体系的方法是基于策划、实施、检查与改进（PDCA）的概念。

PDCA 模式为组织提供了一个循环渐进的过程，用以实现持续改进。

该模式可应用于环境管理体系及其每个单独的要素。该模式可简述如下：

——策划：建立所需的环境目标和过程，以实现与组织的环境方针相一致的结果。

——实施：实施所策划的过程。

——检查：根据环境方针，包括其承诺、环境目标和运行准则，对过程进行监视和测量，并报告结果。

——改进：采取措施以持续改进。

0.5　本标准内容

本标准符合 ISO 对管理体系标准的要求。

这些要求包括一个高阶结构，相同的核心正文，以及具有核心定义的通用术语，目的是方便使用者实施多个 ISO 管理体系标准。

本标准不包含针对其他管理体系的要求，例如：质量、职业健康安全，能源或财务管理。然而，本标准使组织能够运用共同的方法和基于风险的思维，将其环境管理体系与其他管理体系的要求进行整合。

本标准包括了评价符合性所需的要求。

任何有愿望的组织均可能通过以下方式证实符合本标准：

——进行自我评价和自我声明；

——寻求组织的相关方（如顾客），对其符合性进行确认；或

——寻求组织的外部机构对其自我声明的确认；或

——寻求外部组织对其环境管理体系进行认证或注册。

附录 A　提供了解释性信息以防止对本标准要求的错误理解。

附录 B　显示了本标准现行版本与以往版本之间概括的技术对照。

有关环境管理体系的实施指南包含在 GB/T 24004 中。

本标准使用以下助动词：

——"应"（shall）表示要求；

——"应当"（should）表示建议；

——"可以"（may）表示允许；

——"可、可能、能够"（can）表示可能性或能力。

标记"注"的信息旨在帮助理解或使用本文件。在 3 中使用的"注"提供了附加信息，以补充术语信息，可能包括使用术语的相关规定。

在 3 中的术语和定义按照概念的顺序进行编排，本文件最后还给出了按字母顺序的索引。

1　范围（本标准的适用范围）

本标准规定了组织能够用于提升其环境绩效的环境管理体系要求。

本标准可供寻求以系统的方式管理其环境责任的组织使用，从而为"环境支柱"的可持续性做出贡献。

本标准可帮助组织实现其环境管理体系的预期结果，这些结果将为环境、组织自身和相

关方带来价值。

与组织的环境方针保持一致的环境管理体系预期结果包括：

——提升环境绩效；

——履行合规义务；

——实现环境目标。

本标准适用于任何规模、类型和性质的组织，并适用于组织基于生命周期观点所确定的其活动、产品和服务中能够控制或能够施加影响的环境因素。

本标准并未提出具体的环境绩效准则。

本标准能够全部或部分地用于系统地改进环境管理。然而，只有当本标准的所有要求都被包含在组织的环境管理体系中且全部得到满足，组织才能声明符合本标准。

2　规范性引用文件

无规范性引用文件。

3　术语和定义

下列术语和定义适用于本文件。

3.1　与组织和领导作用有关的术语

3.1.1　管理体系

组织（3.1.4）用于制订方针、目标（3.2.5）以及实现这些目标的过程（3.3.5）的相互关联或相互作用的一组要素。

注 1：一个管理体系可关注一个或多个领域（例如：质量、环境、职业健康和安全、能源、财务管理）。

注 2：体系要素包括组织的结构、角色和职责、策划和运行、绩效评价和改进。

注 3：管理体系的范围可能包括整个组织、其特定的职能、其特定的部门、或跨组织的一个或多个职能。

3.1.2　环境管理体系

管理体系（3.1.1）的一部分，用来管理环境因素（3.2.2）、履行合规义务（3.2.9），并应对风险和机遇（3.2.11）。

3.1.3　环境方针 environmental policy

由最高管理者（3.1.5）就环境绩效（3.4.11）正式表述的组织（3.1.4）的意图和方向。

3.1.4　组织 organization

为实现目标（3.2.5），由职责、权限和相互关系构成自身功能的一个人或一组人。

注 1：组织包括但不限于个体经营者、公司、集团公司、商行、企事业单位、政府机构、合股经营的公司、公益机构、社团或上述单位中的一部分或结合体，无论其是否具有法人资格、公营或私营。

3.1.5　最高管理者 top management

在最高层指挥并控制组织（3.1.4）的一个人或一组人。

注 1：最高管理者有权在组织内部授权并提供资源。

注 2：若管理体系（3.1.1）的范围仅涵盖组织的一部分，则最高管理者是指那些指挥并控制组织该部分的人员。

3.1.6　相关方 interested party

能够影响决策或活动、受决策或活动影响，或感觉自身受到决策或活动影响的个人或组织。

示例：相关方可包括顾客、社区、供方、监管部门、非政府组织、投资方和员工。

注1："感觉自身受到影响"意指组织已知晓这种感觉。

3.2　与策划有关的术语

3.2.1　环境 environment

组织（3.1.4）运行活动的外部存在，包括空气、水、土地、自然资源、植物、动物、人，以及它们之间的相互关系。

注1：外部存在可能从组织内延伸到当地、区域和全球系统。

注2：外部存在可能用生物多样性、生态系统、气候或其他特征来描述。

3.2.2　环境因素 environmental aspect

一个组织（3.1.4）的活动、产品和服务中与环境或能与环境（3.2.1）发生相互作用的要素。

注1：一项环境因素可能产生一种或多种环境影响（3.2.4）。重要环境因素是指具有或能够产生一种或多种重大环境影响的环境因素。

注2：重要环境因素是由组织运用一个或多个准则确定的。

3.2.3　环境状况 environmental condition

在某个特定时间点确定的环境（3.2.1）的状态或特征。

3.2.4　环境影响 environmental impact

全部或部分地由组织（3.1.4）的环境因素（3.2.2）给环境（3.2.1）造成的不利或有益的变化。

3.2.5　目标 objective

要实现的结果。

注1：目标可能是战略性的、战术性的或运行层面的。

注2：目标可能涉及不同的领域（例如：财务、健康与安全以及环境的目标），并能够应用于不同层面［例如：战略性的、组织层面的、项目、产品、服务和过程（3.3.5）］。

注3：目标可能以其他方式表达，例如：预期结果、目的、运行准则、环境目标（3.2.6），或使用其它意思相近的词语，例如：指标等表达。

3.2.6　环境目标 environmental objective

组织（3.1.4）依据其环境方针（3.1.3）建立的目标（3.2.5）。

3.2.7　污染预防 prevention of pollution

为了降低有害的环境影响（3.2.4）而采用（或综合采用）过程（3.3.5）、惯例、技术、材料、产品、服务或能源以避免、减少或控制任何类型的污染物或废物的产生、排放或废弃。

注：污染预防可包括源消减或消除，过程、产品或服务的更改，资源的有效利用，材料或能源替代，再利用、回收、再循环、再生或处理。

3.2.8　要求 requirement

明示的、通常隐含的或必须满足的需求或期望。

注1："通常隐含的"是指对组织（3.1.4）和相关方（3.1.6）而言是惯例或一般做法，所考虑的需求或期望是不言而喻的。

注2：规定要求指明示的要求，例如：文件化信息（3.3.2）中规定的要求。

注3：法律法规要求以外的要求一经组织决定遵守即成了义务。

3.2.9　合规义务［首选术语］

法律法规和其他要求［许用术语］

组织（3.1.4）必须遵守的法律法规要求（3.2.8），以及组织必须遵守或选择遵守的其他要求。

注 1：合规义务是与环境管理体系（3.1.2）相关的。

注 2：合规义务可能来自强制性要求，例如：适用的法律和法规，或来自自愿性承诺，例如：组织的和行业的标准、合同规定、操作规程、与社团或非政府组织间的协议。

3.2.10　风险 risk

不确定性的影响。

注 1：影响指对预期的偏离——正面的或负面的。

注 2：不确定性是一种状态，是指对某一事件、其后果或其发生的可能性缺乏（包括部分缺乏）信息、理解或知识。

注 3：通常用潜在"事件"（见 GB/T 23694—2013 中的 4.5.1.3）和"后果"（见 GB/T 23694—2013 中的 4.6.1.3），或两者的结合来描述风险的特性。

注 4：风险通常以事件后果（包括环境的变化）与相关的事件发生的"可能性"（见 GB/T 23694—2013 中的 4.6.1.1）的组合来表示。

3.2.11　风险和机遇 risks and opportunities

潜在的不利影响（威胁）和潜在的有益影响（机会）。

3.3　与支持和运行有关的术语

3.3.1　能力 competence

运用知识和技能实现预期结果的本领。

3.3.2　文件化信息（成文信息）（形成文件的信息）

组织（3.1.4）需要控制并保持的信息，以及承载信息的载体。

注 1：文件化信息可能以任何形式和承载载体存在，并可能来自任何来源。

注 2：文件化信息可能涉及：

——环境管理体系（3.1.2），包括相关过程（3.3.5）；

——为组织运行而创建的信息（可能被称为文件）；

——实现结果的证据（可能被称为记录）。

3.3.3　生命周期 life cycle

产品（或服务）系统中前后衔接的一系列阶段，从自然界或从自然资源中获取原材料，直至最终处置。

注 1：生命周期阶段包括原材料获取、设计、生产、运输和（或）交付、使用、寿命结束后处理和最终处置。

［修订自：GB/T 24044—2008 中的 3.1，词语"（或服务）"已加入该定义，并增加了"注 1"］

3.3.4　外包

安排外部组织（3.1.4）承担组织的部分职能或过程（3.3.5）。

注 1：尽管外包的职能或过程在组织的管理体系（3.1.1）范围内，但是外部组织是处在覆盖范围之外。

3.3.5　过程 process

将输入转化为输出的一系列相互关联或相互作用的活动。

注 1：过程可能形成也可能不形成文件。

3.4　与绩效评价和改进有关的术语

3.4.1　审核 audit（在金融财会行业译为：审计）

获取审核证据并予以客观评价，以判定审核准则满足程度的系统的、独立的、形成文件的过程。

注1：内部审核由组织（3.1.4）自行实施执行或由外部其他方代表其实施。

注2：审核可以是结合审核（结合两个或多个领域）。

注3：审核应由与被审核活动无责任关系、无偏见和无利益冲突的人员进行，以证实其独立性。

注4："审核证据"包括与审核准则相关且可验证的记录、事实陈述或其他信息；而"审核准则"则是指与审核证据进行比较时作为参照的一组方针、程序或要求（3.2.8），GB/T 19011—2013 中 3.3 和 3.2 中分别对它们进行了定义。

3.4.2　符合 conformity

满足要求（3.2.8）。

3.4.3　不符合 nonconformity

未满足要求（3.2.8）。

注1：不符合与本标准要求及组织（3.1.4）自身规定的附加的环境管理体系（3.1.2）要求有关。

3.4.4　纠正措施 corrective action

为消除不符合（3.4.3）的原因并预防再次发生所采取的措施。

注1：一项不符合可能由不止一个原因导致。

3.4.5　持续改进 continual improvement

不断提升绩效（3.4.10）的活动。

注1：提升绩效（3.4.11）是指运用环境管理体系（3.1.2），提升符合组织（3.1.4）的环境方针（3.1.3）的环境绩效（3.4.11）。

注2：该活动不必同时发生于所有领域，也并非不能间断。

3.4.6　有效性 effectiveness

实现策划的活动和取得策划的结果的程度。

3.4.7　参数 indicator

对运行、管理或状况的条件或状态的可度量的表述。

［来源：ISO 14031 的 3.15］

3.4.8　监视 monitoring

确定体系、过程（3.3.5）或活动的状态

注1：为了确定状态，可能需要实施检查、监督或认真地观察。

3.4.9　测量 measurement

确定数值的过程（3.3.5）。

3.4.10　绩效 performance

可度量的结果。

注1：绩效可能与定量或定性的发现有关。

注2：绩效可能与活动、过程（3.3.5）、产品（包括服务）、体系或组织（3.1.4）的管理有关。

3.4.11 环境绩效 environmental performance

与环境因素（3.2.2）的管理有关的绩效（3.4.10）。

注1：对于一个环境管理体系（3.1.2），可依据组织（3.1.4）的环境方针（3.1.3）、环境目标（3.2.6）或其他准则，运用参数（3.4.7）来测量结果。

4 组织所处的环境

4.1 理解组织及其所处的环境

组织应确定与其宗旨相关并影响其实现环境管理体系预期结果的能力的外部和内部问题。这些问题应包括受组织影响的或能够影响组织的环境状况。

4.2 理解相关方的需求和期望

组织应确定：

a）与环境管理体系有关的相关方；

b）这些相关方的有关需求和期望（即要求）；

c）这些需求和期望中哪些将成为其合规义务。

4.3 确定环境管理体系的范围

组织应确定环境管理体系的边界和适用性，以确定其范围。

确定范围时组织应考虑：

a）4.1所提及的内、外部问题；

b）4.2所提及的合规义务；

c）其组织单元、职能和物理边界；

d）其活动、产品和服务；

e）其实施控制与施加影响的权限和能力。

范围一经确定，在该范围内组织的所有活动、产品和服务均需纳入环境管理体系。

范围应作为文件化信息予以保持，并可为相关方所获取。

4.4 环境管理体系

为实现组织的预期结果，包括提高其环境绩效，组织应根据本标准的要求建立、实施、保持并持续改进环境管理体系，包括所需的过程及其相互作用。

组织建立并保持环境管理体系时，应考虑在4.1和4.2获得的知识。

5 领导作用

5.1 领导作用与承诺

最高管理者应通过下述方面证实其在环境管理体系方面的领导作用和承诺：

a）对环境管理体系的有效性负责；

b）确保建立环境方针和环境目标，并确保其与组织的战略方向及所处的环境相一致；

c）确保将环境管理体系要求融入组织的业务过程；

d）确保可获得环境管理体系所需的资源；

e）就有效环境管理的重要性和符合环境管理体系要求的重要性进行沟通；

f）确保环境管理体系实现其预期结果；

g）指导并支持员工对环境管理体系的有效性做出贡献；

h）促进持续改进；

i）支持其他相关管理人员在其职责范围内证实其领导作用。

注：本标准所提及的"业务"可广义地理解为涉及组织存在目的的那些核心活动。

5.2　环境方针

最高管理者应在确定的环境管理体系范围内建立、实施并保持环境方针，环境方针应：

a）适合于组织的宗旨和所处的环境，包括其活动、产品和服务的性质、规模和环境影响；

b）为制定环境目标提供框架；

c）包括保护环境的承诺，其中包含污染预防及其他与组织所处环境有关的特定承诺；

注：保护环境的其他特定承诺可包括资源的可持续利用、减缓和适应气候变化、保护生物多样性和生态系统。

d）包括履行其合规义务的承诺；

e）包括持续改进环境管理体系以提高环境绩效的承诺。

环境方针应：

——以文件化信息的形式予以保存；

——在组织内得到沟通；

——可为相关方获取。

5.3　组织的角色、职责和权限

最高管理者应确保在组织内部分配并沟通相关角色的职责和权限。

最高管理者应对下列事项分配职责和权限：

a）确保环境管理体系符合本标准的要求；

b）向最高管理者报告环境管理体系的绩效，包括环境绩效。

6　策划

6.1　应对风险和机遇的措施

6.1.1　总则

组织应建立、实施并保持满足 6.1.1 至 6.1.4 的要求所需的过程。

策划环境管理体系时，组织应考虑：

a）4.1 所提及的问题；

b）4.2 所提及的要求；

c）其环境管理体系的范围。

并且，应确定与环境因素（见 6.1.2）、合规义务（见 6.1.3）、4.1 和 4.2 中识别的其他问题和要求相关的需要应对的风险和机遇，以：

——确保环境管理体系能够实现其预期结果；

——预防或减少不期望的影响，包括外部环境状况对组织的潜在影响；

——实现持续改进。

组织应确定其环境管理体系范围内的潜在紧急情况，特别是那些可能具有环境影响的潜在紧急情况。

组织应保持以下内容的文件化信息：

——需要应对的风险和机遇；

——6.1.1 至 6.1.4 中所需的过程，其详尽程度应使人确信这些过程能按策划得到实施。

6.1.2　环境因素

组织应在所界定的环境管理体系范围内，确定其活动、产品和服务中能够控制和能够施加影响的环境因素及其相关的环境影响。此时应考虑生命周期观点。

确定环境因素时，组织必须考虑：

a）变更，包括已纳入计划的或新的开发，以及新的或修改的活动、产品和服务；

b）异常状况和可合理预见的紧急情况。

组织应运用所建立的准则，确定那些具有或可能具有重大环境影响的环境因素，即重要环境因素。

适当时，组织应在其各层次和职能间沟通其重要环境因素。

组织应保持以下内容的文件化信息：

——环境因素及相关环境影响；

——用于确定其重要环境因素的准则；

——重要环境因素。

注：重要环境因素可能导致与不利环境影响（威胁）或有益环境影响（机会）相关的风险和机遇。

6.1.3　合规义务

组织应：

a）确定并获取与其环境因素有关的合规义务；

b）确定如何将这些合规义务应用于组织；

c）在建立、实施、保持和持续改进其环境管理体系时必须考虑这些合规义务。

组织应保持其合规义务的文件化信息。

注：合规义务可能会给组织带来风险和机遇。

6.1.4　措施的策划

组织应策划：

a）采取措施管理：

1）重要环境因素；

2）合规义务；

3）6.1.1 所识别的风险和机遇。

b）如何：

1）在其环境管理体系过程（见 6.2，7，8 和 9.1）中或其他业务过程中融入并实施这些措施；

2）评价这些措施的有效性（见 9.1）。

当策划这些措施时，组织应考虑其可选技术方案、财务、运行和经营要求。

6.2　环境目标及其实现的策划

6.2.1　环境目标

组织应针对其相关职能和层次建立环境目标，此时必须考虑组织的重要环境因素及相关的合规义务，并考虑其风险和机遇。

环境目标应：

a）与环境方针一致；

b）可度量（如可行）；

c）得到监视；

d）予以沟通；

e）适当时予以更新。

组织应保持环境目标的文件化信息。

6.2.2　实现环境目标的措施的策划

策划如何实现环境目标时，组织应确定：

a）要做什么；

b）需要什么资源；

c）由谁负责；

d）何时完成；

e）如何评价结果，包括用于监视实现其可度量的环境目标的进程所需的参数（见9.1.1）。

组织应考虑如何能将实现环境目标的措施融入其业务过程。

7　支持

7.1　资源

组织应确定并提供建立、实施、保持和持续改进环境管理体系所需的资源。

7.2　能力

组织应：

a）确定在其控制下工作，对组织环境绩效和履行合规义务的能力具有影响的人员所需的能力；

b）基于适当的教育、培训或经历，确保这些人员是能胜任的；

c）确定与其环境因素和环境管理体系相关的培训需求；

d）适用时，采取措施以获得所必需的能力，并评价所采取措施的有效性。

注：适用的措施可能包括，例如：向现有员工提供培训、指导，或重新分配工作；或聘用、雇佣能胜任的人员。

组织应保留适当的文件化信息作为能力的证据。

7.3　意识

组织应确保在其控制下工作的人员意识到：

a）环境方针；

b）与他们的工作相关的重要环境因素和相关的实际或潜在的环境影响；

c）他们对环境管理体系有效性的贡献，包括对提高环境绩效的贡献；

d）不符合环境管理体系要求，包括未履行组织合规义务的后果。

7.4　信息交流

7.4.1　总则

组织应建立、实施并保持与环境管理体系有关的内部与外部信息交流所需的过程，包括：

a）信息交流的内容；

b）信息交流的时机；

c）信息交流的对象；

d）信息交流的方式。

策划信息交流过程时，组织应：

——必须考虑其合规义务；

——确保所交流的环境信息与环境管理体系形成的信息一致且真实可信。

组织应对其环境管理体系相关的信息交流做出响应。

适当时，组织应保留文件化信息，作为其信息交流的证据。

7.4.2　内部信息交流

组织应：

a）在其各职能和层次间就环境管理体系的相关信息进行内部信息交流，适当时，包括交流环境管理体系的变更；

b）确保其信息交流过程能够使在其控制下工作的人员能够对持续改进做出贡献。

7.4.3　外部信息交流

组织应按其合规义务的要求及其建立的信息交流过程，就环境管理体系的相关信息进行外部信息交流。

7.5　文件化信息

7.5.1　总则

组织的环境管理体系应包括：

a）本标准要求的文件化信息；

b）组织确定的实现环境管理体系有效性所必需的文件化信息。

注：不同组织的环境管理体系文件化信息的复杂程度可能不同，取决于：

——组织的规模及其活动、过程、产品和服务的类型；

——证明履行其合规义务的需要；

——过程的复杂性及其相互作用；

——在组织控制下工作的人员的能力。

7.5.2　创建和更新

创建和更新文件化信息时，组织应确保适当的：

a）标识和说明（例如：标题、日期、作者或参考文件编号）；

b）形式（例如：语言文字、软件版本、图表）与载体（例如：纸质的、电子的）；

c）评审和批准，以确保适宜性和充分性。

7.5.3　文件化信息的控制

环境管理体系及本标准要求的文件化信息应予以控制，以确保其：

a）在需要的时间和场所均可获得并适用；

b）受到充分的保护（例如：防止失密、不当使用或完整性受损）。

为了控制文件化信息，组织应进行以下适用的活动：

——分发、访问、检索和使用；

——存储和保护，包括保持易读性；

——变更的控制（例如：版本控制）；

——保留和处置。

组织应识别其确定的环境管理体系策划和运行所需的来自外部的文件化信息，适当时，应对其予以控制。

注："访问"可能指仅允许查阅文件化信息的决定，或可能指允许并授权查阅和更改文件化信息的决定。

8　运行

8.1　运行策划和控制

组织应建立、实施、控制并保持满足环境管理体系要求以及实施 6.1 和 6.2 所识别的措施所需的过程，通过：

　　——建立过程的运行准则；

　　——按照运行准则实施过程控制。

　　注：控制可包括工程控制和程序控制。控制可按层级（例如：消除、替代、管理）实施，并可单独使用或结合使用。

　　组织应对计划内的变更进行控制，并对非预期性变更的后果予以评审，必要时，应采取措施降低任何不利影响。

　　组织应确保对外包过程实施控制或施加影响。应在环境管理体系内规定对这些过程实施控制或施加影响的类型与程度。

　　从生命周期观点出发，组织应：

　　a）适当时，制定控制措施，确保在产品或服务的设计和开发过程中，落实其环境要求，此时应考虑生命周期的每一阶段；

　　b）适当时，确定产品和服务采购的环境要求；

　　c）与外部供方（包括合同方）沟通组织的相关环境要求；

　　d）考虑提供与其产品或服务的运输或交付、使用、寿命结束后处理和最终处置相关的潜在重大环境影响的信息的需求。

　　组织应保持必要程度的文件化信息，以确信过程已按策划得到实施。

8.2　应急准备和响应

　　组织应建立、实施并保持对 6.1.1 中识别的潜在紧急情况进行应急准备并做出响应所需的过程。

　　组织应：

　　a）通过策划措施做好响应紧急情况的准备，以预防或减轻它所带来的不利环境影响；

　　b）对实际发生的紧急情况做出响应；

　　c）根据紧急情况和潜在环境影响的程度，采取相适应的措施以预防或减轻紧急情况带来的后果；

　　d）可行时，定期试验所策划的响应措施；

　　e）定期评审并修订过程和策划的响应措施，特别是发生紧急情况后或进行试验后；

　　f）适当时，向有关的相关方，包括在组织控制下工作的人员提供应急准备和响应相关的信息和培训。

　　组织应保持必要的文件化信息，以确信过程能按策划得到实施。

9　绩效评价

9.1　监视、测量、分析和评价

9.1.1　总则

　　组织应监视、测量、分析和评价其环境绩效。

　　组织应确定：

　　a）需要监视和测量的内容；

　　b）适用时的监视、测量、分析与评价的方法，以确保有效的结果；

　　c）组织评价其环境绩效所依据的准则和适当的参数；

　　d）何时应实施监视和测量；

　　e）何时应分析和评价监视和测量结果。

适当时，组织应确保使用和维护经校准或经验证的监视和测量设备。

组织应评价其环境绩效和环境管理体系的有效性。

组织应按其合规义务的要求及其建立的信息交流过程，就有关环境绩效的信息进行内部和外部信息交流。

组织应保留适当的文件化信息，作为监视、测量、分析和评价结果的证据。

9.1.2　合规性评价

组织应建立、实施并保持评价其合规义务履行状况所需的过程。

组织应：

a）确定实施合规性评价的频次；

b）评价合规性，需要时采取措施；

c）保持其合规情况的知识和对其合规情况的理解。

组织应保留文件化信息，作为合规性评价结果的证据。

9.2　内部审核

9.2.1　总则

组织应按计划的时间间隔实施内部审核，以提供下列关于环境管理体系的信息：

a）是否符合：

1）组织自身环境管理体系的要求；

2）本标准的要求。

b）是否得到了有效的实施和保持。

9.2.2　内部审核方案

组织应建立、实施并保持一个或多个内部审核方案，包括实施审核的频次、方法、职责、策划要求和内部审核报告。

建立内部审核方案时，组织必须考虑相关过程的环境重要性、影响组织的变化以及以往审核的结果。

组织应：

a）规定每次审核的准则和范围；

b）选择审核员并实施审核，确保审核过程的客观性与公正性；

c）确保向相关管理者报告审核结果。

组织应保留文件化信息，作为审核方案实施和审核结果的证据。

9.3　管理评审

最高管理者应按计划的时间间隔对组织的环境管理体系进行评审，以确保其持续的适宜性、充分性和有效性。

管理评审应包括对下列事项的考虑：

a）以往管理评审所采取措施的状况。

b）以下方面的变化：

1）与环境管理体系相关的内、外部问题；

2）相关方的需求和期望，包括合规义务；

3）其重要环境因素；

4）风险和机遇。

c）环境目标的实现程度。

d）组织环境绩效方面的信息，包括以下方面的趋势：

1）不符合和纠正措施；

2）监视和测量的结果；

3）其合规义务的履行情况；

4）审核结果。

e）资源的充分性。

f）来自相关方的有关信息交流，包括抱怨。

g）持续改进的机会。

管理评审的输出应包括：

——对环境管理体系的持续适宜性、充分性和有效性的结论；

——与持续改进机会相关的决策；

——与环境管理体系变更的任何需求相关的决策，包括资源；

——如需要，环境目标未实现时采取的措施；

——如需要，改进环境管理体系与其他业务过程融合的机会；

——任何与组织战略方向相关的结论。

组织应保留文件化信息，作为管理评审结果的证据。

10 改进

10.1 总则

组织应确定改进的机会（见9.1，9.2和9.3），并实施必要的措施，以实现其环境管理体系的预期结果。

10.2 不符合和纠正措施

发生不符合时，组织应：

a）对不符合做出响应，适用时：

1）采取措施控制并纠正不符合；

2）处理后果，包括减轻不利的环境影响。

b）通过以下方式评价消除不符合原因的措施需求，以防止不符合再次发生或在其他地方发生：

1）评审不符合；

2）确定不符合的原因；

3）确定是否存在或是否可能发生类似的不符合。

c）实施任何所需的措施。

d）评审所采取的任何纠正措施的有效性。

e）必要时，对环境管理体系进行变更。

纠正措施应与所发生的不符合造成影响（包括环境影响）的重要程度相适应。

组织应保留文件化信息作为下列事项的证据：

——不符合的性质和所采取的任何后续措施；

——任何纠正措施的结果。

10.3 持续改进

组织应持续改进环境管理体系的适宜性、充分性与有效性，以提升环境绩效。

参考文献

[1] 解振华. 高度重视环境标志制度作用加快推动生产和消费方式绿色转型. 环境与可持续发展. 2018,（1）.

[2] 解振华. 中国改革开放40年生态环境保护的历史变革. 中国环境管理. 2019,（4）.

[3] 李干杰. 深入学习贯彻习近平生态文明思想坚决打好污染防治攻坚战. 行政管理改革. 2019,（11）.

[4] 李干杰. 以习近平生态文明思想为指导坚决打好污染防治攻坚战. 行政管理改革. 2018,（11）.

[5] 张立宽, 武强. 新中国70年煤炭工业铸就十大辉煌. 中国能源. 2019, 44（10）.

[6] 武强. 简述我国能源形势与可持续发展对策. 城市地质. 2019, 14（4）.

[7] 武强, 涂坤. 我国发展面临能源与环境的双重约束分析及对策思考. 科学通报. 2019, 64（15）.

[8] 周长波, 李梓, 刘菁钧,等. 我国清洁生产发展现状、问题及对策. 环境保护. 2016, 44（10）.

[9] 洪大用. 关于中国环境问题和生态文明建设的新思考. 探索与争鸣. 2013,（10）.

[10] 李博洋, 顾成奎, 罗晓丽,等."水十条"实施背景下工业绿色转型发展的路径探讨. 环境保护. 2015,（9）.

[11] 傅志寰, 宋忠奎, 陈小寰,等. 我国工业绿色发展战略研究. 中国工程科学. 2015, 17（8）.

[12] 杨朝飞. 绿色发展与环境保护. 理论视野. 2015,（12）.

[13] 周奇, 周长波, 朱凯,等. 健全清洁生产法规助推绿色发展之路. 环境保护. 2016, 44（13）.

[14] 段宁, 但智钢, 王璠. 清洁生产技术:未来环保技术的重点导向. 环境保护. 2010, 16.

[15] 王志增, 但智钢, 王圣,等. 清洁生产技术削污效果评估方法与案例研究. 环境工程技术学报. 2016, 6（3）.

[16] 郝栋. 绿色发展道路的哲学探析. 北京:中共中央党校. 2012.

[17] 吴舜泽, 张文静, 吴悦颖,等. 工业行业治污减排的研究与思考. 环境保护. 2014, 42（21）.

[18] 于宏兵. 清洁生产教程. 北京:化学工业出版社, 2011.

[19] 鲍建国, 周发武. 清洁生产实用教程. 北京:中国环境科学出版社, 2010.

[20] 赵满华, 田越. 贵港国家生态工业（制糖）示范园区发展经验与启示. 经济研究参考. 2017,（69）.

[21] GB/T 24001—2016. 环境管理体系要求及使用指南.

[22] 雷兆武, 薛冰, 王洪涛. 清洁生产与循环经济. 北京:化学工业出版社, 2017.

[23] 纪玉山, 纪明. 低碳经济的发展趋势及中国的对策研究. 社会科学辑. 2010,（2）.

[24] 朱庚申. 环境管理实训. 北京:科学出版社, 2011.

[25] 方圆标志认证集团有限公司. 2015版ISO 14001环境管理体系内审员培训教程. 北京:中国质检出版社, 2016.

[26] 梁健, 鲁树基. 环境管理体系教程（2015版ISO）. 北京:中国质检出版社, 2016.

[27] ISO 14001：2015 环境管理体系培训教程.

[28] 黄和平. 生命周期管理研究述评. 生态学报. 2017, 37（13）.

[29] 邓南圣, 王小兵. 生命周期评价. 北京. 化学工业出版社, 2003.

[30] 任辉, 杨印生, 曹利江. 啤酒生产生命周期评价研究. 农业机械学报. 2006, 37（2）.

[31] 伍跃辉, 陈爱燕, 王震, 等. 聚氯乙烯生产过程生命周期评价. 环境科学与技术. 2010, 33（5）.

[32] 龚志起, 张智慧. 水泥生命周期中物化环境状况研究. 土木工程学报. 2004, 37（5）.

[33] 杨建新, 徐成, 王如松. 产品生命周期评价方法及应用. 北京:气象出版社, 2002.

[34] 王玉涛, 王丰川, 洪静兰, 等. 中国生命周期评价理论与实践研究进展及对策分析. 生态学报. 2016, 36（22）.

[35] 张文友, 陈水龙, 张海孝, 等. 定向刨花板生产过程的生命周期评价. 木材工业. 2017, 31（3）.

[36] 徐南, 陆成林. 低碳经济的丰富内涵与主要特征. 经济参考研究. 2010,（60）.

[37] 安福仁. 中国发展低碳经济的战略选择. 财经问题研究. 2010,（8）.

[38] 徐建中, 袁小量. 中国工业低碳经济演进特征及发展趋势研究. 统计与决策. 2012,（5）.

[39] 徐瑞娥. 当前我国发展低碳经济. 政策的研究综述. 经济研究参考. 2009,（66）.

[40] 付慧. 低碳经济研究综述. 安徽农业科学. 2010, 38（34）.

[41] 纪玉山, 纪明. 低碳经济的发展趋势及中国的对策研究. 社会科学辑. 2010,（2）.

[42] 赵满华, 田越. 贵港国家生态工业（制糖）示范园区发展经验与启示. 经济研究参考. 2017,（69）.